L'APICULTURE

D'UN VIEILLARD.

L'APICULTURE

D'UN

VIEILLARD,

Manuscrit trouvé dans les papiers

DE FEU L'ABBÉ ESPAIGNET,

CURÉ DE LA CATHÉDRALE DE BORDEAUX.

Et publié dans **l'Écho de Vésone**,

PAR

M. E. SAINTESPÈS-LESCOT,

Président du Tribunal civil de Périgueux

PÉRIGUEUX.

IMPRIMERIE DUPONT ET Cⁱᵉ, RUE TAILLEFER.

1862

PRÉFACE.

« Mon unique but est de ne pas laisser mourir mes idées avec moi. »

ESPAIGNET *De la reproduction des abeilles*.

Le livre qu'on va lire se compose de feuilles éparses que je peux revendiquer comme ma propriété, mais non pas comme mon œuvre. Un vétéran du sacerdoce, mon vénérable oncle M. Espaignet, curé de la cathédrale de Bordeaux, les écrivit dans les derniers jours de sa vie ; et la mort, qui déplace tout, les fit passer de sa main dans la mienne quand j'eus la douleur de le voir descendre au tombeau.

Trop enfant pour en apprécier l'immense valeur, je les recueillis bien comme un souvenir pieux, mais sans me douter que bientôt elles m'initieraient aux mystérieux secrets d'une science intéressante et trop peu connue, et que j'y puiserais l'art d'entretenir plus de trois cents ruches sur ma propriété, au moment même où l'apiculture, hélas si délaissée, semble condamnée à périr fatalement dans nos solitudes landaises.

Je savais que mon oncle avait sérieusement étudié les abeilles, qu'il en parlait avec passion, qu'il les cultivait avec fruit, qu'il s'était livré sur elles à mille observations curieuses, surtout pendant les amers loisirs auxquels l'avait condamné la Terreur, orgie sanglante et brutale où la société semblait se croire sans Dieu parce qu'elle était sans autels. Je n'ignorais pas qu'il avait écrit de longs articles sur cette matière ; que les uns avaient été livrés à la publicité sous le voile de l'anonyme, et que les autres étaient encore inédits. Je pensais bien que je possédais tout cela, mais je ne soupçonnais pas la valeur de mon trésor ; il fallut qu'un heureux hasard vînt me la révéler.

Un jour, j'avais alors vingt et un ans, désireux d'apprendre et de connaître, comme on l'est en entrant dans la vie, je résolus d'étudier moi-même les mouches à miel, et d'employer ainsi d'une manière utile les loisirs trop nombreux que me laissaient mes débuts au barreau. J'ouvris, c'est un aveu que je dois aux mânes de mon oncle, j'ouvris d'abord beaucoup d'autres livres que le sien : tous m'intéressèrent à un très haut degré, mais aucun ne put me convaincre. Dans ces études où je cherchais à découvrir l'œuvre mystérieuse de la nature, je sentais à chaque pas que la nature était absente, et que ses prétendus révélateurs lui faisaient jouer d'un bout à l'autre un rôle qui n'était pas le sien. Mon esprit, peu satisfait de leurs merveilles et du matérialisme dont elles étaient empreintes, se cabrait involontairement sous les leçons de ceux qu'il avait choisis pour initiateurs. Je comprenais instinctivement qu'en observant les faits on pouvait y surprendre d'énergiques protestations, et que la vérité devait être ailleurs.

C'est alors que je songeai à mon précieux manuscrit, je me mis en devoir d'en réunir les pages; et lorsque j'allais en commencer la lecture, mon regard fut attiré par quelques lignes d'une main étrangère, au bas desquelles se trouvait la signature d'un homme bien connu dans la science. C'était une lettre écrite au naturaliste modeste, dont j'allais étudier le travail, par M. Lombard, président de la société d'histoire naturelle de Paris, auteur d'un manuel sur les abeilles, et professeur d'un cours sur ces admirables insectes. Pourquoi mon oncle l'avait-il attachée en tête de son œuvre, comme une sorte de frontispice? Je l'ignore; mais j'ai toujours présumé qu'il avait voulu placer ainsi sa propre pensée sous un illustre patronage.

« Mon cher ami, lui disait M. Lombard, ce n'est pas
» sans un vif intérêt que j'ai lu vos remarquables tra-
» vaux sur les abeilles. Je les ai médités long-temps
» avec une attention soutenue : et en les comparant

» soit à ce que les auteurs nous ont enseigné jusqu'ici,
» soit à tout ce que je savais ou croyais savoir, je suis
» obligé de confesser humblement que nos livres les
» plus accrédités sont un tissu d'erreurs.

» Dans l'étude des choses de la nature, nos savantes
» théories de cabinet sont de pauvres guides ; il vaut
» mieux y procéder en observateur, comme vous l'a-
» vez fait. Les expériences qui sont du ressort des
» yeux doivent nécessairement prévaloir sur tous nos
» raisonnements ; aussi, je n'hésite pas à le déclarer,
» l'histoire naturelle des abeilles, telle que l'avaient
» faite vos devanciers, et telle que je l'enseignais moi-
» même dans mon cours, n'était qu'un brillant men-
» songe dont le prisme fort séduisant nous avait trom-
» pés sur la vérité. Vous déchirez en maître les voiles
» qui la cachaient à nos yeux, et je vous en félicite de
» tout cœur.

» Laissez-moi vous dire seulement que vous y met-
» tez trop de modestie ; et si j'éprouve un regret, c'est
» celui de ne pas voir votre nom au bas de votre œu-
» vre. Quand on produit au grand jour, en renversant
» tous les systèmes antérieurs, une théorie aussi sûre
» de les remplacer à l'avenir, il n'est pas permis de
» garder l'anonyme. Mais vous n'y gagnerez rien : c'est
» moi qui me charge de révéler au public le naturaliste
» qui vient ainsi faire, avec l'incontestable autorité de
» ses observations, une révolution véritable dans toutes
» les idées reçues. J'abandonne les miennes pour en-
» seigner les vôtres ; mais comme je ne veux pas me
» parer des plumes du paon, je proclamerai, dès de-
» main, votre nom dans ma chaire. Vous êtes trop
» charitable pour m'en vouloir : n'oubliez pas d'ailleurs
» qu'il faut quelque courage pour apporter ainsi devant
» un nombreux auditoire l'aveu de nos trop longues
» erreurs ; et cela vaut bien peut-être la petite contra-
» riété que je vous impose.

» Adieu, je ne crains pas que vous me gardiez ran-
» cune ; mais gardez-moi toujours votre vieille amitié.

» LOMBARD. »

Cette abjuration si complète, ce grand *meâ culpâ*
d'un illustre représentant de la science s'inclinant devant les essais d'un vieillard inconnu, et se faisant

d'une manière si noble et si franche le néophyte d'idées nouvelles, fut pour moi une véritable révélation. Je compris aussitôt toute ma richesse, je dévorai avec avidité ces pages écrites par une main chérie; je mis tout mon bonheur à les lire, toute mon attention à les méditer. J'étais surtout frappé des observations, des expériences de fait qui y sont relatées; et mon manuscrit à la main, je passai bien souvent, moi aussi, des journées entières au milieu des ruches, cherchant à surprendre à mon tour les secrets des abeilles, et découvrant un à un, grâce à mon guide posthume, tous ceux qu'elles n'avaient pas su lui cacher.

Dans cette étude attrayante et pleine de charmes, à laquelle l'austère et profonde solitude du désert semblait donner par instant une solennité douce et grave, je trouvai enfin ce que j'avais vainement cherché jusque-là dans les livres : je sondai sans effort les arcanes de la nature; je contemplai sans voiles son mystérieux travail, et il me fut donné de le comprendre en admirant une fois de plus la grandeur de Dieu dans son œuvre.

Ma curiosité était désormais satisfaite : amplement dédommagé des ennuis de mon long apprentissage par la satisfaction morale que j'avais éprouvée, je résolus d'en retirer aussi un profit matériel en me livrant d'une manière sérieuse à l'apiculture. Je suivis de point en point les conseils de mon vieux parent, et j'obtins de magnifiques résultats. Bientôt le nombre de mes ruches augmenta dans des proportions considérables; je créai cinq nouveaux ruchers, dont la prospérité dépassa toutes mes espérances jusqu'à ce quelle fût arrivée à son apogée; les paysans de ma terre devinrent pour ainsi dire amoureux des abeilles; et bien souvent, dans les années fertiles, sans compter ma récolte ordinaire du printemps, je fis dix à douze barriques de miel à la fin de l'été.

Je compris mieux encore alors la petite révolution scientifique que le savant naturaliste de Paris avait prédite aux modestes essais de son obscur ami; et comme mon pauvre oncle avait manifesté le désir de ne pas voir mourir ses idées avec lui, je pris à mon tour l'engagement de ne pas les emporter avec moi dans la tombe.

Il y a déjà long-temps que j'aurais voulu remplir ma promesse : mais au milieu d'une vie toute consacrée à l'étude des lois, je ne pouvais choisir mon heure, et j'attendais une occasion. Cette occasion est enfin venue, je m'empresse d'en profiter, trop heureux si je peux encore faire une chose utile en dehors des occupations austères qui murent mes jours dans le silence et la solitude du travail.

Tel est le but que je poursuis aujourd'hui en livrant au public ces modestes pages revues par leur auteur dans les tristes loisirs d'une vieillesse débile et souffrante. J'en ai respecté le style simple et patriarcal comme les mœurs de celui qui les a écrites : je n'ai d'autre mérite que de les avoir coordonnées pour en faire un tout, et pour les sauver de l'oubli.

E. Saintespès-Lescot.

L'APICULTURE

D'UN VIEILLARD.

DE LA REPRODUCTION DES ABEILLES.

I.

Ce n'est point une histoire naturelle complète des abeilles que je me propose de donner ici ; je ne traiterai qu'un point de cette histoire, mais ce point est le plus intéressant et le moins connu peut-être. Je veux parler de la génération des abeilles.

Les anciens ne nous ont laissé sur ce sujet que des fables. Les uns ont dit que les abeilles sortent du corps d'un veau étouffé et corrompu, les autres qu'elles prennent aux fleurs le germe des vermisseaux qu'elles élèvent ; que ces vermisseaux deviennent des mouches comme elles, et que, lorsqu'elles veulent se donner une reine, elles en forment le corps avec la meilleure substance des plus belles fleurs. Personne aujourd'hui ne croit plus à ces contes ; il serait donc inutile de nous y arrêter.

II.

Pendant les deux derniers siècles, des hommes de génie, des savants profonds, des naturalistes distingués, parmi lesquels brillent les Réaumur et les Swammerdam, se sont beaucoup occupés des abeilles dans les différentes parties de l'Europe. Ils ne se sont pas bornés à lire des ouvrages sur nos mouches, ils ont étudié dans le grand livre de la nature et cherché la vérité dans les ruches. Ils ont observé attentivement, et après de nombreuses expériences, suivies de méditations mûres et sérieuses, ils ont imaginé un système et écrit une histoire naturelle des abeilles. Cette histoire a été accueillie avec transport ; un grand nombre d'amateurs et de cultivateurs sont même venus plus tard l'enrichir d'autres observations, d'autres expériences consignées dans des ouvrages charmants, de sorte que le système de cette époque est aujourd'hui le seul généralement adopté.

Eh bien ! ce système si beau, cette histoire naturelle si merveilleuse ne font sur moi aucune impression. Ils ne reposent que sur l'erreur, et je n'y crois pas plus qu'aux fables des anciens. Oui, il n'y a au fond de tout cela qu'une erreur palpable ; je demande la permission de le prouver, et de donner ensuite mes idées sur la manière dont s'opère dans les ruches la reproduction complète des différentes espèces de mouches qu'on y remarque.

III.

Après une déclaration aussi hardie, j'éprouve le besoin de parler de moi-même, non par un motif de vanité (j'aurai au contraire à rougir de certains aveux), mais pour fixer le lecteur sur le degré de confiance qu'il pourra m'accorder.

Je ne suis point un naturaliste ; je n'ai jamais lu deux pages de Buffon. Je suis encore moins un savant ; je ne suis qu'un homme fort ordinaire : mes amis et tous ceux qui me connaissent le savent, et ces lignes que je trace le prouvent clairement. Mais, né avec un esprit curieux, je n'ai jamais pu voir un effet sans être porté naturellement, et par une impulsion irrésistible, à en rechercher la cause, ce qui a fait travailler beaucoup ma tête pendant toute ma vie. Grâce à cette disposition et à ce penchant innés en moi, j'ai étudié les abeilles pendant dix ans, avec une assiduité et une persévérance constantes, ne perdant aucune occasion favorable pour les observations et les expériences multipliées que je faisais.

Je ne dis pas assez : c'était chez moi une passion violente et opiniâtre qui me retenait souvent près des ruchers, exposé aux ardeurs d'un soleil brûlant pendant des journées entières, à l'époque la plus chaude de l'année ; une passion qui m'a porté plus d'une fois à tenir ma tête presque dans les ruches pendant quinze et vingt minutes, bravant ainsi la fureur des abeilles qui me punissaient de mes importunités et de mes tracasseries ; une passion qui me faisait résister obstinément aux avis, aux observations, aux plaisanteries même de mes parents, de mes amis, et d'une mère que j'aimais tendrement. Rien ne me corrigeait ; j'imitais l'ivrogne, qui promet à sa femme et à son curé de ne pas revenir au cabaret, et qui y retourne sans cesse.

Maintenant, je le demande, est-il impossible qu'un homme d'un caractère aussi appliqué et passionné, quoiqu'il ne soit qu'un homme fort ordinaire, ait pu apercevoir et découvrir ce qui aurait échappé aux plus grands génies ? une énigme n'est pas toujours devinée par le plus savant de la compagnie.

IV.

Il faut dire que, lorsque je m'appliquais à observer les abeilles, je n'avais aucune connaissance du système de nos grands hommes, je n'avais lu aucun de nos auteurs ; toute ma science était dans ce que mon Virgile m'avait appris au collége, et je compris bien vite que tout était fictions dans le poëte. Si j'eusse connu le système, il y a lieu de croire que je l'aurais adopté aveuglément ; je n'aurais vu dans les ruches que ce qu'y ont vu nos savants. Mais, ne sachant rien, j'ai tout cherché en voyant par moi-même, et je me suis forgé ainsi un système particulier tout à moi et tout-à-fait différent.

Plus tard, lorsque j'ai habité la ville de Bordeaux, je me suis procuré des livres que j'ai lus avec avidité. Ils m'ont singulièrement plu et intéressé ; ils m'ont parfaitement satisfait et enchanté par la description des mouches diverses ou de leurs travaux, et par le tableau de mille particularités charmantes. Mais il m'a été impossible de leur donner mon assentiment en ce qui touche la génération ou la reproduction.

Cependant, j'ai cherché à me persuader que je pouvais m'être trompé et avoir mal vu, et j'ai renouvelé mes observations ; mais au lieu de me ramener au sen-

timent de nos naturalistes, mes derniers travaux, mes
dernières observations n'ont servi qu'à me confirmer
de plus en plus dans ma première pensée.

La reconnaissance envers nos auteurs m'impose
néanmoins l'obligation de dire qu'ils m'ont rendu un
service important. Je connaissais tout, j'avais vu tout
ce qui se passe dans les ruches, et je ne savais le nom
de rien ; j'étais parfaitement incapable de rendre
compte de mes études : il m'eût été impossible de raconter la plus petite de mes expériences de manière à
être compris. Les auteurs que j'ai lus ont dissipé cette
ignorance grossière, et je leur suis redevable des lignes
que je trace.

V.

Voici le plan que je crois devoir adopter dans mon
travail :

Je vais donner d'abord un abrégé du système des
naturalistes sur la génération des abeilles, système généralement adopté ;

Puis je le combattrai de toutes mes forces, pour faire
sentir la nécessité de l'abandonner ;

Ensuite je proposerai mes idées personnelles ;

Enfin je répondrai aux objections, je résoudrai les
difficultés, j'expliquerai les phénomènes ; et cette
dernière partie de mon œuvre ne sera nullement pénible.

Le cadre que je viens de me tracer exigerait tout un
livre, et j'éprouve un véritable embarras pour conden-
ser dans quelques pages un sujet aussi vaste. Mais je
l'ai déjà assez dit, ce n'est pas un naturaliste qui va
donner des dissertations savantes ; c'est un simple
amateur et un observateur des abeilles qui, rendant
compte de ce qu'il a vu et des essais qu'il a faits, en
déduira des conséquences toutes naturelles. Des raisonnements dictés par le gros bon sens, et fondés sur des
observations et des expériences que chacun pourra répéter, voilà tout ce que le public doit attendre de moi.

VI.

Quel est le précis du système des naturalistes sur
l'histoire naturelle des abeilles ?

Il y a dans les ruches trois espèces de mouches :
1° une reine ou mère-abeille ; 2° des ouvrières ou
abeilles communes ; 3° des faux-bourdons ou mâles.

C'est en cela que consiste toute la difficulté. S'il n'y
avait dans la ruche qu'une espèce de mouches, il ne
faudrait ni systèmes, ni explications, ni commentaires ; mais il y a réellement trois espèces différentes,
bien distinctes les unes des autres : or, il faut expliquer et faire connaître soit d'où elles viennent, soit
comment et par qui elles sont produites.

La reine est la mère de toutes les autres ; elle pond
à elle seule tous les œufs d'où naissent les ouvrières,
les faux-bourdons et les jeunes reines.

Les faux-bourdons, ainsi nommés du son qu'ils font
entendre en volant, sont tous mâles ; leur unique fonction est de féconder la mère-abeille. S'ils en approchent, ils trouveront la mort dans leur union avec
elle ; s'ils la fuient, ils seront sacrifiés.

La reine et les ouvrières sont de même nature dans
leur origine ou dans leur germe ; celles-ci sont primitivement femelles comme celle-là, et propres à devenir des reines comme elle. Toute la différence qui
existe entre elles vient de ce que la reine, élevée dans
une cellule spacieuse, et nourrie d'une bouillie royale
et plus abondante, a tous ses organes développés et
est propre à la génération ; tandis que les ouvrières,
resserrées dans des alvéoles étroits, et recevant une
nourriture moins substantielle et moins abondante, ont
leur sexe neutralisé, et se trouvent douées en échange
de tous les instruments qui les rendent propres au travail. De sorte que la mère-abeille n'est autre chose
qu'une ouvrière dans la perfection de sa nature, et les
ouvrières ne sont que des reines imparfaites et dé-
gradées.

Aussi, dit-on, lorsque les abeilles veulent se donner
une reine, elles choisissent et adoptent un vermisseau
destiné à devenir une ouvrière, et qui ne soit pas âgé
de plus de deux ou trois jours ; elles élargissent sa
cellule, en changent la direction et la forme : puis,
grâce à la bouillie royale qu'elles lui fournissent, ce
vermisseau devient une reine.

On appuie cette assertion de l'expérience suivante :
Une ruche ayant perdu sa mère-abeille, on lui donna

un gâteau de cire pris sur une autre et renfermant du couvain d'ouvrières, c'est-à-dire des œufs, des vers et des nymphes; et avec ce secours elle se pourvut d'une reine, en remplacement de celle qui était morte.

J'ai moi-même répété souvent cette expérience, que m'avait enseignée un vieux paysan qui la tenait de son maître, et plus d'une fois j'ai obtenu un heureux succès. Mais j'y reviendrai plus loin et je prouverai qu'on a mal vu la manière dont les abeilles procèdent, et que ce fait qu'on ne peut révoquer en doute détruit le système des naturalistes, au lieu de lui venir en aide.

VII.

Je trouve dans ce système beaucoup trop d'esprit et pas assez de vérité, beaucoup trop de merveilleux et pas assez de naturel. Pour renverser cet élégant édifice, il me suffira de prouver deux choses : 1° Que la la mère-abeille et l'ouvrière, au lieu d'être de même nature, sont deux mouches d'espèces différentes, même dans leur germe ; 2° que la reine n'est pas la mère de toutes les mouches de sa ruche ; ce qui m'amènera nécessairement à chercher d'autres femelles fécondes, et à faire connaître ce qu'elles produisent.

VIII.

On est accoutumé dans ce monde à voir généralement la reproduction des mêmes espèces s'opérer *immédiatement*. Ainsi, chez le genre humain, les enfants qui naissent sont de la même nature que leurs pères et mères ; une fois grands, ils seront comme eux des hommes et des femmes. Ainsi les petits des animaux, des oiseaux, des poissons, des reptiles, des testacés et du plus grand nombre des insectes sont de la même espèce que ceux qui les ont produits. Ainsi, dans le règne végétal, le blé produit du blé, le maïs du maïs, l'orge de l'orge, le chêne et l'ormeau des chênes et des ormeaux, et toujours de la même espèce, etc., etc.

Au milieu de cette marche générale de la nature, on ne s'est pas aperçu, on ne s'est pas même douté qu'il existe quelques exceptions, qu'il y a quelques espèces

d'insectes qui suivent un autre ordre de choses et qui
sont soumis à des lois bien différentes, lois uniformes
et invariables, lois naturelles et nécessaires pour eux.
Ces insectes sont les abeilles domestiques; les abeilles-
bourdons, soit bourdons velus, soit bourdons mousse ;
les frelons ou grosses guêpes, les petites guêpes avec
leurs variétés; cent espèces ou variétés de fourmis;
peut-être les pucerons qu'on voit aux pousses tendres
des rosiers, des ronces et de quelques arbres, peut-
être aussi ceux qui viennent aux fèves et que je n'ai
jamais observés. Je suis persuadé que nous avons encore plusieurs autres insectes que je ne connais pas et
qui sont de la même catégorie. J'ai vu certains ouvrages très curieux venus d'outre-mer, et qu'on m'a dit
avoir été construits à des branches d'arbres par des
insectes qui les ont abandonnés aussitôt après leur
achèvement. Je ne puis douter que ces insectes appartiennent à la classe de ceux que j'ai déjà signalés.

IX.

Les insectes que je viens d'indiquer vivent en familles indivisibles et inséparables, depuis le moment où
elles commencent à s'établir jusqu'à ce que les individus des différentes espèces qui doivent les composer
aient été formés, et que la reproduction pour l'année
suivante soit assurée. Alors la plupart de ces familles
se dispersent, et tout périt, excepté les reines qui ont
été fécondées. Ce sont comme des plantes annuelles,
dont il ne reste que la graine pour une autre année.
La société des abeilles, au contraire, est fixe et durable ; elle est comme une plante vivace, comme un arbre qui ne meurt point et qui repousse à chaque printemps.

Cependant, il y a chez les abeilles quelque chose
qui se rapproche des familles annuelles; car chaque
année, à une certaine époque, il faut que la mère-
abeille déloge avec une partie de ses sujets pour aller
former ailleurs un établissement nouveau, à moins
qu'elle ne parvienne à tuer toutes les jeunes reines. Je
dois faire remarquer encore que tous les ans, quand
la saison des fleurs est finie, c'est dans la mère-abeille

seule que repose tout l'espoir de la progéniture pour
la campagne suivante; et toutes les mouches restant
avec elle pendant la saison des frimas ne sont que des
compagnes ou plutôt des nourrices pour les enfants
auxquels elle donnera le jour au retour du printemps.

Le plus grand nombre des fourmis périssent chaque
année ; je crois cependant, quoique je ne m'en sois jamais assuré, qu'il existe des espèces vivaces comme
les abeilles.

Les familles des insectes annuels m'ont été d'un
grand secours; voici pourquoi et comment. Les observations dans les ruches ne sont pas très faciles : si on
visite une ruche appauvrie, on n'y voit rien, parce
que tous les travaux y sont suspendus; si l'on veut
observer une ruche forte, sa population immense
dérobe tout aux yeux du curieux. Dans cet embarras,
j'allais consulter les insectes annuels. Là, je voyais
une reine jeter seule les fondements de son établissement, et travailler seule aussi jusqu'à la naissance de
ses premiers enfants, c'est-à-dire pendant plusieurs
semaines. Plus tard, je voyais les nouveaux-nés aider
leur mère dans ses opérations, et je suivais ainsi tous
les travaux, degré par degré. Je revenais ensuite aux
ruches, et il m'était facile alors de reconnaître que
tout s'y passe de la même manière pour la reproduction des différentes espèces.

J'ai observé ainsi ces abeilles-bourdons, qui travaillent au milieu des bruyères, sous des voûtes de mousse.
Après les avoir transportées près de mes ruches pour
ma commodité, je les établissais sur un bout de planche, je remplaçais le château de mousse par une écuelle
ébréchée que j'enlevais à volonté; et je leur faisais des
visites fréquentes. Là je voyais, tout à mon aise et à découvert, ces mouches former sur la planche un gâteau
composé de cellules rondes assez semblables aux cellules royales de nos abeilles domestiques, avec cette
seule différence que les premières sont droites et les
secondes renversées. Ce gâteau achevé, mes abeilles
sauvages élevaient des colonnes sur lesquelles elles en
bâtissaient un autre, qui formait le premier étage de
leur maison : enfin venaient de nouvelles colonnes et
un second étage. Les cellules du rez-de-chaussée étaient

destinées à l'éducation des ouvrières, celles du premier
à l'éducation des mâles ; enfin celles de l'étage supérieur, plus grandes que les dernières, étaient réservées
aux reines. Ce second étage avait une forme pyramidale, et paraissait assez mal construit, avec des cellules sans ordre, collées les unes sur les autres. Lorsque
les reines étaient toutes nées et avaient été fécondées,
elles disparaissaient, et tout était fini. Cependant de
rares mouches revenaient pendant quelque temps pour
passer la nuit et manger le miel délicieux resté dans le
fond du gâteau. La population de ces familles semblait
être, à la dernière période, d'environ trente mouches,
et le gâteau, qui se pourrissait, avait la grosseur d'une
pomme ordinaire.

J'ai observé ainsi une espèce particulière de petites
guêpes qui se fixent quelquefois dans une haie, et plus
souvent sous les tuiles d'une charpente basse, comme
celle d'un four. Elles ne construisent qu'un gâteau à
cellules hexagones comme celui des abeilles, mais simple et très petit. On remarque chez elles trois espèces
de mouches et des cellules de trois grandeurs. Elles se
dispersent comme les abeilles-bourdons.

Une autre fois je procédai à mes observations sur
une reine-frelon qui s'était fixée dans un laboratoire
entre deux chevrons, au-dessus d'une planche couverte d'outils de tour et de menuiserie. Je suivais tous
ses mouvements hardiment et de très près, parce que
l'expérience m'avait appris qu'on ne doit rien redouter des reines, du moins tant qu'elles sont seules ; si
on s'approche trop d'elles, elles ne savent que s'éloigner et fuir. Lorsque les premiers enfants de celle-ci
furent nés, ce fut mon tour de m'éloigner respectueu-
sement, et il fallut profiter de la nuit pour écraser la
famille avant qu'elle ne devînt trop nombreuse.

J'ai observé encore plusieurs familles de fourmis ;
elles me fourniront un argument qui me paraît décisif
contre le système des naturalistes ; j'en parlerai tout
particulièrement.

Enfin j'ai observé les pucerons ; j'ai remarqué que
quelques-uns acquièrent des ailes, et que bientôt après
ils disparaissent tous ; ce qui m'a donné lieu de croire,
sans que j'ose l'affirmer cependant, qu'ils appartiennent à la classe des insectes qui nous occupent.

X.

C'est ce défaut d'attention de la part des naturalistes qui a été cause de leur erreur. Ils ont cru que, parmi les abeilles, les différentes espèces de mouches se renouvellent *immédiatement;* et s'engageant ainsi dans une fausse route, ils ont marché jusqu'à la fin d'égarement en égarement, et ne se sont tirés de leur labyrinthe qu'à force d'esprit.

Pour moi qui ne suis pas aussi spirituel, j'ai besoin de prendre un meilleur chemin ; heureux encore si, en entrant dans la bonne route, je peux découvrir le but enveloppé d'ombre et de ténèbres.

XI.

Pour expliquer certains phénomènes qu'on a remarqués chez les abeilles, pour expliquer comment sont produites les différentes espèces de mouches qu'on voit dans les ruches, on a imaginé que le même germe, renfermé dans un œuf, peut devenir et devient en effet, suivant la volonté et le caprice des abeilles, ou une reine ou une ouvrière, c'est-à-dire une femelle prodigieusement féconde, ou un être sans sexe et honteusement dégradé. Or, cette dégradation aurait lieu, non-seulement à l'égard de quelques individus, mais de presque tous, car le nombre des reines qui naissent dans les ruches est comme nul en comparaison de celui des ouvrières. Ce qui est encore plus étonnant, c'est que, selon les auteurs, le sexe de ces êtres ne sera neutralisé et anéanti qu'après le développement du germe, et quand le ver éclos aura grandi pendant deux ou trois jours avec son sexe féminin.

Peut-on lire cet exposé sans en être révolté? certainement il y a dans la nature beaucoup de choses que nous ne pouvons expliquer, que nous ne comprenons même pas, ce qui vient de la faiblesse et des ténèbres de notre esprit. Ce sont pour nous autant d'énigmes dont nous ne savons deviner le mot ; mais la nature est simple dans ses opérations, et recourir au merveilleux pour les expliquer, c'est revenir aux contes du vieux temps. Les abeilles ne sont point des êtres contre nature, quoiqu'elles soient soumises à des lois toutes particulières; elles sont au contraire dans la nature : leur organisation, leur manière d'être et de se multiplier doit être simple comme la nature, tout doit s'expliquer d'une manière simple et naturelle. Or, la belle découverte de nos savants se distingue-t-elle par cette simplicité naturelle qui charme et entraîne? Leur prétendue histoire des abeilles ne ressemble-t-elle pas à un véritable roman merveilleux? Mais laissons pour le moment cette réflexion, sur laquelle j'aurai l'occasion de revenir, et examinons le fondement sur lequel repose l'édifice de leur système.

Suivant eux, le sexe des abeilles communes est neutralisé, parce qu'elles sont resserrées dans des alvéoles étroits et qu'elles reçoivent moins de nourriture; la reine, au contraire, a son sexe développé, parce qu'elle est élevée dans une large cellule et nourrie de la bouillie royale. Examinons ce qu'on doit penser de ces deux assertions.

XII.

Et d'abord, est-il vrai que les abeilles communes sont resserrées, pressées, comprimées dans les alvéoles à petites dimensions où elles naissent et sont élevées?

La mère-abeille pond un œuf blanc, oblong, au fond d'une petite cellule. Trois jours après, il en naît un ver blanc; ce ver grossit pendant sept jours. Durant tout ce temps il est couché sur l'angle inférieur de son berceau hexagone, la tête vers l'orifice et le ventre au fond, replié en forme d'arc.

Ce ver ne peut être gêné pendant les cinq premiers jours de sa vie : son corps n'occupe pas la moitié de la capacité de la cellule; il ne la remplit même pas totalement au septième jour. Depuis que je connais le système des naturalistes, j'ai cherché à m'assurer de ce fait; j'ai observé les vermisseaux dans leurs différents âges avec l'attention la plus scrupuleuse; ils m'ont tous paru, même les plus gros, n'éprouver aucune gêne et être fort à l'aise dans leurs alvéoles.

Chacun peut les observer comme je l'ai fait, et on acquerra la même conviction. On verra que le ventre des vers communs n'est point comprimé par les parois des cellules, comme par les baleines d'un corset, et qu'il n'est pas étranglé comme il devrait l'être pour arriver à un résultat aussi étrange que celui dont les naturalistes ont cru entrevoir le phénomène.

Cependant, ne voulant rien dissimuler ni cacher, je dois avouer qu'ayant voulu arracher de leurs cellules quelques-uns des plus gros vers, de ceux qui étaient parvenus au terme de leur croissance, j'ai éprouvé quelque difficulté. Toutefois, j'ai clairement reconnu que la résistance était opposée non par la grosseur du ver, mais par les efforts qu'il faisait pour se retenir, gonflant son ventre et se cramponnant de toutes ses forces aux parois de sa cellule. Pour m'en assurer plus positivement, j'ai arraché des vers moins âgés et moins gros, et ils m'ont opposé, comme les premiers, toute la résistance dont ils étaient capables. Les vermisseaux communs ne sont donc pas gênés dans leurs berceaux par le défaut d'espace. Mais je ne veux pas qu'on me croie sur parole : voici trois observations faciles à vérifier et qui me paraissent décisives.

XIII.

1° Lorsqu'on retourne une ruche de bas en haut, tous les vermisseaux qui étaient couchés sur l'angle inférieur de leur cellule hexagone se trouvent, par ce changement de position, suspendus et renversés à l'angle supérieur. Ils se tiennent long-temps cramponnés dans cette situation pénible ; mais si on les y maintient une demi-heure, on verra tous les vers, gros ou petits, se laisser glisser le long des parois jusqu'à ce qu'ils soient descendus au fond ; et quand on replacera la ruche dans sa position ordinaire, ils reprendront euxmêmes bientôt leur première place. Dans mes grands travaux sur les abeilles, j'ai été plus d'une fois témoin de ce mouvement des vers, que je voyais glisser tous en même temps et sur le même côté. Pour répéter cet essai, il suffit de retourner une ruche de bas en haut et d'observer attentivement, en s'aidant de la fumée pour écarter les mouches.

Or, je le demande, comment les vers, parvenus au terme de leur croissance, pourraient-ils opérer ce mouvement, ce changement de position? comment pourraient-ils glisser le long des parois et tourner sur eux-mêmes, s'ils étaient comprimés, comme on le prétend?

2° Un ver de sept jours, arrivé au terme de sa croissance, et qui jusque-là s'était tenu un peu enfoncé dans son berceau, le ventre replié, rapproche sa tête de l'orifice, s'allonge, s'étend et redresse son ventre. Aussitôt les abeilles s'empressent de lui fermer la porte et de sceller son alvéole avec un couvercle de cire. Ainsi prisonnier désormais, il file sa coque, qui est une espèce de chemise de soie fine, où il enveloppe son corps comme dans un suaire. Tous les auteurs nous enseignent cela, et le fait est incontestable.

Or, si ce ver était dans sa cellule en état de gêne et de forte pression, ne lui serait-il pas physiquement impossible de faire les mouvements nécessaires pour filer sa coque et s'en envelopper, comme l'expérience démontre qu'il le fait toujours?

3° Le ver, prisonnier dans son alvéole et renfermé dans sa coque, se métarmophose d'abord en nymphe, puis en mouche; et, après quatorze jours de prison, il devient une abeille parfaite. Alors cette abeille déchire son enveloppe qui se colle aux parois, et elle travaille à sortir de sa captivité. Dans ce but elle entame avec ses dents le couvercle de cire, le long de la paroi inférieure où sa bouche se trouve placée; puis elle se retourne un peu sur elle-même, et elle ronge plus loin. C'est ainsi qu'en tournant peu à peu pour agrandir la brèche elle fait le tour de sa cellule, et que le couvercle, rongé dans sa circonférence, finit par tomber. Aussitôt la jeune mouche allonge ses deux premières pattes, se cramponne au dehors, et quitte sa prison sans aucune difficulté. Mettez au soleil un gâteau contenant des mouches parvenues à leur terme, et vous les verrez ainsi sortir très facilement de leurs berceaux.

Les deux premières observations prouvent que les vers ne sont point gênés dans leurs alvéoles; celle-ci démontre que les jeunes mouches n'y éprouvent non plus aucune compression. S'il en était autrement, comment pourraient-elles déchirer leur coque et tourner alentour pour détacher la porte de leur prison? Or, si les abeilles communes, quoiqu'elles naissent dans des cellules à petites dimensions, n'y sont nullement resserrées, si elles se trouvent à l'aise dans ce domicile, sous leur triple forme de vers, de nymphes ou de mouches, c'est bien gratuitement qu'on a dit qu'elles ont changé de nature à raison du défaut d'espace suffisant pour se développer.

XIV.

Dieu, dans sa sagesse infinie, a fait tout ce qui était nécessaire pour la conservation ou la multiplication des êtres, et il a donné aux abeilles, comme à tous les autres, un instinct naturel. C'est cet instinct qui leur a enseigné à faire pour les ouvrières des cellules hexagones à petites dimensions, des cellules plus grandes pour les faux-bourdons, et d'autres encore de forme différente pour les reines, parce que la nature des diverses mouches de la ruche exige qu'il en soit ainsi.

D'ailleurs, dans l'hypothèse où les ouvrières seraient gênées dans leurs alvéoles, en résulterait-il qu'elles doivent changer de nature et perdre leur sexe pour cela? Les faux-bourdons, qui sont logés dans des cellules plus spacieuses, s'y trouvent au moins aussi resserrés, peut-être même davantage, parce qu'ils deviennent proportionnellement plus gros; on en voit naître quelques-uns dans de petites cellules; et cependant ils ne perdent pas leur sexe. Pourquoi donc les ouvrières perdraient-elles le leur?

Je conçois facilement qu'un berceau trop restreint puisse amener quelque changement dans l'état de la mouche, qu'elle sera plus petite, plus maigre, plus faible, peut-être contrefaite; mais je ne puis croire que cela détruise son sexe et fasse qu'une femelle ne soit plus une femelle.

XV.

J'ai dit, et je crois l'avoir prouvé d'une manière victorieuse, que les abeilles communes ne sont nullement

gênées dans leurs petits alvéoles, et qu'alors même qu'il
en serait ainsi, cette gêne ne détruirait pas leur sexe.
Voyons maintenant s'il est vrai que la nourriture leur
manque jamais.

J'ai observé assidûment les vermisseaux communs,
dans tous les temps et dans leurs différents âges, et je
les ai toujours trouvés suffisamment pourvus d'aliments,
même dans le cas d'une extrême disette. Il est en effet
certain que lorsque toutes les mouches d'une ruche meurent de faim, la nourriture ne manque pas encore aux
vers, et que lorsqu'elles sont mortes, ils périssent de
froid avant d'avoir épuisé leurs provisions. Cette circonstance m'a fait présumer que les abeilles ne leur
fournissent peut-être pas la nourriture, et qu'ils ont la
faculté de l'attirer à eux afin de pourvoir ainsi par
eux-mêmes à leurs propres besoins. Mais je n'en suis
pas assez sûr pour oser heurter sur ce point l'opinion
de tous les naturalistes.

Toujours est-il que la nourriture ne fait jamais défaut aux vermisseaux communs; il n'est aucun apiculteur qui puisse le nier, s'il veut être de bonne foi.

Sans doute on voit dans la cellule du ver royal une
plus grande abondance de bouillie que dans celle du
ver commun : mais cela doit être, et on conçoit facilement pourquoi, car le premier grossit beaucoup plus
que le second, et quand l'un termine sa croissance en
quatre jours, l'autre grandit pendant une semaine entière.

XVI.

De tout ce que j'ai dit plus haut, je conclus que le
vermisseau destiné par la nature à devenir une reine
ne peut se convertir en ouvrière, et réciproquement
que le ver destiné à former une ouvrière ne devient
jamais une reine. La proposition contraire, malheureusement trop accréditée, ne repose sur aucun fondement sérieux. La mère et l'ouvrière sont deux mouches
d'espèces différentes, même dans leur germe, et si elles sont élevées différemment, c'est que leur nature
l'exige. Les abeilles communes sont munies des instruments propres au travail, non en compensation de
leur sexe, mais parce que leur constitution naturelle

les leur donne ; la reine en est privée uniquement parce que Dieu n'a pas voulu lui donner une chose inutile. Enfin la reine est reine, non parce qu'elle est élevée de telle ou telle façon, mais parce qu'elle vient d'un germe royal ; et si l'ouvrière est différente, ce n'est pas qu'elle ait reçu une autre éducation, mais simplement parce qu'elle vient d'un germe commun. Telles sont les conclusions du gros bon sens.

XVII.

Cependant les partisans de l'opinion contraire ont une ressource puissante pour prouver que la mère-abeille et l'ouvrière sont de même nature dans leur germe : c'est la fameuse expérience du gâteau donné à une ruche orpheline, expérience dont j'ai parlé en exposant leur système. J'ai promis d'y revenir, je dois et je veux tenir ma parole. Voici comment ils présentent la chose : si on fournit à une ruche qui a perdu sa mère un rayon contenant des œufs, des vers et des nymphes communs, cette ruche se donne bientôt une reine. Les abeilles adoptent un des vermisseaux contenus dans le rayon ; elles élargissent sa cellule, en changent la forme et la direction, puis elles fournissent de la bouillie royale, et le vermisseau devient une reine.

Je trouve tout cela fort joli, fort ingénieux, fort merveilleux surtout. Lorsque j'ai lu dans nos auteurs quels étaient les singuliers effets de cette bouillie admirable, je me suis cru transporté aux temps fabuleux et dans le royaume des fées. Oui, il me semblait voir les abeilles transformées en magiciennes, opérant avec leur bouillie enchanteresse des métamorphoses plus étonnantes que celles de la fable, et disant à ce ver fortuné qu'elles venaient d'adopter : Par la vertu de ma bouillie, je te retire de l'état de dégradation auquel tu étais destiné, je te fais reine, tu seras mère de plus de cent mille enfants. Puis, comme toute médaille a son revers, je les voyais bientôt, sous la forme de génies malfaisants, armées de leur bouillie commune, et disant à un autre ver : Tu étais né avec le sexe féminin, tu étais destiné à goûter les plaisirs des sens et à donner le jour à une famille innombrable ; mais tu seras un être stérile et sans sexe, pire qu'un eunuque, un simple ouvrier condamné à travailler toute ta vie, pour ta propre subsistance et pour tous les besoins de la colonie.

Le simple bon sens devrait faire penser que nos insectes admirables procèdent différemment. Pour moi, lorsque j'ai fait cette expérience aussi intéressante que curieuse, j'ai envisagé les choses sous une autre face. Quand j'ai vu que ma ruche orpheline, à laquelle j'avais donné un rayon garni de couvain d'ouvrières, produisait une reine, je me suis dit dans ma naïve simplicité, non pas qu'il y avait eu métamorphose d'une ouvrière en reine, mais que le gâteau fourni recelait la mouche qui a produit la nouvelle reine. Cela m'a paru même d'autant plus vraisemblable que je n'ai pas toujours obtenu un succès complet.

Cette explication, toute simple qu'elle est, ne fût-elle nullement motivée, suffit pour rendre très suspect tout ce que les naturalistes ont écrit sur ce point. Mais je ne veux pas qu'on puisse me reprocher d'en avoir parlé légèrement, et je vais faire connaître les motifs de mon opinion. Je les prendrai dans la manière dont les abeilles procèdent quand on leur donne le fameux gâteau. En d'autres termes, je consulterai l'expérience ou la nature elle-même dans ses opérations.

XVIII.

Lorsque j'ai fourni un rayon garni des trois espèces de couvain à une ruche sans mère-abeille, les mouches de cette ruche ont d'abord visité ce rayon. Bientôt toute la population s'est portée sur ce point, en s'y établissant d'une manière fixe. Le couvain a été réchauffé, les jeunes vers ont été nourris, celles des cellules qui n'étaient qu'ébauchées ont été finies, plus tard même scellées, etc., etc.; en un mot, les abeilles ont soigné tous les vermisseaux avec un zèle maternel.

Le couvain est parvenu heureusement à son terme; j'ai vu les premières mouches sortir de leurs alvéoles, fortes et vigoureuses. Peu après elles se sont occupées à élever du couvain de faux-bourdons, et au fur et à mesure que leur nombre s'est accru, celui des vers de faux-bourdons a grossi dans la même proportion. Toutes les fois que j'ai fait cette expérience (et je l'ai faite bien souvent, plus souvent peut-être que celui qui l'a enseignée), mes abeilles ont toujours commencé par me donner des faux-bourdons, et dans plusieurs circonstances je n'ai pas obtenu d'autres mouches. Mais aussi j'ai été fréquemment plus heureux.

Une fois notamment, c'était au printemps de 1802, je m'aperçus, en taillant mes ruches, que trois essaims de l'année précédente avaient perdu leurs mères-abeilles pendant l'hiver. Ils étaient d'ailleurs d'une beauté remarquable, et pourvus d'une population nombreuse ainsi que de provisions abondantes. Le moment n'étant pas favorable, j'attendis. Lorsque la saison fut plus avancée, quand les abeilles des autres ruches travaillaient avec activité et élevaient des nymphes de faux-bourdons, je donnai à chacun de mes trois essaims un gâteau à petites cellules, pris sur mes ruches les plus belles, de la grandeur de ma main, et garni d'œufs, de vers et de nymphes. Quinze jours après, je revins en curieux, et je ne conçus pas de grandes espérances. Quelques nymphes de faux-bourdons se montraient éparses çà et là dans les vieux gâteaux, rien ne présageait la naissance d'aucune reine. Dix jours plus tard, nouvelle visite, les gâteaux que j'avais donnés à mes essaims étaient abandonnés ; il n'y restait plus de couvain, et je les retirai parce que toutes les mouches étaient nées.

Cependant les abeilles de deux de mes essaims construisaient des rayons à grandes cellules et y nourrissaient des vers de faux-bourdons, ce qui m'inspira quelque confiance. Mais celles du troisième se bornaient toujours à élever des faux-bourdons dans les vieilles cellules. Je laisse écouler une semaine ou un peu moins, et je fais une autre visite. Quelle joie ! En renversant la ruche du premier essaim, j'aperçois d'un coup-d'œil quatre cellules royales et quatre vers royaux avec la bouillie destinée à les nourrir. Le second n'avait pas encore de vers de reines ; mais l'ébauche des berceaux destinés à les recevoir annonçait leur prochaine apparition. Quant au troisième, il était toujours paresseux. Impatient que j'étais, je revois bientôt mes abeilles orphelines ; celles de la première ruche avaient leurs quatre reines scellées ; celles de la seconde possédaient trois vers royaux qui s'avançaient dans leur transformation ; la troisième était toujours dans le même état. Enfin, mes reines parvinrent heureusement à leur terme, mes deux premiers essaims furent sauvés, et depuis ils prospérèrent comme les autres ruches. Mais le dernier ne produisit jamais que des faux-bourdons, quoique je lui eusse donné un second gâteau, et je ne pus le conserver qu'en lui réunissant un petit essaim lorsque mes autres abeilles essaimèrent.

XIX.

Je prie le lecteur de prêter une attention particulière aux détails de l'expérience dont je viens de lui rendre compte et aux réflexions que je vais lui proposer.

Lorsqu'on lit les auteurs qui nous enseignent à rétablir une ruche orpheline en lui donnant un gâteau garni de couvain d'ouvrières, on croirait, qu'aussitôt qu'on aura fourni ce gâteau aux abeilles, elles adopteront à l'instant un vermisseau d'ouvrière, âgé de deux jours, pour en former une reine ; qu'elles s'occuperont de suite à changer les dimensions, la direction et la forme de sa cellule ; qu'elles voleront en toute hâte au dehors pour aller butiner la fameuse bouillie, et qu'on verra bien vite à la pointe du rayon la cellule royale renfermant un ver de reine.

Mais ce n'est pas ainsi que les abeilles sans mère ont procédé chez moi. Lorsque je leur ai fourni du couvain d'ouvrières, elles ne se sont jamais occupées d'abord de la formation de la reine ; elles ont toujours commencé par élever des faux-bourdons. Elles ne peuvent d'ailleurs agir autrement, car à quoi servirait la femelle si elle ne trouvait aucun mâle ? Or, comme il faut deux fois plus de temps pour la formation d'un faux-bourdon que pour celle d'une reine, il s'ensuit nécessairement que les ouvrières doivent toujours commencer par celui-là. Aussi, dans tous mes essais, s'est-il écoulé au moins trente et quelques jours entre la tradition du gâteau et l'apparition du ver royal, et quelquefois deux mois ou deux mois et demi.

Ce délai est bien embarrassant pour les partisans du système reçu, car ils disent tous avec raison que le germe contenu dans l'œuf de la mère-abeille ne met que trois jours à éclore ; et ils ajoutent que le ver ne peut être adopté et converti en reine que dans les deux ou trois premiers jours de sa naissance, de telle sorte qu'après ce laps de temps il ne peut plus être qu'une ouvrière.

Ainsi, dans l'hypothèse où les gâteaux que j'avais donnés à mes ruches auraient contenu des œufs récemment pondus, c'était seulement dans les cinq ou six premiers jours de la tradition que les abeilles pouvaient adopter les vers nés du rayon et en faire des reines. Et pourtant, dans l'expérience dont j'ai parlé, les vers royaux n'ont jamais paru avant le trente-troisième jour. Où étaient donc alors les vers de deux ou trois jours ? Où les abeilles les ont-elles pris un mois après la livraison des gâteaux ? Les ont-elles trouvés dans les rayons que je leur avais fournis, et que je leur avais retirés déjà depuis une semaine au moins ? Quelle adoption ont donc pu faire mes mouches pour se donner une reine ? Tant qu'on n'expliquera pas cette difficulté, je soutiendrai toujours qu'on s'est grandement trompé, et que dans ce cas, comme dans tous les autres, les abeilles agissent autrement qu'on ne le dit pour se donner une reine. Tant qu'on ne me fournira pas des explications satisfaisantes, je dirai toujours que l'expérience du fameux gâteau, sur laquelle repose le système des naturalistes, au lieu de leur être favorable, leur est toute contraire.

XX.

Une seule circonstance dans laquelle la ruche orpheline parviendrait à former une reine, quand elle est dépourvue de jeune couvain d'ouvrières, suffirait pour déranger tous les calculs de nos savants et en démontrer la fausseté. Cependant ces exemples ne sont pas rares. Les cultivateurs qui ne visitent pas l'intérieur de leurs ruches ne s'en aperçoivent pas ; mais je pourrais citer ici plus de trente faits de cette nature, et dont j'ai été moi-même le témoin. Je me bornerai à un.

J'avais promis, il y a trois ou quatre ans, à M. le baron Carayon-Latour, receveur général de la Gironde, de lui donner deux ruches pour son domaine de Tartifume, à Bègles. Le jour de la livraison en était fixé, et le 1er mars j'allai à mon rucher pour faire une récolte de cire sur les deux ruches, afin d'en rendre le transport plus facile. Lorsque je voulus opérer sur la seconde, je m'aperçus que les mouches étaient fort tristes et dans un état d'engourdissement ; ce qui me fit soupçonner une maladie, sans que je pusse en reconnaître la nature. Ne voulant pas donner une mauvaise ruche, je laissai celle-là et je lui en substituai une autre.

Quatre jours après, je reviens pour visiter ma malade et tâcher de connaître son mal. Je la soulève, j'aperçois sur son siége un peloton d'abeilles de la grosseur d'une petite noix ; je les éparpille, et je vois la mère-abeille mourante. Je saisis celle-ci, je la place sur ma main, je cherche à la réchauffer de mon mieux, mais elle expire à l'instant. Voilà donc ma ruche orpheline. Toutefois sa population est assez nombreuse, ses provisions sont plus que suffisantes ; et, ce qui m'étonne, la mère a bien pondu, elle a laissé même plus de couvain qu'on n'en trouve ordinairement dans une saison si peu avancée.

Je ne donnai aucun secours à mes pauvres abeilles : elles n'avaient pas besoin d'une couvée étrangère, puisqu'elles en possédaient une propre : je n'aurais pu leur fournir un gâteau dans ce moment, sans ruiner une autre famille ; je jugeai d'ailleurs que les beaux jours étaient encore trop loin : je me bornai donc à observer. Pendant trois semaines, rien ne frappa mon attention. Après ce délai, je remarquai quelque ébauche de cellules à faux-bourdons ; bientôt quatre petits rayons furent construits, et garnis de vers de cette espèce. Au 1er mai parurent en grand nombre des cellules royales et des vers royaux. Le 14 du même mois, ma ruche me donna un très petit essaim, et elle se trouva pourvue d'une bonne reine bien constituée. Or, il ne faut pas oublier que depuis la mort de la vieille reine jusqu'au moment où les abeilles élevèrent les vers royaux, il s'était écoulé cinquante-six ou cinquante-sept jours. Donc les abeilles n'avaient pu, après ce délai, trouver des vermisseaux d'ouvrières âgés seulement de trois jours. Que doit-on en conclure? Sinon qu'elles s'y étaient prises d'une autre manière pour se donner des reines nouvelles, en remplacement de celle qui était morte sur ma main.

J'ai dit que les exemples de ruches qui élèvent de jeunes reines long-temps après avoir perdu la leur sont fort fréquents, et ils doivent l'être. On a observé en effet que la vie des mères-abeilles est de sept ans; il en meurt donc annuellement un septième, sauf les compensations d'une année sur l'autre. Or, l'expérience démontre qu'on ne perd guère dans les ruchers que la vingtième ou la vingt-cinquième partie des ruches, par suite de la mort des mères. Il faut donc qu'un grand nombre se rétablissent d'elles-mêmes : et j'ai observé que presque toutes procèdent comme celle dont j'ai parlé, comme celles qui ont reçu un gâteau, c'est-à-dire qu'elles se donnent une reine lorsqu'elles n'avaient plus de couvain d'ouvrières. Donc, encore une fois, elles ne métamorphosent pas en reine un ver commun.

. XXI.

Il existe un cas cependant où les abeilles peuvent remplacer et remplacent immédiatement leur mère, c'est quand elle meurt ou quand on la leur prend, comme cela a lieu lorsqu'on fait des essaims artificiels. Mais on ne peut rien conclure de ce phénomène. L'époque où il se manifeste est précisément celle où la ruche a atteint le terme le plus élevé de la reproduction des diverses espèces de mouches; de telle sorte qu'elle possède toutes celles qui sont nécessaires pour produire les reines. Disons mieux : il naît alors chaque jour des vers royaux dans la ruche; et si ces vers ne parviennent pas à leur terme, c'est que chaque jour aussi, la mère-abeille, dont la jalousie ne peut souffrir aucune rivale, égorge ces vermisseaux au fur et à mesure de leur naissance. S'il s'en sauve parfois quelques-uns, ils ne doivent la vie qu'aux ouvrières, qui font à la mère-abeille un rempart de leurs corps pour l'empêcher d'arriver jusqu'à eux; et elle émigre, dans sa fureur, avec une partie de la colonie.

Il n'est donc pas surprenant, qu'en pareil cas, les abeilles puissent élever de suite des reines nouvelles pour remplacer l'ancienne. C'est alors qu'on les voit changer la direction, les dimensions et la forme des alvéoles de ces vers qu'elles connaissent, soit parce qu'ils sont différents des autres, soit parce qu'ils se trouvent placés dans une position toute différente. Elles savent leur origine royale, et leur donnent une éducation conforme à leur naissance.

Je ne sais si je me fais illusion ; mais il me semble que cette explication est plus simple, plus naturelle, plus raisonnable que celle des naturalistes. Aussi, quand l'aveugle de Genève, l'admirable M. Huber, aidé des yeux de son fidèle Burneus, a vu les abeilles former des cellules royales à la pointe d'un gâteau donné à une ruche orpheline, c'était parce que les mouches avaient déjà élevé des faux-bourdons, comme il nous l'apprend lui-même, et sans doute parce que le gâteau donné contenait des vers royaux. N'oublions pas en effet qu'il faisait son expérience au mois de juin, et qu'à cette époque de l'année, toutes les ruches un peu fortes possèdent des vers royaux en grand nombre. J'ai remarqué ces vers dans mes propres observations, et je les ferai connaître plus tard.

XXII.

Je veux en finir sur cette question par une observation que j'ai annoncée plus haut, et qui m'a fortement impressionné. Je la regarde comme une preuve irréfragable contre le système des naturalistes. Elle porte, non sur les abeilles, mais sur les fourmis ; et si le lecteur pouvait y attacher autant d'intérêt que moi, il me pardonnerait bien vite les détails dans lesquels je vais entrer.

Il existe entre les abeilles et les fourmis des rapports frappants de similitude. Ce sont la même tête, les mêmes yeux, la même bouche s'ouvrant en forme de tenailles, non pas de bas en haut, mais de droite à gauche ; ce sont le même corselet, les mêmes organes de la respiration, le même nombre de pattes disposées d'une manière identique ; ce sont de part et d'autre les mêmes inclinations, la même industrie, le même amour du travail, je dirai presque la même prévoyance. Ici, comme là, ce sont la même constitution monarchique, la même organisation sociale, la même police, la même manière de se reproduire et de se multiplier. On retrouve, dans la fourmilière comme dans la ruche, une reine, des mâles, des ouvrières, des œufs, des vers et des nymphes.

Il faut cependant tenir compte de quelques différences : ainsi les abeilles construisent des gâteaux et des cellules, tandis que les fourmis n'en font pas. Parmi les abeilles, toutes les mouches ont des ailes ; mais chez les fourmis les ouvrières n'en ont point, et les reines, comme les mâles, perdent les leurs bientôt après la fécondation ; de sorte qu'on peut comparer les abeilles à des fourmis ailées, et les fourmis à des abeilles sans ailes.

Dans tous les ruchers des Landes, j'ai remarqué une certaine espèce de petites fourmis annuelles, qui vivent presque uniquement de ce que les abeilles jettent ou laissent tomber de leurs ruches. J'ai retrouvé ces fourmis dans trois ou quatre jardins des faubourgs de Bordeaux, où j'ai vu des mouches à miel. Chaque année, au retour de la belle saison, on les voit venir hardiment se fixer et s'établir sur le sommet d'une ruche ou sous le manteau qui la recouvre. Les abeilles ne se fâchent pas de ce voisinage, les deux familles vivent en bonne intelligence et ne se nuisent point l'une à l'autre. Pendant long-temps j'ai eu horreur de ces fourmis, je leur avais déclaré une guerre à mort, je les balayais rudement, je les écrasais, je les arrosais, je les couvrais de boue, etc. Mais un jour je m'avisai de les observer ; à partir de ce moment, ma paix fut bientôt faite avec elles, et je les ménageai autant que je les avais maltraitées, parce qu'elles favorisaient ma passion d'observateur.

Je n'avais qu'à soulever le manteau de la ruche avec précaution, et je voyais toute la fourmilière à nu. Les œufs de ces fourmis ne présentent pas plus de grosseur que des grains de sable, ils sont rougeâtres et m'ont paru de forme ronde. Les vers qui naissent des œufs sont blancs, rangés en petits tas, et en files qui se lient à d'autres tas : ils reçoivent la nourriture en commun. Lorsqu'ils ont terminé leur croissance, ils se retirent à l'écart pour filer leur coque, et se convertissent en nymphes. Alors, les ouvrières les transportent au milieu de la fourmilière, où elles les réunissent pêle-mêle en un seul tas. Ces nymphes ressemblent à des œufs, et bien des gens s'y méprennent. Dans la première saison il ne naît que des fourmis ouvrières ; mais plus tard on remarque dans la fourmilière, comme dans la ruche, des vers de trois espèces, c'est-à-dire des vers communs, des vers mâles et des vers royaux ; aussi voit-on paraître bientôt, au milieu des ouvrières, de petits mâles ailés et des reines énormes.

Maintenant, voici comment je raisonne. Il existe de grands rapports entre les abeilles et les fourmis, surtout relativement à la reproduction des différentes espèces et à l'organisation de la famille. Dans la fourmilière, il n'y a point de cellules ; larges ou étroites, elles sont inconnues : rien ne peut y gêner le développement des vermisseaux. On n'y voit pas non plus de bouillie royale pour les vers royaux ; tout vit en commun et sans distinction. Cependant il naît là, comme dans la ruche, des insectes de trois espèces, des ouvrières, des mâles et des reines, qui s'y produisent tout naturellement. Si les ouvrières sont plus petites que les reines, ce n'est pas pour avoir été comprimées dans leur premier âge par les parois de cellules trop restreintes ; en un mot, elles n'ont pas pu perdre leur sexe pour avoir été gênées dans d'étroits corsets ; et si elles diffèrent des reines, c'est parce qu'elles viennent d'un germe différent. Si elles eussent été de même nature dans leur germe, elles seraient devenues des reines comme elles ; rien n'aurait pu les en empêcher. De même, si, parmi les abeilles, les mouches communes diffèrent des reines, cela vient, non de ce qu'elles ont été gênées dans leur berceau, mais de ce qu'elles sont d'une autre nature, de ce qu'elles émanent d'un germe différent. En sorte que, chez les abeilles, comme chez les fourmis, les reines et les ouvrières ne sont pas de même nature dans leur germe.

XXIII.

Mais voyons si les naturalistes sont mieux dans le vrai lorsqu'ils prétendent que la reine est la mère de toutes les mouches de sa ruche.

Une expérience constante démontre qu'il naît des ouvrières dans toutes les ruches pourvues d'une reine, excepté pendant la saison rigoureuse ou dans les cas de maladie et de stérilité, et ces exceptions ne sont qu'accidentelles ou momentanées. La même expérience démontre encore que quand la mère-abeille vient à périr, toute production d'ouvrières cesse aussitôt. Sans doute, et dans les cas ordinaires, la couvée qu'elle a laissée en mourant parvient à son terme; mais tout finit là, et tant qu'une nouvelle reine ne remplace pas celle qui est morte, aucune ouvrière ne naît dans la ruche. Ainsi on peut dire que toute ruche pourvue d'une reine produit des ouvrières, et que celles dont la reine est absente n'en produisent aucune. Il est donc certain, et très certain, que la mère-abeille donne le jour à toutes les ouvrières : certes c'est la reconnaître assez féconde et lui faire une bonne part dans la production de la famille, puisque les ouvrières forment les dix-neuf vingtièmes de la population, que les auteurs évaluent avec raison jusqu'à quarante mille.

Mais autant il est vrai qu'elle est la mère de toutes les ouvrières, autant il est certain pour moi qu'elle ne produit ni les faux-bourdons ni les jeunes reines.

XXIV.

Les naturalistes nous disent qu'il y a dans les ruches trois espèces de mouches. Reste à savoir comment ils l'entendent. Dans leur système, ces trois espèces n'en font réellement qu'une ; car, suivant eux, la mère-abeille, fécondée par le faux-bourdon, pond tous les œufs d'où naissent toutes les mouches. Donc, d'après eux encore, les faux-bourdons, les ouvrières et les jeunes reines sont tous frères et sœurs, enfants du même père et de la même mère. Ainsi le faux-bourdon et la reine ne différeraient que par leur sexe ; la reine et l'ouvrière ne différeraient que par l'éducation. Dès-lors, j'ai raison d'affirmer que dans ce système les ruches ne possèderaient en réalité qu'une seule espèce de mouches. Aussi quelques auteurs, rigoureux dans leurs expressions, ne disent pas *des mouches de trois espèces*, mais simplement des mouches *de trois sortes, de trois formes différentes.*

Pour moi, lorsque je parle de mouches de trois espèces, j'entends parler de mouches qui diffèrent réellement les unes des autres par leur nature. J'établirai cette différence en prouvant que la reine n'est pas la mère de chacune d'elles. Si je parviens à le démontrer, si je viens à découvrir que la mère-abeille et le faux-bourdon n'ont pas la même origine, j'aurai fait un grand pas, on sera bien obligé de m'accorder que ces mouches ne sont ni de la même espèce, ni de la même nature. De là résultera naturellement, nécessairement, que les enfants provenus de leur union ne doivent ressembler ni à leur père, ni à leur mère, et qu'ils forment une troisième espèce à part. Ainsi, sans recourir à la fameuse bouillie royale ou commune, ni aux cellules étroites, j'aurai des mouches de trois espèces différentes, des reines, des faux-bourdons et des ouvrières ; et ces dernières seront tout simplement *hybrides.* Ce mot m'a échappé, il est le fondement de mon secret. Cependant la qualification d'*hybrides* devra recevoir quelques modifications, car si d'un côté la mère-abeille et le faux-bourdon sont, à mes yeux, d'espèce et de nature différentes, je reconnais d'un autre côté qu'il existe dans ces deux mouches quelques gouttes du sang de l'autre. Je sais que les abeilles, comme tous les insectes, n'ont point de sang, mais une lymphe ; et si je me sers ici du mot *sang*, c'est parce qu'il exprime mieux mon idée.

Veut-on, en attendant mieux, une présomption que les abeilles sont *hybrides?* C'est qu'elles sont très méchantes, capricieuses, inquiètes, comme tous les êtres nés de l'accouplement de deux espèces différentes.

XXX.

Je le répète, la reine n'est pas la mère de toutes les mouches de sa ruche ; elle ne produit ni les faux-bourdons, ni les jeunes reines. Il s'agit de le démontrer. Parlons d'abord des faux-bourdons.

Je l'ai dit plus haut, toutes les fois que j'ai donné à une ruche orpheline un gâteau garni de couvain d'ouvrières, les abeilles de cette ruche ont toujours commencé par élever des faux-bourdons avant de s'occuper de la reine, et elles ne peuvent procéder autrement. Les faux-bourdons que j'ai obtenus par ce moyen ne pouvaient donc pas être fils d'une mère-abeille, puisque la ruche n'en possédait aucune ; et lorsque la naissance d'une d'elles s'y est manifestée, elle n'est jamais venue qu'après eux. Il faut nécessairement en conclure que les œufs dont ils sont sortis n'avaient pas été pondus par une mère-abeille, mais par des ouvrières, puisque ces dernières constituaient seules la population de la ruche. Il y a donc des ouvrières qui donnent le jour à des faux-bourdons, et il est vrai de dire que la mère-abeille ne les produit pas tous.

Ce cas n'est pas le seul où les abeilles privées de leur mère élèvent des faux-bourdons. Une expérience constante démontre que si la reine vient à périr avant d'avoir commencé sa ponte, les ouvrières s'occupent d'abord de former ces mâles, dont la présence est indispensable à la conservation de la colonie. Je défie tout apiculteur de bonne foi de me démentir sur ce point ; et on peut voir ce que j'ai déjà dit plus haut, au sujet de la ruche que je voulais donner à M. Carayon-Latour, et dont la mère mourut sur ma main. Donc, encore une fois, il naît des faux-bourdons qui ne sont pas fils de la mère-abeille.

Essaiera-t-on de dire ici, comme ailleurs, que les ouvrières ont adopté un certain nombre de vermisseaux communs, qu'après avoir élargi les cellules de ces derniers elles leur ont fourni une bouillie spéciale, et qu'elles en ont fait ainsi des faux-bourdons ? En vérité, ceux qui métamorphosent si facilement les ouvrières en reines, *et vice versâ*, pourraient bien aussi vouloir changer les ouvrières en faux-bourdons, car il ne serait pas plus étrange de supposer au même germe les deux sexes et d'accorder aux abeilles la faculté de développer l'un ou l'autre, que de leur reconnaître le singulier pouvoir de développer ou d'anéantir le sexe féminin des vermisseaux d'ouvrières.

XXVI.

Il est si vrai que, parmi les abeilles sans mère, quelques-unes pondent des œufs de faux-bourdons, que les paysans des Landes s'en sont aperçus eux-mêmes, et ils reconnaissent à ce signe qu'une ruche est orpheline. Il n'existe qu'un seul auteur qui le nie ; et cet auteur, homme fort aimable, écrivain très élégant, aurait eu besoin d'observer long-temps encore lorsqu'il se faisait imprimer. Tous les autres admettent formellement l'existence de ce phénomène. Je citerai surtout Stanislas Beaunier, l'abbé de La Rocca, Lombard et Huber, les hommes qui ont le mieux connu et le mieux étudié les abeilles. Le dernier notamment est entré dans des détails si curieux et si clairs, que je ne peux résister au désir d'en rendre compte.

Il s'aperçut, le 5 août 1788, que deux de ses ruches, privées de reines depuis long-temps, possédaient des œufs et des vers de faux-bourdons. Or, comme ces ruches n'avaient aucune reine de la grande taille, il en conclut que les œufs devaient provenir d'autres reines d'une espèce plus petite ou des ouvrières mêmes. Pour s'en convaincre, il chercha pendant bien des jours à saisir une mouche au moment où elle pondrait ; mais cela lui fut impossible. Dans cet embarras, Burneus se décida, par ses ordres, à prendre l'une après l'autre toutes les mouches des deux ruches, et à les examiner attentivement pour s'assurer s'il y avait parmi elles quelque reine de la petite espèce. Disons en passant que ces prétendues reines de la petite espèce n'ont jajamais existé que dans l'imagination de quelques auteurs. Il employa onze jours à cette opération presque incroyable, ne prenant d'autre repos que celui nécessaire à la fatigue de la vue. Il arrêta son attention sur chaque abeille, vit sa longue trompe, ses petites corbeilles de poils aux jambes postérieures et son aiguillon droit (ce sont les marques distinctives des ouvrières). Au fur et à mesure de cette revue rigoureuse, les pauvres mouches étaient renfermées dans une ruche étroite, vitrée, plus favorable aux observations, dans laquelle se trouvaient quelques gâteaux, et où elles furent condamnées à rester prisonnières jusqu'à la fin de l'entreprise. Une fois l'opération terminée, elle eut pour résultat de constater qu'il n'y avait aucune reine de grande ou de petite espèce, et que toutes les abeilles passées dans la nouvelle ruche étaient bien réellement des ouvrières.

La liberté leur ayant été rendue, on voit bientôt recommencer la ponte des œufs d'où naissent les faux-bourdons. On observe : on surprend une mouche dans la posture d'une abeille qui pond ; on ouvre la ruche, la pondeuse est prise sur le fait : on la dissèque ; on trouve dans son ventre deux ovaires et onze œufs. Peu de temps après on en saisit une autre, puis plusieurs successivement, et vérification faite, on s'assure que toutes avaient des ovaires et des œufs.

Que faut-il de plus pour ma démonstration, et comment ne pas croire maintenant qu'il existe des ouvrières produisant les œufs d'où naissent des faux-bourdons? Nos meilleurs auteurs, je le répète, sont d'accord avec moi sur ce point.

XXVII.

Mais comme nous différons dans les conséquences ! Ces naturalistes pleins de talents et de connaissances, doués d'une finesse et d'une pénétration d'esprit rares, se sont bornés à donner des explications ingénieuses, pour se fortifier et se raffermir dans le système qu'ils avaient embrassé. Quant à moi, toujours guidé par le simple bon sens, lorsque j'ai vu des ouvrières produire des faux-bourdons, je me suis douté qu'elles les produisaient tous et qu'aucun ne devait le jour à la mère-abeille. Je devais chercher à m'en assurer par mes observations, et j'ai été assez heureux pour en obtenir la preuve complète, car j'ai réussi, par un procédé bien simple, à faire naître des faux-bourdons tant que j'en ai voulu dans une ruche sans reine, et même une fois beaucoup plus que je n'en voulais. Mais je ne veux parler de mon expérience qu'après avoir examiné jusqu'au bout les explications fournies par les auteurs. Le lecteur en sera juge ; c'est à lui qu'il appartiendra de prononcer entre les talents de l'esprit et le simple bon sens. Je ne crains pas que son jugement me soit contraire. La réflexion que j'ai faite, à la vue de quelques faux-bourdons produits par des ouvrières, est si simple qu'elle aurait dû naturellement se présenter à la pensée de tout le monde, et je suis vraiment étonné qu'elle ait pu échapper à des hommes tels que Huber et Beaunier.

Forcés, par leurs propres observations, de reconnaître qu'il existe, dans certaines circonstances, des abeilles ouvrières produisant des œufs d'où naissent des faux-bourdons, les naturalistes ont imaginé des explications qui rentrent dans le système généralement adopté, et à l'aide desquelles ils ont cru résoudre la difficulté que ce phénomène présente. Cette difficulté est excessivement grave ; car si les ouvrières n'ont pas de sexe, comment peut-il se faire que quelques-unes pondent des œufs fécondés ?

D'après eux, on peut la trancher cependant, en disant que ces ouvrières fécondes ont été élevées sans doute près de quelque cellule royale ; qu'une goutte de la bouillie destinée aux vers royaux a pu découler des cellules de ces derniers dans les leurs, et développer ainsi partiellement leur sexe ; qu'en soignant les vers royaux, les autres abeilles ont pu d'ailleurs donner aux vers communs placés dans le voisinage de ceux-ci un peu de cette fameuse bouillie si féconde en métamorphoses ; et qu'enfin la ponte de ces ouvrières est viciée.

XXVIII.

Il est facile de répondre. Les cellules royales sont des calices renversés ; mais la liqueur qu'elles contiennent n'en découle jamais, soit parce qu'elle est glutineuse, soit parce que les vers ont la faculté de l'attirer à eux, soit plutôt encore parce que la compression de l'air sur l'orifice des cellules lui oppose une résistance qu'elle ne peut pas vaincre par son propre poids. Pour m'en assurer plus particulièrement, j'ai pris quelquefois de ces cellules renfermant des vers royaux, sur des ruches qui en avaient de superflues ; je les ai secouées d'abord légèrement sans pouvoir rien y déplacer : lorsque j'ai donné ensuite une secousse violente, les vermisseaux se sont détachés, mais je n'ai vu tomber de liqueur que celle qu'ils ont entraînée dans leur chute. Le reste n'a pas bougé ; je peux donc en conclure que la bouillie royale de nos naturalistes ne coule pas par elle-même.

J'affirme d'ailleurs que, quand il en serait autrement, elle ne pourrait jamais pénétrer dans les alvéoles des vers communs; car la position de ces alvéoles est telle, par rapport aux cellules royales, qu'il est impossible que la liqueur des secondes puisse s'y déverser.

Maintenant, comment sait-on, qu'en soignant les vers royaux, les abeilles ont pu donner aux vers communs quelque goutte de l'inévitable bouillie? celui qui a fourni cette explication avoue qu'il n'a pas vérifié ce phénomène. Il a fait seulement tout ce qu'il a pu pour le rendre vraisemblable; car il a observé ses abeilles soignant les vers communs dans le voisinage d'une cellule royale; puis, lorsque ces mêmes vers sont devenus des mouches, il en a marqué une demi-douzaine ; et quelques jours après il a surpris l'une d'elles au moment où elle se livrait à la ponte.

Je m'étonne peu qu'on ait vu les abeilles soigner les vers communs près d'une cellule royale, car elles les soignent tous sans exception, aussi bien lorsqu'il n'existe aucune de ces cellules dans la ruche que lorsqu'il y en a une ou plusieurs ; l'expérience le démontre. L'observateur si exact qui a marqué de rouge six mouches nées auprès de la cellule royale, n'aurait-il pas dû marquer aussi d'une autre couleur six mouches nées au loin, et examiner si celles-ci ne pondaient point comme celles-là ? S'il l'eût fait, il aurait certainement surpris des pondeuses dans les deux catégories, car le voisinage des cellules royales n'influe en rien sur les ouvrières. Ce qui le prouve, c'est que les mouches communes des ruches dans lesquelles aucune reine n'a été élevée depuis deux ou trois ans, lorsqu'elles viennent à perdre leur mère-abeille, font des œufs comme celles qui sont nées près des reines. Il y a mieux : la plupart des ruches orphelines dans lesquelles se trouvent des ouvrières qui pondent ne possèdent même plus de vers royaux depuis un temps considérable. Et puis enfin, on n'a pas constaté que la mouche marquée, surprise au moment où elle se livrait à la ponte, eût reçu la bouillie royale : sa ponte ne peut donc pas venir en aide à l'explication que l'on donne.

En vérité, cette fameuse bouillie revient trop souvent, et je suis presque confus d'avoir à en parler si long-temps. Mais les naturalistes renchérissent ici sur tout ce qu'ils en avaient dit jusque-là, car ils y voient maintenant un spécifique qui a la vertu de faire des demi-reines comme des reines parfaites, et de procurer une demi-fécondité comme une fécondité prodigieuse, le tout en raison et en proportion de la dose administrée. Devant de pareilles fables, je l'avoue, mon gros bon sens se révolte, et je deviens plus que jamais incrédule.

D'un autre côté, je me demande vainement pourquoi la ponte des ouvrières serait viciée. Les œufs ne sont-ils pas fécondés? N'en naît-il pas des vers qui vivent, croissent et se métamorphosent comme tous les autres? Les faux-bourdons qui en proviennent sont-ils moins gros, moins vigoureux que ceux nés dans des ruches pourvues de leurs reines? N'ont-ils pas la même tête, les mêmes yeux, le même corselet, les mêmes ailés, les mêmes pattes, les mêmes organes de la respiration, les mêmes inclinations, les mêmes habitudes, la même paresse pour le travail, la même ardeur pour le plaisir? Ne sont-ils pas du sexe masculin comme les faux-bourdons des autres ruches? Et si dans la leur, qui est orpheline, il vient à naître une reine (ce qui a lieu ordinairement), ne rempliront-ils pas auprès d'elle les fonctions des mâles, en la fécondant aux dépens de leur vie, et cette reine sera-t-elle moins productive que celles des ruches les mieux organisées? En quoi la ponte des ouvrières est-elle donc viciée? Serait-ce parce qu'il n'en vient que des mâles? Mais la nature le veut ainsi : la reine produit les ouvrières, et celles-ci, orphelines ou non, produisent les faux-bourdons, car aucun d'eux n'a la reine pour mère. L'expérience suivante en donnera la preuve.

XXIX.

Dans une année des plus fertiles, un essaim d'une force extraordinaire abandonne sa ruche quatre ou cinq jours après avoir été recueilli. Les abeilles s'élèvent, en sortant, à une hauteur qui rend tous mes efforts inutiles, et j'ai la douleur de les voir émigrer sans pouvoir rien faire pour les retenir. Je visite aussitôt la ruche abandonnée, je n'y vois aucune mouche, car elles étaient toutes parties ; mais j'y compte six gâteaux d'environ huit pouces de longueur, blancs comme la neige, très minces, et attachés seulement au sommet.

Il me fut impossible de vérifier immédiatement si la mère-abeille avait ou non commencé sa ponte, car j'aurais été obligé pour cela de détacher les gâteaux. Mais je jugeai qu'il n'en était rien, parce que l'expérience nous apprend que les abeilles n'abandonnent jamais le couvain sans y être forcées. Je pensai aussi que la reine devait être affectée d'un vice dans sa fécondation, ce qui avait pu occasionner son départ, ou que le désir d'émigrer lui avait fait retarder sa ponte. La suite me prouva plus tard qu'elle n'avait point pondu.

Les abeilles qui étaient aux champs au moment du départ de l'essaim reviennent bientôt successivement à leur ruche, la foule augmente peu à peu, et le soir il me reste un petit peloton de mouches couvrant les six gâteaux : seulement elles n'ont pas de reine. Pour leur en donner une, je forme le projet de leur adjoindre le premier petit essaim qui me viendra, mais il n'en sort absolument aucun, et mes pauvres mouches restent seules plus de trois semaines, pendant lesquelles je m'assure par des visites fréquentes qu'elles n'ont aucune espèce de couvain d'ouvrières ni de faux-bourdons, car, tant que dura leur solitude, elles ne pondirent point.

Lorsque j'eus perdu tout espoir de recueillir un essaim, je me décidai, par un beau jour, et au moment où les abeilles étaient sorties en plus grand nombre, à ôter de son rang la plus forte de mes ruches, la seule qui n'eût pas essaimé, et je la mis à la place de celle où étaient logées mes pauvres orphelines, transportant cette dernière elle-même à l'endroit où se trouvait l'autre précédemment. Bientôt toutes les mouches de ma belle ruche, qui étaient occupées alors à butiner sur les fleurs ou à se jouer dans les airs, arrivèrent à ma ruche déserte, qui reconquit par ce moyen une population presque aussi nombreuse que celle qu'elle avait perdue : seulement il lui manquait toujours une mère.

Cependant, à l'arrivée de tant d'abeilles, l'activité se ranime, les travaux abandonnés sont repris, les six gâteaux sont allongés de dix à douze pouces, il en est même construit quatre nouveaux ; mais toutes les cellules nouvellement faites sont à grandes dimensions. Dans peu de jours, elles se remplissent de vers de faux-bourdons, et le poids de ces vers rend la ruche si lourde que je ne puis plus la soulever. Un mois à peine s'est écoulé depuis son déplacement, et les faux-bourdons naissent en si grand nombre que leur maison ne suffit plus à les contenir. Je n'exagèrerai rien en disant qu'il y en avait plus de dix mille, et ma ruche orpheline en possédait davantage à elle seule que six ruches fortes bien organisées.

J'ai répété quatre fois la même expérience, et notamment, dans une circonstance, sur un essaim de l'année précédente, dont les abeilles mortes de faim avaient laissé des gâteaux encore fort sains. Dans ces cinq essais, je n'ai pas obtenu tant de faux-bourdons que dans le premier, mais j'en ai toujours eu beaucoup, au moins autant qu'on en voit dans une ruche ordinaire, et quelquefois le double. Je ne demande pas qu'on me croie sur parole : qu'on prenne la peine d'essayer ce que j'ai fait, et je garantis le même résultat si l'opération a lieu dans une saison favorable et aux dépens d'une forte ruche.

XXX.

Maintenant que diront nos naturalistes ? Prétendront-ils encore que les ouvrières sont neutres, et que celles dont le sexe est développé par exception sont à demi-fécondes parce que leur éducation s'est faite près des cellules royales, où elles ont reçu dans le premier âge quelque goutte de la bouillie destinée aux vers royaux ?

Si on me faisait une pareille objection, je répondrais qu'aucune des ruches avec lesquelles, ou au détriment desquelles j'ai opéré, ne possédait des vers de cette espèce, que certaines même n'en avaient pas élevé depuis plusieurs années, et que dès-lors les mouches qui ont produit si abondamment n'ont pu puiser leur fécondité dans la singulière alimentation qu'on leur prête.

Dira-t-on que le sort de ces ouvrières, fécondes pour avoir goûté le nectar réservé aux reines, est de subir promptement la mort dans les ruches pourvues d'une mère-abeille, et qu'elles ne survivent et ne pondent que dans les ruches orphelines? Mais les mouches qui m'ont donné tant de faux-bourdons provenaient de ruches qui n'étaient pas sans reines, et cependant elles n'avaient pas été détruites. Après leur séparation de la mère, elles ont prouvé qu'elles possédaient un sexe, elles le possédaient donc avant de la quitter. Loin de celle-ci elles ont été fécondes; pourquoi n'auraient-elles pas pu l'être dans sa compagnie? Si les faux-bourdons que j'ai obtenus sont le produit des ouvrières, ne doit-on pas croire qu'il en est de même de ceux qui naissent dans la famille d'où elles sont sorties? Où est la raison de croire que la mort ou l'éloignement de la reine soit une cause de fécondité pour les ouvrières? Ce ne sont pas seulement quelques avortons qu'elles ont engendrés dans leur nouveau domicile, mais des milliers de gros mâles, forts et vigoureux. Ne nous obstinons donc pas à attribuer à la mère-abeille la naissance de ces derniers. Il existe bien dans les ruches, à une certaine époque, quelques mouches auxquelles la reine fait une guerre à mort, et que les naturalistes n'ont pas remarquées; mais elle ne fait aucun mal aux ouvrières laborieuses et actives, qui lui donnent les mâles dont elle a besoin chaque année. La nature serait en défaut si elle avait pu lui inspirer un sentiment d'incompatibilité avec ces mêmes mouches, sans lesquelles il n'y aurait plus de faux-bourdons pour repeupler la colonie.

XXXI.

C'est ici le cas de parler d'un phénomène qu'on remarque chez certaines ruches, dans lesquelles on ne voit naître aucune ouvrière, mais où les faux-bourdons naissent en très grand nombre. On l'attribue généralement à la mère-abeille, dont on croit que les ovaires ont été viciés. Les paysans des Landes ont observé ce fait assez extraordinaire, et je les ai entendus dire plus d'une fois : — J'ai une ruche à mère-bourdonnière ; si elle ne se crée bientôt une autre reine, elle périra. — Il a fixé l'attention de plusieurs auteurs, et tous, notamment Huber, qui lui consacre deux longs chapitres, attribuent ce nombre énorme de mâles à la mère-abeille, dont la ponte aurait été viciée par le retard de sa fécondation.

Eh bien, cette singularité qui étonne, qui a fait travailler tant de têtes, et que j'ai étudiée moi-même bien long-temps, est dans mon système la chose la plus simple du monde. Deux causes amènent la cessation de la production des ouvrières et la ponte si considérable des œufs d'où les faux-bourdons doivent naître. La première, c'est la mort de la mère-abeille, et dans ce cas, sans répéter ce que j'ai déjà dit plus haut, il est bien évident que tous ces mâles sont engendrés par les ouvrières. La seconde, c'est sa stérilité ; et alors les ouvrières, voyant qu'elle ne pond plus ou que ses œufs n'ont pas de germe, s'empressent de lui donner des mâles pour la guérir de sa maladie.

Huber a raison de dire que le retard de la fécondation de la reine vicie ses ovaires ; mais il s'est trompé en ajoutant qu'elle donne le jour aux faux-bourdons dans sa propre ruche : là, comme dans les ruches orphelines, ils sont produits par les ouvrières. Quand celles-ci perdent leur mère, elles s'occupent de la remplacer ; et elles élèvent des faux-bourdons, dont la nouvelle reine aura besoin à sa naissance. N'est-il pas tout naturel aussi que, lorsque leur mère est stérile, elles s'efforcent de lui donner des mâles? Les uns créent ceux-ci pour une reine à venir et incertaine, les autres pour celle qu'elles possèdent, et dont la stérilité compromet l'existence de la colonie.

Le phénomène dont je viens de parler est regardé comme rare, mais il est très fréquent, et si on n'y fait pas attention, c'est que le plus souvent il se produit sur une petite échelle. Toutes les ruches qui perdent leur mère cessent d'élever des ouvrières, et presque toutes aussi donnent le jour à des faux-bourdons ; mais si elles sont faibles, elles n'en élèvent qu'un très petit nombre, quelquefois vingt, quelquefois dix, quelquefois moins ; et quand elles sont médiocres, elles en produisent environ une centaine. Il en est de même des ruches dont la mère est devenue stérile, ce qui arrive bien rarement. La production des mâles y sera toujours en proportion du nombre des ouvrières et de la saison plus ou moins avancée, plus ou moins fertile. Aussi cette multiplication énorme de mâles, qui a tant fait écrire, n'a jamais lieu qu'au sein des ruches très peuplées, pendant la belle saison et dans des années excessivement fertiles : tout cela est démontré par l'expérience, et j'y trouve la preuve qu'on doit attribuer aux ouvrières et non à la reine les œufs d'où naissent les faux-bourdons.

M'objectera-t-on qu'en examinant les ruches chez lesquelles ce phénomène se produit, on voit des faux-bourdons dans les petites cellules comme dans les grandes ? Oui sans doute, cela est vrai, mais je n'en suis pas ébranlé ; car, on l'a remarqué bien souvent, si les ouvrières préfèrent en général les grandes cellules pour y déposer leurs œufs, elles pondent aussi parfois dans les petites ; tandis que personne n'a jamais osé dire avoir vu la reine pondre dans les grandes. Quant à moi, qui ai observé avec une si grande attention la ponte des mères-abeilles, je puis affirmer que toujours lorsqu'elles arrivent dans leur marche aux cellules à faux-bourdons, elles se retournent brusquement, comme avec horreur, et que jamais elles n'y déposent leurs œufs. Et cependant mes observations avaient lieu à l'époque où les abeilles nourrissent le plus de gros mâles.

XXXII.

Je n'abandonnerai pas cette question sans faire quelques réflexions sur le système qui attribue à la mère-abeille la maternité de toutes les mouches de sa ruche. Les naturalistes qui l'ont adopté arrangent tout fort à leur aise, parce que la reine a deux ovaires, un grand et un petit. A leurs yeux, le premier contient des œufs d'ouvrières, et le second des œufs de faux-bourdons. Ils affirment enfin qu'elle dépose les uns dans les petites cellules, et les autres dans les grandes. Voilà ce qu'ils ont écrit fort sérieusement, et ce que je n'ai pas lu de même.

Sur quel fondement nous dit-on tout cela ? A-t-on remarqué quelque différence essentielle entre les œufs du grand et du petit ovaire ? A-t-on comparé les germes qu'ils renferment ? En a-t-on examiné et reconnu le sexe ? A-t-on vu une mère-abeille pondre dans les grandes cellules ? A toutes ces questions, on répond par la négative. Et puis, comment se fait-il que la reine puisse savoir qu'elle va pondre des œufs de mâles ou des œufs de femelles, pour ne pas se méprendre sur le choix des alvéoles où elle doit les déposer ? La femme, cet être si raisonnable et si intelligent, ignore le sexe de l'enfant qu'elle porte et qu'elle sent se mouvoir dans son sein, et on veut qu'une mouche en sache davantage au sujet du germe inanimé que renferme l'œuf qu'elle va pondre. En vérité (j'ai presque honte de manifester cette idée, mais j'y suis naturellement conduit par la matière), les naturalistes ont oublié une chose essentielle pour perfectionner leur système ; ils auraient dû accorder au mâle des dipositions correspondantes à celles de la femelle, et supposer que son côté droit féconde le grand ovaire, tandis que son côté gauche féconde le petit. Que ceci soit dit en passant, et seulement pour établir le degré de confiance qu'il faut accorder aux assertions gratuites des auteurs qui attribuent à la mère-abeille la faculté de produire toutes les mouches de sa ruche, même les faux-bourdons.

XXXIII.

Parlons maintenant de la naissance des jeunes reines.

Une expérience constante démontre 1° que lorsque les abeilles d'une ruche ont perdu leur reine, elles travaillent d'abord à s'en donner une autre, et que leurs efforts sont très souvent couronnés de succès, même six semaines ou deux mois après ; 2° que lorsqu'elles n'ont pu remplacer leur mère-abeille, elles sont secourues fort

à propos par un rayon garni de couvain pris sur une autre ruche, et qu'elles élèvent de jeunes reines, quoique
après un intervalle ordinairement assez long, si ce
rayon a été bien choisi, et si la miélée les favorise ; 3°
que lorsqu'on retire un essaim artificiel d'une ruche capable d'essaimer, celle-ci élève de suite des jeunes reines pour remplacer celle qu'elle a perdue avec l'essaim ; 4° enfin que les abeilles forment souvent des
cellules royales et des vers royaux après avoir jeté une
première fois, quoiqu'elles en aient déjà un grand
nombre au moment du départ de l'essaim.

Cependant tout homme intelligent qui a observé
les abeilles sera obligé de convenir que ces ruches
étaient orphelines, ou que du moins elles n'avaient pas
encore une mère formée et capable de pondre lorsqu'elles ont produit des vers royaux. Dans les deux
premiers cas, elles avaient perdu leur mère-abeille ;
dans le troisième, on l'avait arrachée à sa maison pour
la donner à l'essaim artificiel, sans quoi l'opération
eût été manquée ; dans le quatrième enfin, elle était
partie avec l'essaim naturel ; car il est très certain que
tous les ans, quand la ruche commence à jeter, la
vieille mère émigre toujours à la tête du premier essaim, sans attendre la naissance des jeunes reines, et
qu'elle devance même d'une semaine ou plus l'époque
où celles-ci sortent de leurs prisons.

Ainsi il naît des reines dans des ruches qui sont privées de mère-abeille, et souvent depuis de longs jours ;
or, si on peut obtenir et si on obtient en réalité de
jeunes reines sans mère-abeille, on doit dire, pour
être vrai, que ce n'est pas cette dernière qui les a produites. Son alibi est clairement prouvé, et on ne saurait lui attribuer la production des enfants nés dans sa
maison après sa mort ou après son départ, à moins
qu'on n'ait encore recours à l'histoire de la bouillie,
que j'ai assez réfutée pour n'avoir plus besoin d'y revenir.

Or, si les jeunes reines, qui ont pris naissance dans
les quatre cas dont je viens de parler, ne viennent pas
de la mère-abeille, comment ne pas croire qu'il en est
de même de toutes les autres ? N'est-il pas évident
qu'elles ont une origine commune, alors qu'il n'existe
entre elles aucune différence sensible ? Comment ne

pas croire qu'elles sont toutes filles d'une autre mouche, et que les naturalistes, en donnant une trop libre carrière à leur imagination, ont fini par croire vrai, et nous présenter comme tel, un système qui n'existe que dans leur esprit ?

Ce système est faux, car la mère-abeille et l'ouvrière ne sont pas de même nature dans leur germe ; car la seconde ne produit pas toutes les mouches de sa ruche, et ne donne le jour ni aux faux-bourdons, ni aux jeunes reines.

XXXIV.

Jusqu'ici tous mes efforts ont tendu à prouver ces deux propositions, diamétralement opposées à la théorie des naturalistes. J'ai même déversé sur elle un peu de ridicule, mais il le fallait parce qu'elle est aussi séduisante qu'ingénieuse, et il était nécessaire de la rendre suspecte pour disposer le lecteur à entendre d'autres propositions et à adopter d'autres idées.

Je voudrais pouvoir donner une aussi bonne excuse pour toutes les fautes, les négligences, les répétitions qui ont dû nécessairement échapper dans une œuvre de ce genre à un homme à cheveux blancs, infirme et dont la mémoire faiblit chaque jour. Mon âge et ma santé ne me permettent d'écrire qu'à bâtons rompus, tout au plus une demi-heure à la fois ; je ne peux donc voir et juger d'un coup-d'œil l'enchaînement de mes idées et l'ensemble de mon travail. Mais heureusement je n'ambitionne point une réputation littéraire ; mon unique but est de ne pas laisser mourir mes idées avec moi : je désire qu'elles soient recueillies et examinées par des personnes plus instruites, et qui en fassent un meilleur usage si elles les en jugent susceptibles. Voilà tout.

J'arrive au point le plus difficile et le plus délicat, car le moment est venu de donner mon opinion personnelle sur la manière dont s'opère, dans la ruche, la reproduction des différentes espèces de mouches qu'on y remarque. Je la donnerai en peu de lignes, je la développerai ensuite : enfin j'expliquerai les phénomènes, et j'essaierai de résoudre les difficultés qui se lient à l'histoire naturelle des abeilles.

XXXV.

Il y a dans les ruches, comme je l'ai déjà dit plus d'une fois, trois espèces de mouches, une mère-abeille, des ouvrières et des faux-bourdons.

Ces espèces diffèrent les unes des autres, non-seulement par le sexe, la forme extérieure, la taille et l'éducation, mais encore par leur nature et leur origine.

Les ouvrières se divisent en deux classes distinctes : aussi aurais-je pu dire qu'il y a quatre espèces de mouches. Mais je ne veux pas m'écarter au premier mot du langage des naturalistes. Je peux à la rigueur comprendre sous la dénomination d'ouvrières les deux classes que je distingue, car les mouches de l'une et de l'autre travaillent réellement.

Il y a ceci de particulier chez les abeilles que chaque espèce a son sexe. Ainsi on ne trouve point de mâles parmi les reines, ni de femelles parmi les faux-bourdons. Quant aux ouvrières de la première classe, elles sont toutes du sexe masculin, et celles de la seconde classe appartiennent au sexe féminin.

Il est dès-lors évident que la reproduction ne peut s'opérer que par croisement entre mouches tout-à-fait différentes ; et de là résulte encore tout naturellement qu'aucune mouche ne peut reproduire sa semblable, et que les abeilles sont hybrides. Je dois cependant modifier un peu cette qualification, car, quoiqu'elles soient hybrides, elles restent fécondes.

Voici maintenant comment tout se combine et s'arrange :

La mère-abeille, ne trouvant aucun mâle de son espèce, recherche le faux-bourdon, s'accouple avec lui, et produit les œufs d'où naissent des abeilles communes. Ces abeilles sont des mâles, et je les appellerai petits-mâles, pour les distinguer du gros qui est leur père.

Ensuite les faux-bourdons seront exterminés : chaque année la mère-abeille en restera privée pendant neuf ou dix mois. Mais elle ne passera pas tout ce temps dans la continence : elle s'accouplera avec les petits mâles qu'elle a mis au jour : et sans cesser de produire des abeilles communes de première classe, c'est-à-dire du même sexe, elle fera des œufs d'où naîtront un certain' nombre de mouches de la seconde, qui seront toutes des femelles.

Celles-ci ne sont pas très nombreuses. Elles sont fécondes, mais leur fécondité n'est pas comparable à celle de leur mère, car elle se borne à une seule et petite ponte d'où naissent les faux-bourdons et les reines ; après quoi elles meurent.

Ces abeilles communes de la seconde classe ne diffèrent extérieurement de celles de la première que par leur ventre, qui est un peu plus pointu. Je n'ai pu les reconnaître qu'à ce signe, et Huber n'en a pas lui-même remarqué d'autre lorsqu'il les a surprises au moment où elles pondaient.

Quand ces petites femelles apparaissent dans la ruche, elles ne trouvent d'autres mâles que les petits ; elles s'accouplent avec eux, et donnent le jour aux faux-bourdons ou gros mâles.

A mesure qu'elles se sentent fécondées, elles se réunissent sur un ou deux points de la ruche et s'occupent avec une grande activité de la construction des berceaux nécessaires aux gros enfants qu'elles vont mettre au monde. Lors de mes observations sur les abeilles, je fus étrangement frappé de voir tous les ans, à une même époque, un certain nombre de mouches, au ventre pointu, se réunir par pelotons, se fixer sur un ou plusieurs gâteaux, y bâtir des cellules plus larges et plus profondes, et y élever d'autres mouches plus grosses d'une nouvelle espèce. Cette observation, répétée pendant plusieurs années, et sur toutes mes ruches, m'a beaucoup aidé à découvrir quelles sont les mères des faux-bourdons. Qu'on veuille bien prendre la peine d'observer comme je l'ai fait, et on verra ce que j'ai vu.

Quand les faux-bourdons sont nés, d'autres ouvrières de seconde classe frayent avec eux ; et de là les jeunes reines.

Dans le cours ordinaire des choses, les jeunes reines ne viennent pas aussi promptement, parce que la mère-abeille y met obstacle. Sa jalousie ne lui permet de supporter aucune rivale, et elle massacre tous les vers royaux qu'elle rencontre dans son domicile. Ceux

qui naissent dans le premier temps ne peuvent lui
échapper ; car, étant alors dans le fort de sa plus
grande ponte, elle rode presque sans cesse pour découvrir les cellules vides et afin d'y déposer ses œufs.
Mais quand cette grande ponte est passée, elle tombe
dans un état d'épuisement, de faiblesse et de langueur,
qui la condamne au repos et à la retraite. C'est dans ce
moment que les ouvrières de seconde classe élèvent
les jeunes reines ; elles les protégeront contre les attaques de la mère-abeille, lorsque celle-ci, rétablie de
ses fatigues, voudra recommencer à faire la guerre
aux vers royaux ; et ce sera alors aussi qu'elle émi-
grera dans sa fureur. J'affirme comme très certain que
toutes les ruches voient naître chez elles chaque jour
des vers royaux en même temps que des vers d'ouvrières de seconde classe et de faux-bourdons. Ce qui
le prouve, c'est que si on leur prend la mère-abeille,
elles la remplacent immédiatement. D'après mes observations, l'épuisement de la reine ne dure qu'une
semaine ; ensuite ses forces reviennent, de nouveaux
œufs se forment dans ses ovaires, elle recherche les
faux-bourdons, et recommence sa ponte et ses massacres, à moins qu'elle n'émigre pour aller fonder ailleurs
un autre établissement.

La naissance des jeunes reines annonce que la campagne est finie, que la chaîne de la reproduction des
différentes espèces de mouches est achevée, et que la
roue des générations a terminé son cours.

Je comprends sous ce mot de *campagne* tout le
temps qui s'écoule depuis le moment où la mère-abeille
commence sa ponte jusqu'à la naissance des jeunes
reines, avec tous les travaux et toutes les opérations
des ouvrières pendant cet intervalle. Je divise la campagne en quatre périodes, l'une où naissent les abeilles
communes de première classe ; l'autre où il en naît de
la première et de la seconde classe ; la troisième commence avec les faux-bourdons ; la quatrième enfin est
signalée par la naissance des reines.

Je me représente la génération des abeilles comme
une chaîne dont les divers anneaux se lient d'une manière admirable, et se reproduisent alternativement
les uns les autres.

Enfin la marche de la nature, dans la reproduction

des différentes espèces de mouches, est comme une roue d'engrenage, dont les diverses dents reviennent et repassent chacune à son tour, et toujours dans le même ordre.

Les jeunes reines ne seront pas elles-mêmes long-temps oisives; elles rechercheront les faux-bourdons pour ouvrir une nouvelle campagne, commencer une nouvelle chaîne, et donner une nouvelle impulsion à la roue, c'est-à-dire que tout finit et recommence à leur naissance.

Dans les années fertiles, il n'est pas rare de voir la même reine fournir deux campagnes, finir deux fois la chaîne, et faire faire deux tours à la roue.

XXXVI.

De ces divers points, je n'ai l'intention de traiter ici que les plus essentiels.

J'ai avancé que les ouvrières se divisent en deux classes, la première composée de mâles, la seconde de femelles; que les reines viennent des ouvrières de seconde classe et des faux-bourdons; qu'enfin les abeilles sont hybrides et cependant fécondes. Quelques mots sur ces trois propositions.

Non, la mère-abeille n'est pas la seule femelle féconde dans la ruche; on en trouve d'autres parmi les ouvrières, qui ont comme elle la faculté de produire. Non, les faux-bourdons ne sont pas les seuls mâles de la famille; on en trouve d'autres parmi les petites mouches, qui ont comme eux la faculté d'engendrer.

Ce que j'ai déjà dit sur ce point devrait suffire aux yeux de tout homme qui connaît un peu les abeilles, pour établir que la reine n'est pas la mère des faux-bourdons, et qu'ils sont fils des ouvrières. J'aime à croire qu'on n'a pas oublié les preuves que j'en ai données. On se souvient que toute ruche orpheline élève des faux-bourdons après la mort de la reine, et que celles qu'on assiste avec un gâteau garni de couvain d'ouvrières en élèvent aussi quand les jeunes ouvrières provenant de ce gâteau ont pris naissance. On se rappelle ce que j'ai dit des observations de l'aveugle de Genève, qui a surpris plusieurs de ces mouches

au moment de la ponte, et qui a trouvé dans leur ventre des ovaires et des œufs; et on a pu s'étonner
comme moi qu'après une semblable découverte, un
homme comme Huber ait persisté dans le système des
naturalistes. On n'a pas perdu de vue enfin l'expérience
que j'ai faite moi-même, et par laquelle j'ai obtenu
sans reine une quantité énorme de faux-bourdons. Or,
comme il est bien certain que dans ces différents cas
les ouvrières constituaient seules la population de la
ruche où le phénomène s'est produit, on est bien forcé
de ne pas attribuer à d'autres qu'à elles les œufs d'où
sont nés les faux-bourdons, et de reconnaître qu'il y a
parmi ces petites mouches des femelles fécondes.

Mais il n'est pas moins certain que parmi elles se
trouvent aussi des mâles jouissant de la faculté d'engendrer. Ces femelles en effet ne sont pas fécondes
d'elles-mêmes et par leur propre nature, comme quelque auteur a osé le dire de la reine.

Rien de plus singulier que ce qu'ont avancé certains
écrivains sur la fécondation de la reine. L'un a prétendu
qu'elle n'a aucune communication avec les mâles et
qu'elle est féconde par elle-même. Un autre dit aussi
qu'elle ne s'unit point aux mâles, mais que vivant au
milieu d'eux, elle est fécondée par les émanations qui
s'évaporent de leurs corps. Un troisième veut encore
qu'elle ne fraye point avec les mâles, mais que ses
œufs soient fécondés par ces derniers après la ponte,
ce qui est évidemment inexact, puisque les œufs pondus quand il n'existe aucun faux-bourdon sont fécondés
comme les autres. Un quatrième assure que la mère-
abeille s'unit au mâle en naissant, mais une seule fois
pour toute sa vie. Un cinquième enfin prétend que cette
union a lieu tous les deux ans. Pour moi, je ne puis
voir dans la reine une vestale féconde et je ne puis
croire que ses œufs soient fécondés avant d'exister,
car il est certain qu'à sa naissance elle en a fort peu
dans ses ovaires; et je me suis assuré par des observations multipliées que toute mère-abeille, privée de
faux-bourdons pendant une année entière, est stérile
pour le reste de ses jours. Il faut de toute nécessité que
ces femelles puissent trouver des mâles pour s'accou-
pler avec eux. Or, ces mâles ne peuvent exister que
parmi les petites mouches. puisqu'il n'y en a pas

d'autres que celles-ci dans la ruche ; les faux-bourdons de l'année précédente ont été exterminés, il n'en est pas resté un seul, sept ou huit mois se sont écoulés depuis, et les nouveaux ne sont pas même encore formés. C'est donc parmi les ouvrières que se trouvent les pères comme les mères de ceux qui y naîtront bientôt.

Et qu'on ne dise pas qu'il y a peut-être dans la ruche des ouvrières qui ont vu des faux-bourdons. La plupart de celles qui existaient lors de la destruction de ces derniers sont déjà mortes, quand les œufs d'où les nouveaux doivent sortir viennent à être pondus : et s'il en reste quelques-unes, leur vieillesse est un obstacle à ce qu'elles puissent produire. Il est en effet démontré par l'observation que, dans les ruches réduites à des ouvrières vieilles, toute reproduction est impossible. Les jeunes sont donc seules fécondes, et puisqu'elles ne peuvent trouver de gros mâles, il faut donc nécessairement qu'elles en trouvent de petits ; enfin, comme il n'existe dans la famille que des abeilles ouvrières, il faut donc reconnaître encore que ces petits mâles se trouvent parmi elles.

XXXVII.

Mon raisonnement prend une nouvelle force quand il s'agit d'une ruche dont la reine meurt à la fin de l'hiver après avoir fait une ponte, comme cela eut lieu pour la ruche que je voulais donner à M. Carayon-Latour.

Tant que cette ruche, dont la mère-abeille avait expiré sur ma main, ne posséda que ses vieilles mouches, aucune production ne s'y manifesta. Ce fut seulement trois semaines après la mort de la reine, et après la naissance d'un certain nombre de jeunes mouches, provenant du couvain qu'elle avait laissé. que je vis se former des cellules à grandes dimensions, dans lesquelles des faux-bourdons furent élevés. Ce sont donc les jeunes ouvrières, et non les vieilles, qui avaient produit, et comme il était impossible qu'elles se fussent accouplées avec des faux-bourdons (ceux-ci n'existant pas encore), il faut nécessairement en conclure qu'il y a des mâles parmi elles, sans quoi leur fécondation n'aurait pas lieu.

Je pourrais répéter le même raisonnement, au sujet des ruches orphelines qu'on assiste en leur donnant un gâteau garni de couvain d'ouvrières. Mais, pour abréger, je me hâte de rendre compte d'une expérience que j'ai faite à Bordeaux, et qui est plus décisive : c'est une véritable démonstration.

XXXVIII.

J'avais lu un ouvrage d'un cultivateur de la Bretagne, M. Lecouedic, qui traite fort au long du rétablissement des ruches *péries* (c'est son expression). Le mot n'est ni heureux, ni exact. Une ruche qui a réellement péri ne peut se rétablir ; ce serait une résurrection, et M. Lecouedic ne porte pas sans doute ses prétentions jusque-là, puisqu'il soutient que des germes restent dans les ruches *péries*. Mais si elles possèdent des germes, elles n'ont donc pas péri ; une famille n'est pas perdue tant qu'elle laisse des enfants posthumes. La race des papillons n'est pas anéantie par la mort de ces insectes, s'ils ont fait leur ponte avant de mourir. Celui qui fait naître des vers à soie n'opère pas une résurrection, il se borne à faire éclore des germes qui sont en son pouvoir.

Quoi qu'il en soit, ma curiosité fut vivement piquée par la lecture de ce livre, et je voulus faire un essai pour savoir ce que je devais croire. Comme je ne possédais pas alors une ruche *périe*, telle qu'il me la fallait, je m'avisai de recourir à un transvasement, et je fixai mon choix sur un essaim de l'année précédente, qui travaillait dans ce moment avec beaucoup d'activité, mais dont les opérations étaient fort retardées. Non-seulement il n'avait pas encore de faux-bourdons, comme la plupart de mes autres ruches, mais il ne commençait même pas encore à s'occuper de leur éducation ; et dans tous ses gâteaux n'existait pas une seule cellule à grandes dimensions.

Le 3 mai 1824, à onze heures du matin, je transvasai les abeilles et je les fis passer toutes dans une ruche vide que je mis à la place de l'ancienne, afin que les mouches qui étaient aux champs pussent rejoindre leurs compagnes. Je ne m'étendrai pas sur ce que devint ma nouvelle ruche : tous les apiculteurs savent que les abeilles transvasées s'occupent d'abord de réparer leurs pertes, et qu'elles travaillent comme les jeunes essaims. Mais que se passa-t-il dans l'autre, désormais privée de sa population ? c'est ce qu'il importe de savoir ; et je dois rendre compte avant tout de son état après l'opération du transvasement.

Elle était pleine de rayons à peu près aux trois quarts ; il n'y restait pas une seule mouche née, mais les gâteaux renfermaient d'assez larges provisions de miel et de couvain. Ce couvain se composait de mouches, les unes toutes formées et près de naître, les autres moins avancées, de nymphes, de vers plus ou moins âgés, dont les premiers s'enveloppaient de leurs coques, tandis que les seconds n'étaient même pas encore scellés dans leurs alvéoles. enfin d'une grande quantité d'œufs. Ni ver ni cellule de faux-bourdon.

Je n'eus pas besoin de donner immédiatement de la chaleur à ma ruche déserte ; l'ardeur et la vapeur de mon enfumoir lui en avaient bien assez communiqué : mais il fallait la garantir du froid à venir. Je la plaçai pour cela à l'endroit le plus chaud de mon jardin, je l'enveloppai d'une bonne couverture de laine doublée et réchauffée, et je mis par dessus le plus fort de mes manteaux de paille. Je passe sous silence les autres précautions que je crus devoir prendre pour conserver et renouveler la chaleur pendant les huit premiers jours.

Voici ce qui arriva. Le transvasement était à peine terminé que je vis naître de nouvelles mouches ; elles ne pouvaient encore voler, et par l'effet d'un instinct naturel, elles rôdaient de tous côtés jusqu'à ce qu'elles rencontrassent des cellules contenant du miel. Là elles s'arrêtaient et suçaient avec avidité cette substance. Puis, une fois rassasiées, elles se réunissaient au centre des gâteaux, et y formaient un petit noyau, sans doute pour se réchauffer mutuellement. Ce noyau grossissait assez vite : mais pendant les trois premiers jours, aucune d'elles ne sortit de la ruche. Au quatrième seulement, quelques ouvrières se présentèrent à la porte et voltigèrent à l'entour sans s'éloigner, comme si elles avaient cherché à s'orienter. Au cinquième, quelques-unes, mais en petit nombre, partirent brusquement, et revinrent bientôt en portant à leurs pattes du pollen recueilli sur les étamines des fleurs. Pendant six jours, la quantité des abeilles allant aux champs augmentait peu à peu, sans que je pusse rien observer d'assez significatif pour espérer un succès. Le septième jour, à partir du moment où mes mouches avaient commencé à aller butiner, c'est-à-dire le onzième après le transvasement, elles se réunirent en peloton, gros comme une belle orange, à la pointe des deux gâteaux du centre, en construisirent deux autres à grandes cellules, et y élevèrent une centaine de faux-bourdons, dont les premiers commencèrent à naître vers la mi-juin. Alors elles bâtirent trois cellules royales où trois reines furent élevées; la famille se trouva ainsi de nouveau constituée, et ma ruche fut sauvée.

Je ne demande pas aux partisans du système reçu de m'expliquer ce phénomène. Je me contente de faire observer que j'avais retiré de ma ruche toutes les mouches jeunes ou vieilles qu'elle renfermait; qu'il n'y restait absolument que du couvain d'ouvrières; que celles qui ont pondu et fait éclore des œufs de faux-bourdons sont toutes nées après le transvasement; et qu'elles n'avaient pu goûter de bouillie royale, puisqu'il n'existait aucune cellule où cette bouillie pût être renfermée quand les faux-bourdons ont été produits. Il n'en faut pas davantage pour établir une fois de plus qu'il y a parmi les ouvrières des femelles fécondes et des mâles dont le commerce développe cette fécondité.

XXXIX.

Cela posé, j'aborde ma seconde proposition, consistant à dire que les jeunes reines ne sont point filles de la vieille, mais d'une abeille ouvrière de seconde classe et d'un faux-bourdon.

Pour éviter des répétitions inutiles, je prie le lecteur de se souvenir des nombreuses observations et des expériences dont je lui ai rendu compte déjà, et il verra que souvent des reines prennent naissance dans des ruches orphelines depuis deux mois au moins. Je le prie de méditer sur les résultats de la ruche transvasée dont je viens de l'entretenir, de ne pas oublier qu'elle se rétablit d'elle-même en se donnant une reine cinquante-sept jours après le transvasement. En présence de ces faits, il sera convaincu que la mère-abeille, absente ou morte depuis deux mois, n'a pu donner le jour aux jeunes reines, et qu'il faut nécessairement attribuer la maternité de celles-ci à une ouvrière de seconde classe, c'est-à-dire à une petite femelle, car il n'y a et il ne peut y avoir d'autres mouches pondeuses dans une ruche orpheline. Tout ceci est trop clair pour que j'aie besoin d'insister.

Je ne m'arrêterai pas non plus à prouver que les jeunes reines sont filles des faux-bourdons; personne ne le conteste, pas même les partisans du système des naturalistes. Si quelqu'un pouvait en douter, je lui dirais que les vers royaux n'apparaissent jamais dans les ruches avant qu'il n'y ait des faux-bourdons parfaitement formés et développés. Cette marche constante de la nature indique assez que le faux-bourdon coopère à la formation de la reine. A la vérité, j'ai vu souvent des ruches orphelines construire des alvéoles en forme de cellules royales et y nourrir des vers avant que les faux-bourdons ne fussent sortis eux-mêmes de leurs propres berceaux ; mais ces vers, l'expérience me l'a prouvé, ne produisaient jamais que des faux-bourdons comme les autres.

XL.

J'arrive enfin à ma troisième proposition : les abeilles sont hybrides et fécondes.

S'il est vrai que les hybrides sont les êtres nés de deux espèces, il est impossible que les abeilles ne le soient pas; car puisqu'il n'y a qu'un sexe dans chaque espèce de mouches que renferme la ruche, le croisement entre ces diverses espèces est leur unique moyen de reproduction. Ainsi la mère-abeille est fille d'une ouvrière de seconde classe et d'un faux-bourdon. Ainsi les ouvrières de première classe, ou les petits mâles, sont fils de la mère-abeille et du faux-bourdon.

Ainsi les ouvrières de seconde classe sont filles du petit mâle et de la mère-abeille. Ainsi enfin les faux-bourdons sont produits par les petits mâles et les ouvrières de seconde classe. Partout, dans cette rotation, croisement entre deux mouches d'espèces différentes, et par conséquent naissance d'un être hybride de sa nature.

Cependant la qualification d'hybrides que je donne aux abeilles doit être un peu modifiée, parce que les différentes espèces, et même tous les individus d'une ruche, ne forment qu'une seule famille, dont tous les membres sont unis par les liens de la nature et de la parenté. Toutes les espèces se relient entre elles, elles viennent les unes des autres, et on peut dire de chacune que tout procède d'elle.

Ainsi la mère-abeille donne le jour aux ouvrières de première et de seconde classe ; or, comme tout le reste procède de ces dernières, il est permis de dire avec vérité que tout vient de la mère-abeille immédiatement ou médiatement. Ainsi les petits mâles, ou ouvrières de première classe, engendrent les petites femelles ou ouvrières de seconde classe et les faux-bourdons ; or, comme tout le reste procède de ces dernières mouches, il est permis de dire avec vérité que tout vient immédiatement ou médiatement des petits mâles. Ainsi les petites femelles produisent les faux-bourdons et les reines ; or, comme tout le reste procède des faux-bourdons et des reines, il est permis de dire avec vérité que tout vient immédiatement ou médiatement des petites femelles. Ainsi enfin les faux-bourdons engendrent les petits mâles et les reines ; or, comme tout le reste procède des petits mâles et des reines, il est encore permis de dire avec vérité que tout vient des faux-bourdons immédiatement ou médiatement.

Une particularité remarquable se manifeste dans les croisements des abeilles ; car si les mouches qui s'unissent diffèrent d'espèce par leur origine paternelle, elles proviennent de la même mère ; et si elles diffèrent par leur origine maternelle, elles proviennent du même père. Par exemple, la mère-abeille et le faux-bourdon, qui doivent le jour, l'une au gros mâle, l'autre au petit, ont une mère commune, c'est la petite femelle. Celle-ci et le faux-bourdon, qui doivent le jour, l'une à la mère-abeille, l'autre aux ouvrières de seconde classe, ont un père commun. La même chose a lieu dans tous les autres croisements ; de sorte que les êtres nés des diverses unions sont hybrides d'un côté et non de l'autre : en d'autres termes, ils ne sont que demi-hybrides.

Après ces explications, on répugnera moins à attribuer aux abeilles des qualifications qui semblent incompatibles, celles d'hybrides et de fécondes.

Personne ne conteste la fécondité de la reine, ni celle des faux-bourdons ; loin de là, on leur en accorde une beaucoup trop considérable ; je l'ai assez démontré. La difficulté ne pourrait donc s'élever qu'au sujet des ouvrières, et je crois l'avoir aussi suffisamment levée. Je ne reviendrai pas sur tout ce que j'ai dit à cet égard, le lecteur voudra bien se souvenir des nombreuses observations que j'ai fait passer sous ses yeux.

XLI.

Du reste, la qualité d'hybride n'est pas si incompatible qu'on pourrait le croire avec la fécondité. Tous les individus nés de deux espèces sont-ils donc stériles et mulets? Parmi les quadrupèdes, je ne connais aucun exemple contraire ; mais il n'en est pas de même chez les oiseaux. Un homme très digne de confiance m'a assuré avoir obtenu des petits d'un chardonneret hybride, accouplé avec une serine de canarie : il ajouta que les femelles hybrides lui avaient paru infécondes. et qu'il n'était parvenu à obtenir quelque chose du mâle qu'en lui donnant une femelle de la même espèce que sa mère. Je citerai un autre fait semblable qui ne m'est pas étranger. J'ai un serin hybride, né chez moi d'une serine de canarie et d'un serin commun. Je lui ai donné une femelle de son espèce, hybride comme lui, et il n'en est rien résulté. Deux autres femelles que je lui avais fournies furent accouplées avec des serins de canarie, et restèrent également stériles. L'année suivante, vers la fin de l'hiver, une serine de canarie vint se réfugier chez moi, et comme personne ne la réclamait, je la donnai à mon serin hybride. Elle fit

quatre pontes, en tout dix-sept œufs, d'où naquirent
quatorze oiseaux. Voilà donc un hybride fécond, au
moins avec une femelle de la race de sa mère : et remarquez en passant que chez les abeilles, comme je le
disais tout-à-l'heure, tous les accouplements ont lieu
entre mouches qui sont de la même espèce par la ligne paternelle ou par la ligne maternelle, et qui ne
diffèrent que par l'une ou l'autre seulement, mais jamais par toutes les deux.

Le serin commun est un bien petit oiseau, assez
intéressant, qu'on voit en grand nombre sur les bords
de l'Adour, où il arrive au mois de mai pour en repar-
tir avant la fin de l'été. On ne doit pas le regarder
comme une variété du serin de canarie ; il suffit de le
voir et de l'entendre pour reconnaître en lui une espèce à
part : et les oiseaux qui me sont venus du croisement
de tous les deux ont bien montré le caractère d'hybrides. Nés dans mon cabinet de toilette, soignés par
moi, accoutumés à me voir depuis leur naissance,
ils étaient plus farouches que s'ils fussent nés dans
les forêts les plus sauvages. Dès que j'approchais de
leur cage pour leur donner la pâtée, ils se tracassaient
affreusement, se blessaient, se tuaient même ; et je
les aurais tous perdus si je ne m'étais avisé de les
mettre dans les ténèbres quand je voulais les soigner.
Plus tard ils devinrent moins farouches, mais jamais
familiers. Lorsqu'ils furent nourris, ils se montrèrent
d'une grande méchanceté entre eux, se battant continuellement, sans paix ni trève. Je dois ajouter que
lorsque mon serin hybride était devenu père, il s'était
montré lui-même excessivement cruel, jetant ses petits
hors du nid, les déchirant, s'abreuvant de leur sang,
se nourrissant de leur chair, et pour en sauver quelques-uns, j'avais dû l'éloigner de leur cage.

XLII.

Dans le règne végétal, on voit aussi des hybrides.
J'en ai reconnu une fois, dans la pépinière départe-
mentale de la Gironde, trois qui m'intéressèrent singulièrement. Ils étaient nés d'un pêcher, dont les fleurs
avaient été fécondées par le pollen de celles d'un

amandier très rapproché. Ils tenaient tellement par les feuilles, par l'écorce et par le port, des deux espèces dont ils venaient, qu'on les eût pris tout aussi bien pour des pêchers que pour des amandiers. J'attendais avec impatience la floraison, elle vint assez promptement. Les fleurs étaient de véritables fleurs de pêcher, mais petites, et on y voyait distinctement un pistil, des étamines et du pollen. Après la floraison, bon nombre parurent nouées ; les embryons des fruits se formèrent ; mais lorsqu'ils eurent atteint la grosseur d'un pois, ils séchèrent, et leur chute suivit de près. Le même phénomène se renouvela pendant trois années consécutives, puis les arbres moururent. Jaloux de conserver cette espèce pour en connaître un jour le résultat, le jardinier de la pépinière en avait fait des écussons : mais toutes les entes périrent comme les sujets premiers. Je ne puis donc rien conclure de cet exemple, que je rapporte seulement comme simple curiosité.

Mais j'ai remarqué chez un de mes amis des acacias et des mille-pertuis hybrides, qui se renouvellent par la graine. On peut les voir comme moi dans cette oasis si admirable, et si admirée, que M. Catros-Gérand a créée, dans la commune de Pessac, sur un terrain ingrat et au milieu des bruyères.

XLIII.

Ne soyons donc plus étonnés que les abeilles restent fécondes tout en étant hybrides. S'il y a parmi les oiseaux et les végétaux des hybrides jouissant de la faculté de se reproduire, pourquoi ne pourrait-il pas en exister chez les insectes ? Comment pourrais-je d'ailleurs contester cette faculté aux mouches à miel, quand je vois qu'elles en jouissent ?

XLIV.

Je veux en finir avec ces développements par une espèce de profession de foi, propre à fixer le lecteur sur le degré de confiance qu'il peut accorder aux différents points de mon système.

1° J'ai dit que la mère-abeille produit les ouvrières, toutes les ouvrières, rien que les ouvrières; et je suis sûr que cela est vrai.

2° J'ai dit, qu'au lieu d'être neutres, les ouvrières ont chacune leur sexe ; que les unes sont mâles et les autres femelles ; et je suis certain de la vérité de mon assertion.

3° J'ai dit que les ouvrières des deux sexes frayent entre elles et donnent le jour à tous les faux-bourdons; et je me suis assuré qu'il en est ainsi.

4° J'ai dit que les jeunes reines sont filles d'une ouvrière et d'un faux-bourdon; et j'en suis intimement convaincu.

5° Mais lorsque j'ai divisé les ouvrières mâles et femelles en deux classes formant deux espèces différentes, j'avoue sincèrement que je n'ai sur ce point, ni la même conviction, ni la même certitude que sur les autres. Des mouches qui naissent ensemble, qui n'offrent entre elles de différence appréciable que dans la forme du ventre plus arrondi chez les unes, plus pointu chez les autres (différence qui peut tenir au sexe), semblent naturellement ne former qu'une seule espèce, et être filles du même père et de la même mère.

Je les ai divisées en deux classes, parce que mes longues observations m'ont prouvé que la jeune reine fécondée uniquement par le faux-bourdon ne produit que des mouches du sexe masculin. J'ai jugé cette distinction nécessaire, car sans elle on ne pourrait plus dire que chez les abeilles, il n'y a qu'un sexe dans la même espèce, et alors tous les croisements n'auraient plus lieu entre mouches d'origine différente. Enfin, si l'expérience démontre qu'il ne naît jamais aucun mâle parmi les reines, ni aucune femelle parmi les faux-bourdons, ne devons-nous pas juger par analogie que la même chose a lieu parmi les petits mâles et parmi les petites femelles? Voilà mes raisons, je n'en ai pas de meilleures à donner; le lecteur les jugera.

Sa sentence me fût-elle contraire, je ne tiens pas ma cause pour perdue, et je soutiens encore que le système des naturalistes est erroné. Mais, dans ce cas, je dis qu'il n'y a que trois espèces de mouches, une mère-abeille, des ouvrières et des faux-bourdons; que les secondes seules doivent le jour à la première,

qu'elles sont des deux sexes, qu'elles frayent ensemble
pour engendrer les faux-bourdons ; qu'enfin les jeunes
reines sont filles d'une d'elles et d'un faux-bourdon. Il
résulterait seulement de ce changement que les ouvrières étant hybrides, n'ont pas la faculté de reproduire leur propre espèce, et que les faux-bourdons ne
sont pas rigoureusement hybrides, mais fils d'hybrides.

XLV.

Il me reste maintenant à expliquer les phénomènes
et à résoudre les difficultés que peut présenter l'histoire naturelle des abeilles.

Un système sur un sujet caché est admissible, lorsqu'il offre les moyens d'expliquer simplement et naturellement tous ces phénomènes, et de résoudre d'une
manière claire et satisfaisante toutes ces difficultés. Or,
je dis que mon système, et mon système seul, offre ces
moyens sans lesquels les naturalistes n'ont su voir
qu'une énigme insoluble dans l'organisation des familles de nos insectes ; qu'avec lui tout phénomène
paraît simple et naturel, et que toute difficulté se trouve
aplanie.

XLVI.

Lorsqu'une mère-abeille vient à mourir, les ouvrières de la ruche orpheline élèvent des faux-bourdons,
c'est un point constant, dont j'ai parlé plus d'une fois
dans le cours de ce travail. Voilà un fait que nos savants eux-mêmes ne contestent pas, et qui est pour
eux bien embarrassant ; car si les ouvrières étaient
neutres et sans sexe, comme ils le prétendent, comment pourraient-elles produire ces gros mâles ? C'est
pour se tirer d'embarras qu'ils ont inventé la merveilleuse bouillie à laquelle ils attribuent la vertu de développer les sexes : et ils ont imaginé de plus, sur je
ne sais quel fondement, que des ouvrières ont pu recevoir dans leur enfance quelque goutte de cette bouillie, et qu'il n'en faut pas davantage pour les rendre
fécondes jusqu'à un certain point.

Pour moi, la naissance des faux-bourdons après la mort de la reine n'a rien de surprenant, ni d'embarrassant ; car je n'admets pas qu'ils soient fils de la mère-abeille, ce sont les ouvrières qui leur donnent le jour. Je ne peux donc pas m'étonner qu'il en naisse dans une ruche orpheline. On doit d'autant moins en être surpris, que pour réorganiser la famille, les ouvrières doivent nécessairement commencer par élever ces faux-bourdons que la nature destine à être leurs pères et les époux des jeunes reines.

<h2 style="text-align:center">XLVII.</h2>

Il arrive assez ordinairement que les ruches orphelines ne se bornent pas à élever des faux-bourdons, et qu'elles se donnent aussi des reines lorsque ceux-ci ont déjà commencé à naître. Ce fait se produit habituellement six semaines, souvent même deux mois après la perte de la mère-abeille. Il y a là encore de quoi exercer l'imagination des partisans du système reçu, puisqu'ils prétendent que la reine et l'ouvrière sont de la même nature dans leur germe. Aussi, d'après eux, lorsque les ouvrières veulent se donner une reine, elles sont obligées d'opérer une nouvelle métamorphose, en adoptant un ver de deux ou trois jours destiné à devenir une ouvrière comme elles, et en lui administrant pour nourriture la bouillie royale, qui développe ses organes, et qui d'une abeille sans sexe fait tout à la fois une femelle et une reine. Mais ce ver d'ouvrière, âgé de deux ou trois jours, comment nos mouches pourront-elles l'adopter? Où le trouveront-elles? L'expérience démontre que vingt-quatre jours au plus tard après la mort de la mère-abeille, et souvent beaucoup plus tôt, il n'y a plus dans les ruches orphelines aucune espèce de couvain d'ouvrières. Cependant les reines y naissent, on ne peut le nier, et pour éluder la difficulté, on donne des explications ingénieuses, basées sur de véritables merveilles.

Dans mon système, au contraire, tout est simple, clair et sans difficulté. Les jeunes reines ne sont point filles de la mère-abeille, mais d'une ouvrière de seconde classe et d'un faux-bourdon. Aussi, quoiqu'il n'y ait pas de mère-abeille dans la ruche, dès qu'elle possède de jeunes ouvrières et des faux-bourdons, la naissance des reines n'a plus rien qui puisse étonner.

XLVIII.

Les ruches orphelines ne peuvent pas se rétablir par elles-mêmes ; elles ne produisent même pas de faux-bourdons. Mais si on les assiste en leur donnant un gâteau garni d'œufs, de vers et de nymphes d'ouvrières, avec ce secours tout se ranime bientôt. Elles forment d'abord des faux-bourdons, un peu plus tard elles élèvent des reines ; et la famille, qui semblait perdue sans retour, est désormais sauvée. Ce phénomène offre pour les naturalistes les mêmes difficultés que le précédent ; aussi y répondent-ils de la même manière. Mais ils oublient que les vers royaux ne paraissent jamais que trente, quarante ou cinquante jours après la tradition du gâteau, c'est-à-dire quand tout le couvain est né depuis long-temps : Il n'est donc plus possible alors aux abeilles de trouver un ver de deux ou trois jours, pour l'adopter et en faire une reine.

Pour moi, ce fait s'explique sans le moindre embarras. Les mouches nées successivement du gâteau donné à la ruche orpheline ont produit d'abord des faux-bourdons, puis des reines. Les premières se sont accouplées avec les petits mâles et ont donné le jour aux gros. Lorsque ceux-ci ont commencé à paraître, une des dernières venues a frayé avec eux, et de là les jeunes reines. J'ai donc raison de dire qu'avec mon opinion tout est simple et naturel.

XLIX.

Lorsqu'une ruche essaime, la vieille reine part à la tête de l'essaim : or, les jeunes ne sont pas encore nées, elles ne naîtront que dans quelques jours, de sorte qu'il ne reste dans la ruche aucune mère-abeille en âge de pondre. Cependant, trois jours après le départ de l'essaim, on voit souvent les ouvrières ébaucher des cellules royales et y élever de nouvelles reines, bien qu'elles en possèdent déjà bon nombre d'autres plus avancées. Ces faits sont incontestables.

N'allez pas croire pourtant que cela puisse embarrasser les naturalistes. Il leur est en effet facile de répondre que trois jours seulement s'étant écoulés depuis le départ de la mère-abeille, les ouvrières ont dû trouver des vers nouvellement nés, et qu'elles ont pu les adopter pour en faire des reines. Mais que diront-ils si j'agrandis la difficulté? Tout le monde reconnaît que l'œuf de la mère-abeille met trois jours à éclore, que la croissance du ver en absorbe elle-même sept, et qu'il lui en faut ensuite quatorze, soit pour s'envelopper de sa coque, soit pour se métamorphoser en nymphe et en mouche. Ainsi, depuis la ponte de l'œuf jusqu'au moment où la mouche, parfaitement formée, sort de son berceau, il s'écoule vingt-quatre jours.

Maintenant allons au rucher, observons la ruche qui a essaimé, et quelque considérable que puisse être le couvain d'ouvrières laissé par la mère-abeille en partant, il nous sera facile de constater que dès le dix-septième ou le dix-huitième jour au plus tard ce couvain aura disparu en entier, parce que toutes les ouvrières sont nées, sans en excepter une seule. Personne ne peut nier que cela arrive toujours ainsi. Or, c'est ici que commence l'embarras des naturalistes. La mère-abeille a dû nécessairement mettre un terme à sa ponte pendant les six ou sept derniers jours qui ont précédé son départ, car si elle avait continué à produire des œufs jusqu'au moment où elle a quitté la ruche, la naissance des ouvrières se prolongerait pendant vingt-quatre jours, et nous savons que tout est fini au dix-septième ou au dix-huitième. Et si la mère-abeille avait terminé sa ponte une semaine avant d'émigrer, comment serait-il possible qu'après cette émigration les ouvrières puissent adopter un ver âgé de deux ou trois jours, puisque les moins avancés en ont déjà six alors et arrivent au terme de leur croissance?

Avec mon système, au contraire, la formation des reines est non-seulement possible, mais encore très facile dans la ruche, toutes les fois qu'il y naît simultanément des faux-bourdons et des ouvrières. Or, il est cer-

lain que trois jours après le départ de la mère-abeille.
les uns et les autres naissent en grand nombre dans la
maison qu'elle a abandonnée.

L.

De tous les phénomènes que présente l'histoire naturelle des abeilles, le plus embarrassant pour les naturalistes gît dans les différentes espèces de mouches
que renferme la ruche. Cette mère-abeille si belle, si
féconde, si nécessaire, si respectée ; ces ouvrières si
actives, si laborieuses, chargées d'exécuter tous les
travaux, de pourvoir à tous les besoins de la colonie,
si dévouées au salut de la patrie qu'elles sont toujours
prêtes à se sacrifier pour sa défense ; ces faux-bourdons si gros, si paresseux, si lâches, privés de tous
moyens d'attaque et de défense ; voilà des éléments
bien difficiles à concilier avec le système qu'on a
adopté. Comment faire, en effet, pour que ces mouches si différentes les unes des autres soient toutes
filles du même père et de la même mère, et que se
trouvant ainsi de la même nature, elles ne diffèrent que
par l'éducation ?

C'est pour expliquer toutes ces choses inexplicables
qu'on a imaginé le système dont j'ai donné le précis
dès le début de cette étude, et sur lequel je ne reviendrai pas ici, afin de ne pas me répéter sans cesse. Je
me contenterai de dire qu'il prouve par lui-même tout
ce qu'il a fallu de travail, d'efforts et de ressources
dans l'imagination pour l'inventer, car il porte avec lui
des caractères d'erreur par le merveilleux dont il est
empreint.

Ma théorie a sur lui l'immense avantage de la simplicité. Avec elle les différentes espèces de mouches
sont produites tout naturellement. Il n'y a qu'un sexe
dans chaque espèce, la reproduction s'opère par croisement entre les abeilles diverses ; de là résulte qu'aucune ne donne le jour à sa semblable ; et de là aussi
les différentes espèces qui ont tant étonné, sans avoir
rien d'étonnant.

LI.

Le seul embarras que j'éprouve, c'est de trouver au milieu de tout cela une difficulté véritable ou quelque chose qui mérite ce nom. Je laisse à d'autres le soin de faire sur ce point des recherches dont je n'entrevois même pas la possibilité, et je vais me borner à proposer les objections les plus raisonnables que je puisse imaginer.

LII.

Dans les années favorables aux abeilles, il arrive parfois qu'un essaim en donne un autre cinq semaines après avoir été recueilli. Ne serait-il pas impossible qu'en si peu de temps cette ruche parcourût tous les termes de sa campagne, et qu'elle reproduisît les différentes espèces de mouches, si les choses se passaient comme je les ai présentées ?

Je dois dire d'abord que mes jeunes essaims n'ont jamais essaimé que sept semaines après avoir été recueillis, et cela constitue une différence notable. Toutefois j'ignore si d'autres que moi n'en ont pas eu quelquefois de plus précoces; et comme je ne peux le nier, j'admets volontiers le fait.

Mais, qu'on le sache bien, tous les essaims qui donnent si promptement ont des reines vieilles, qui ont été fécondées par les deux espèces de mâles, et qui, en prenant possession de leur nouveau domicile, y déposent des œufs d'où naîtront des ouvrières de première et de seconde classe, des mâles et des femelles. Les essaims conduits par de jeunes reines ne donnent jamais dans la même année; ou si quelqu'un vient à jeter, ce n'est que soixante-dix jours après avoir été recueilli. Puis chaque essaim conduit par une vieille reine possède des abeilles de toutes les espèces, de tous les sexes, et même de tous les âges, quoique la plupart cependant soient de jeunes mouches.

Maintenant voici ce qui se passe dans la ruche. Les ouvrières travaillent avec une rapidité inconcevable pendant sept, huit, et ordinairement dix jours, à construire des gâteaux à petites cellules, où la mère-abeille s'empresse de pondre au fur et à mesure qu'elles sont ébauchées. Ensuite ces travaux se ralentissent, sans être entièrement abandonnés; mais, en revanche, des gâteaux à grandes cellules sont bâtis avec une grande activité, et les ouvrières que la mère-abeille a amenées avec elle (car aucune autre n'est encore née dans la nouvelle colonie) y déposent de suite leurs œufs. Bientôt il naîtra des ouvrières, parmi lesquelles se trouveront des femelles et des mâles, il naîtra aussi des faux-bourdons; et la ruche, quoique bien jeune encore, pourra essaimer. Ce fait ne présente donc à mes yeux aucune difficulté, parce que les faux-bourdons sont produits par les ouvrières de l'essaim. Il serait même possible que les jeunes reines fussent leur ouvrage, car la vieille a amené avec elle des faux-bourdons et de jeunes ouvrières; or, il n'en faut pas davantage pour la production des reines.

LIII.

Mais on a fait des essaims artificiels en partageant les ruches, les gâteaux et les abeilles; et un de ces essaims a essaimé lui-même naturellement onze jours après.

L'explication est facile. On a partagé une ruche qui était prête à jeter, car on ne peut tirer un essaim artificiel que d'une ruche forte, et à l'approche de l'essaimage; et ce qui est arrivé ne doit étonner personne, car, après le partage, une des deux divisions a trouvé naturellement chez elle tout ce qu'il lui fallait pour essaimer. Peut-être y avait-il déjà des vers royaux dans cette division; et je ne serais même pas surpris qu'elle eût jeté dès le lendemain. Cette fécondité si précoce est la suite des opérations des abeilles avant le partage, et non le résultat de leurs travaux après la séparation. Ainsi le fait ne prouve rien : je me trompe ; il prouve clairement que ce mode de faire des essaims artificiels est bien vicieux.

LIV.

Lors de mes études sur les abeilles, je rencontrai une difficulté qui m'embarrassa fort; elle gisait tout entière dans la différence qui existe entre les cellules royales et les autres cellules, à grande ou à petite dimension.

Les premières sont isolées, éparses çà et là; les secondes, au contraire, sont réunies en gâteau. Les unes sont sphériques, verticalement renversées, les autres sont hexagones et horizontales. Dans celles-là le travail est excessivement grossier, surtout à l'extérieur; la matière y est prodiguée et inégalement répartie : dans celles-ci tout est soigné, uni, poli à l'excès; la matière y est économisée, on n'y trouve que ce qui est nécessaire à la solidité, et l'espace est si bien ménagé qu'il serait impossible d'y trouver la place d'une cellule de plus.

Je pensais que les ouvrières, qui travaillent si bien leurs cellules hexagones, ne devaient pas construire elles-mêmes les cellules royales qui sont si grossières. Je me disais qu'il devait y avoir dans les ruches quelque mouche particulière destinée à ces travaux grossiers, et qui donnait probablement le jour aux jeunes reines. Je cherchai donc, et je cherchai long-temps cette mouche. Pour la trouver, je pris le parti de surveiller la construction des cellules royales. Ces cellules ne sont d'abord qu'une coupelle assez semblable par sa forme au calice d'un gland; dès qu'elles renferment un ver royal, les bords sont prolongés au fur et à mesure de la croissance de ce ver, et c'est surtout le second et le troisième jour que le travail est plus avancé.

Je me mis donc en observation aussitôt que j'aperçus des vers royaux dans les coupelles, et j'attendis avec impatience la mouche inconnue que je cherchais; mais, à sa place, je vis venir une ou deux petites abeilles, des mêmes que celles qui construisent les cellules hexagones. Elles travaillèrent long-temps au prolongement des bords de la coupelle; lorsqu'elles s'éloignèrent, d'autres ouvrières comme elles vinrent les remplacer :

et vingt fois je les revis s'occuper ainsi des cellules royales. Il ne me fut plus permis de douter que ce sont elles qui les bâtissent.

LX.

Mais, nouvel embarras. Comment se fait-il que ces mouches travaillent si bien d'un côté et si grossièrement de l'autre? Ma réponse, fondée sur des observations soutenues, sera satisfaisante, je l'espère du moins.

Remarquons d'abord que si les ouvrières ne construisent pas pour les vers royaux des cellules hexagones horizontales, ce n'est pas par l'effet de leur choix et de leur volonté, mais bien parce que ces vers exigent un logement différent. Si le ver est dans une coupelle, son ventre est au sommet et sa tête en bas; s'il est dans une petite cellule hexagone, ce qui arrive assez fréquemment, il ne sera point placé à l'angle inférieur comme les autres, mais à l'angle supérieur, et sa tête sera pendante. Ainsi, pour lui donner un berceau tel que sa position le demande, les ouvrières ne peuvent lui construire qu'une cellule verticale.

Remarquons encore que, parmi les divers travaux des abeilles, leurs cellules horizontales sont les seuls qu'elles perfectionnent; tous les autres, sans exception, sont grossiers et surchargés de matière. Si une irrégularité dans l'intérieur de la ruche, une traverse par exemple, ou toute autre chose, contrarie la construction des gâteaux et des cellules, regardez ces endroits, vous y trouverez tout encombré de cire, vous y verrez un travail aussi raboteux que grossier. Si un gâteau se détache ou menace de se détacher, les abeilles préviendront sa chute en l'attachant aux autres par des liens de cire et de propolis; mais ces liens seront d'une grossièreté frappante. Qu'elles s'occupent à fermer un trou, à construire quelque ouvrage à la porte de leur maison pour se garantir de leurs ennemis, à toute autre chose enfin qu'à bâtir des cellules horizontales, elles ne perfectionneront rien.

Ainsi, puisqu'elles sont forcées de faire des cellules perpendiculaires pour les vers royaux, et qu'elles ne

savent perfectionner que les cellules horizontales, il ne
faut pas s'étonner de la grossièreté du travail des premières et de la finesse de celui des secondes, quoique
les unes et les autres soient l'œuvre des mêmes ouvrières.

Je n'essaierai pas d'expliquer cette différence : mais
on se fait généralement de trop belles idées de nos
abeilles, en admirant la beauté de leurs travaux, et en
leur attribuant presque du talent. Pour moi, je ne
trouve en elles qu'un instinct naturel pour la propagation et la conservation de la race. Si elles construisent des cellules horizontales hexagones et d'un poli
parfait, c'est uniquement parce que Dieu les a organisées pour cela, et parce qu'il leur a donné les instruments et la matière ; l'exécution n'est pour elles qu'un
pur mécanisme. S'il en était autrement, elles introduiraient des changements et des perfectionnements dans
leurs travaux, elles deviendraient plus adroites par
l'exercice et la pratique. Mais elles ne travaillent pas
mieux aujourd'hui qu'il y a mille ou deux mille ans,
c'est toujours la même chose, et la mouche qui vient
de naître est tout aussi adroite que la plus vieille et la
mieux exercée. La perfection de l'ouvrage des abeilles
est donc le résultat de leur organisation, et non de leurs
combinaisons ou de leurs talents ; ce qui le prouve,
c'est que tout ce qu'elles font, en dehors des cellules
horizontales hexagones, est grossier et sans goût, malgré l'instinct naturel qui les guide.

Voulez-vous rabattre encore quelque chose des idées
qu'on a eues jusqu'à ce jour du talent des abeilles? Venez avec moi ; étouffons avec la vapeur du soufre toutes les mouches de cette énorme frelonière et de ce
gros guêpier ; détachons-en les gâteaux, et comparons-
les à ceux des abeilles. Nous remarquerons d'abord une
différence essentielle en ce que ceux des abeilles sont
doubles, ayant des cellules sur les deux faces, tandis
que ceux des guêpes et des frelons sont simples, il n'y
a de cellules que d'un côté ; l'autre surface présente la
forme d'une planche. Mais, à cela près, c'est la même
chose. Ici comme là, ce sont des cellules horizontales
hexagones, bien polies ; la matière y est économisée
et l'espace y est également ménagé. Après avoir examiné les cellules des guêpes et des frelons, tournez

leurs gâteaux, voyez l'autre face ; c'est une planche ra-
boteuse et grossière ; ici elle est concave, là convexe :
ailleurs elle se déjette ; en un mot, les frelons et les
guêpes, comme les abeilles, ne font bien que les cellules hexagones horizontales.

LVI.

Mais c'est assez de digressions, il est temps de me
résumer et de conclure. Tout le mystère de l'histoire
naturelle des abeilles est dans ce point qu'il n'y a
qu'un sexe dans chaque espèce. De là résulte nécessairement que toute génération est impossible parmi
ces insectes, autrement que par croisement entre mouches d'espèces différentes ; qu'aucune mouche ne peut
reproduire immédiatement sa semblable ; qu'enfin les
différentes espèces se reproduisent alternativement les
unes les autres. Le gros mâle engendre le petit, le petit engendre le gros ; la mère-abeille donne le jour aux
ouvrières, une ouvrière à son tour donne le jour aux
jeunes reines ; et la reproduction des espèces différentes s'opère ainsi médiatement.

LVII.

Depuis que ces pages sont écrites, un savant naturaliste allemand, Tréviranus, a publié lui-même un
mémoire fort intéressant sur la génération des individus neutres chez les hyménoptères ; et je dois compte
au lecteur de mes observations particulières sur ce
travail.

Son auteur nous dit qu'il s'est occupé pendant vingt
ans à disséquer les hyménoptères, et principalement
les abeilles ; mais il avoue qu'il n'a jamais eu l'occasion
d'observer ces insectes dans leurs ruches. Ainsi nous
devons avoir grande confiance dans ce qu'il nous rapporte sur les corps, les organes, les membres et toutes les parties des différentes mouches ; mais lorsque,
depuis son cabinet, il traite et décide de ce qui se
passe dans la famille des abeilles, il est permis de voir

les choses d'un autre œil. Cette première réflexion n'a
pas besoin d'être développée, et je serais plus disposé à
croire en l'anatomiste s'il se fût fait aussi observateur,
car alors il aurait su mieux prendre son temps et
mieux choisir les individus sur lesquels il opérait.

LVIII.

Dans ses opérations anatomiques, Tréviranus a remarqué beaucoup de différences entre la mère-abeille
(qu'il ne désigne que sous le nom de *femelle*) et l'ouvrière (qu'il appelle *neutre*). Différences dans les an-
tennes, les mâchoires, les glandes salivaires, les brosses des pattes postérieures, les plaques sous le ventre,
l'aiguillon, le nombre des dents de ce dernier, et d'autres encore qu'il n'indique pas. Toutes ces différences
lui ont paru trop grandes et trop nombreuses pour
pouvoir être le résultat de l'abondance, de la disette,
ou de la qualité de la nourriture donnée au premier
âge. Aussi préfère-t-il dire que ces deux mouches ne
sont pas destinées à la même fin, mais à des opérations différentes, et qu'il existe nécessairement entre
elles une diversité d'origine. Il s'écarte donc en cela
de l'opinion généralement admise que la mère-abeille
et l'ouvrière sont de même nature dans leur germe, et
que la seconde n'est autre que la première métamorphosée à sa naissance par l'alimentation. C'est précisément l'opinion que j'ai combattue moi-même de toutes mes forces par des observations et des expériences
bien nombreuses. Voilà donc que Tréviranus, sans
abandonner le système des naturalistes sur les autres
points, est d'accord avec moi sur celui-ci. Nous avons
marché par des voies différentes, et nous arrivons au
même but : il a procédé par des dissections savantes,
moi par des observations soutenues et opiniâtres, et
nous avons obtenu un résultat identique. Cette heureuse coïncidence me donne lieu d'espérer que peu à
peu on abandonnera enfin le système reçu, système
trop ingénieux pour être vrai, trop merveilleux pour
être naturel.

LIX.

Malheureusement le savant naturaliste et l'observateur ne sont nullement d'accord sur les autres points. Le premier prétend que les individus neutres se rapprochent de la nature de la femelle, et qu'il a trouvé dans quelques-uns, sinon dans tous, des traces d'ovaires, comme en avait déjà découvert mademoiselle Jurine, la fille du professeur de Genève. Le second dit au contraire que les ouvrières ne sont point neutres : que les unes sont mâles et les autres femelles, et qu'elles ont la faculté de produire d'autres mouches qui ne leur ressemblent point.

J'avoue que je ne comprends pas le langage de Tréviranus, lorsqu'il appelle *neutres* des individus dans lesquels il a trouvé un sexe ou les traces d'un sexe. De plus, je ne suis pas surpris qu'il n'ait pas rencontré ces mêmes traces dans toutes les mouches, car il ne cherchait partout que des ovaires, et il ne pouvait évidemment pas en découvrir dans le corps des mâles.

LX.

Je demanderai d'ailleurs où Tréviranus, qui avoue n'avoir jamais regardé dans une ruche, prenait les mouches qu'il disséquait, et qui les lui choisissait. N'étaient-elles pas prises au hasard et sans discernement ? N'était-ce pas, par exemple, des mouches trouvées mortes autour de la ruche, et peut-être à demi-desséchées ? Ou bien encore, ne se les procurait-il pas dans une saison où la nature est engourdie et flétrie ? Ces questions sont plus intéressantes qu'on ne pourrait le croire quand on ne connaît pas les abeilles, car l'ouvrière n'est féconde qu'une fois dans sa vie ; lorsque cette époque est passée, la nature se resserre et se flétrit chez elle, et le moment n'est plus favorable aux opérations de l'anatomiste. Comment s'étonner alors que Tréviranus n'ait trouvé que des traces d'ovaires ? S'il eût été observateur, il serait allé visiter les ruches

au moment où se construisent les cellules à grandes
dimensions ; il y aurait cherché ces belles mouches
qui se réunissent sur un ou deux points, et que certains amateurs appellent *cirières*; c'est là qu'il aurait
saisi quelques individus bons à disséquer ; il aurait
rencontré dans leurs corps, non-seulement des traces
d'ovaires, mais des ovaires bien marqués ; il y aurait
même vu des œufs, car ce sont précisément ces mouches qui pondent ceux d'où naissent les faux-bourdons, à mesure qu'elles construisent les berceaux où
ils doivent être élevés.

LXI.

Le docteur Schirahe, ce savant amateur des abeilles, ce cultivateur si soigneux des ruches, cet observateur si attentif de nos insectes, découvrit un jour que
les ouvrières orphelines ont la faculté de se donner
une mère nouvelle. Par suite de cette découverte, il
imagina la possibilité de faire des essaims artificiels; et,
à force de travaux ou d'essais, il parvint à en faire. Depuis lors, les essaims artificiels sont connus dans beaucoup de contrées ; j'en ai fait maintes fois moi-même
avec un succès complet; et toujours les ouvrières, que
j'avais privées de leur reine, se sont occupées immédiatement de la remplacer, et elles ont parfaitement
réussi.

Huber, si connu de l'Europe savante, et dont les observations sur les abeilles se trouvent dans toutes les
bibliothèques, s'aperçut que les ouvrières pondent des
œufs d'où sortent plus tard les faux-bourdons ; il sur-
prit plusieurs d'entre elles au moment de la ponte, et
trouva même des œufs dans leur ventre.

Ces deux découvertes embarrassent le naturaliste allemand, car elles sont inexplicables dans l'opinion qu'il
a embrassée. Mais je m'étonne de sa réponse, quand
il nous dit tout simplement que Schirahe s'est trompé,
et que la cécité d'Huber obligeant celui-ci à se servir
des yeux de Burneus, on doit présumer, qu'afin de
calmer les impatiences du maître, Burneus voyait tout
ce qu'on voulait qu'il vît. En vérité, c'est là une singulière réfutation, peu digne d'un savant : et avant d'y

recourir, il aurait mieux fait de vérifier ce qui se passe dans les ruches. Aussi, moi qui ai fait très souvent cette vérification, j'ai pu m'assurer clairement, et très clairement, que l'erreur imputée à Schirahc et à Huber n'est qu'une vérité.

LXII.

Au surplus, Tréviranus n'a pas plus observé les abeilles sur les fleurs que dans leur domicile; car il est tombé dans une autre erreur palpable. D'après lui, les brosses ou poils dont les ouvrières sont munies à leurs pattes de derrière leur ont été donnés pour recueillir le pollen, et c'est avec cet instrument qu'elles le cueillent.

Il est très vrai que les abeilles attachent aux poils de leurs pattes postérieures le pollen qu'elles prennent aux fleurs; ces poils sont en effet comme deux corbeilles où elles serrent le fruit de leur travail; mais on ne peut y voir l'instrument de la récolte. Ce qui le prouve évidemment, c'est qu'elles vont chercher du pollen sur des fleurs où il leur est impossible d'introduire leurs pattes de derrière, comme dans celles où elles introduisent tout leur corps. Je ne citerai pour exemple que les fleurs monopétales des bruyères à très petit orifice, et celles du réséda; mais il y en a bien d'autres dans lesquelles nos mouches ne peuvent pas introduire leurs pattes postérieures.

LXIII.

Voici encore une erreur, qui serait plus grave si elle s'accréditait. En disséquant les ouvrières, Tréviranus a remarqué qu'elles sont armées d'un aiguillon droit, et comme il croit que ces mouches sont neutres, il soutient que leur aiguillon rend tout accouplement impossible.

Il est bien vrai que l'aiguillon de l'ouvrière n'est pas replié en forme d'arc comme celui de la reine, et qu'il est réellement droit; mais je ne saurais admettre qu'il puisse faire obstacle à l'accouplement. L'abeille peut en effet le tourner à volonté, à droite ou à gauche, en haut ou en bas, en un mot dans tous les sens : il est facile de s'en convaincre lorsqu'on la prend par les ailes pour l'examiner. D'un autre côté, l'aiguillon est parfaitement renfermé dans une gaîne, d'où il ne sort que quand l'abeille est en colère, et quand elle veut s'en servir pour menacer ou pour piquer. D'ailleurs la nature a ses moyens et ses ressources pour toutes ses opérations. Lorsqu'un organe s'anime et se dilate, l'autre se resserre et se comprime, et il est plus que probable qu'au moment de l'accouplement l'aiguillon est trop comprimé dans sa gaîne, pour que l'abeille puisse même s'en servir.

LXIV.

Par ses opérations anatomiques, Tréviranus a reconnu qu'il existe entre la reine et l'ouvrière une différence originelle ; mais il a persévéré dans l'opinion des naturalistes sur les autres points ; il a continué notamment à ne voir dans les ouvrières que des individus neutres. Ne pouvant concilier des choses inconciliables, il est resté convaincu que *le sujet des traités sur les hyménoptères est loin d'être épuisé*. Je n'en éprouve aucun étonnement, et je suis persuadé que tout homme de bonne foi, qui admet le système des naturalistes du dernier siècle, ne parviendra jamais à expliquer tout. Il lui sera surtout impossible de concilier ce système avec ce qui se passe dans les ruches. Je regrette profondément que Tréviranus n'ait pas porté son attention de ce côté en se faisant observateur. Ce savant, qui a découvert dans son cabinet un point fort essentiel, en aurait découvert bien d'autres, s'il eût fréquenté assidûment un bon rucher, et observé les abeilles aussi long-temps qu'il les a disséquées.

DE LA RUCHE DES LANDES.

I.

La ruche en usage dans les Landes est tout simplement un panier en forme de cloche. Son inventeur est inconnu, et il est vraisemblable qu'on la doit au hasard. Un essaim se sera logé de lui-même dans un panier, il y aura prospéré, et c'est probablement ce qui a donné l'idée de faire d'autres paniers pour loger les abeilles. On en aura modifié cent et cent fois les dimensions et la forme, on les aura fortifiés pour les rendre durables ; enfin, après des essais mille fois répétés, on se sera arrêté définitivement à faire des ruches telles que nous les voyons aujourd'hui ; et depuis on s'en sert sans y avoir rien changé. Ce pauvre panier est donc l'œuvre du temps et le résultat d'une expérience de plusieurs siècles, dans la nuit desquels son origine se perd.

Je ne peux cependant me dissimuler les reproches unanimes que nous adressent les auteurs et les sociétés d'agriculture, sur la manière dont nos abeilles sont logées : et le moment est venu d'abandonner notre ruche ou de la justifier des imputations qu'on accumule sur elle.

Conseiller le premier parti serait chose bien facile, car je trouverais le travail tout fait dans un grand nombre de livres, dont les auteurs s'acharnent à dénigrer notre modeste panier, pour nous faire adopter les ruches qu'ils ont inventées, perfectionnées ou simplifiées. Mais je veux le bien des abeilles, comme celui de leurs maîtres ; or, je croirai l'avoir procuré si je parviens à démontrer que notre ruche est préférable, tout en la vengeant des attaques dont elle est l'objet. La tâche est hardie peut-être, et il y aurait pour moi quelque témérité à l'entreprendre, si je n'étais encouragé par un suffrage honorable et rassurant, celui de M. Lombard, membre de la société centrale d'agriculture de la

Seine, qui a professé pendant plusieurs années un cours de culture des abeilles. Ce savant a bien voulu, d'après mes observations, réformer sa ruche villageoise sur la nôtre ; et, après des essais très multipliés, il a daigné m'écrire qu'il était trop content de ses nouvelles ruches pour vouloir en adopter d'autres désormais. Cela posé, je n'hésite pas à entrer en matière.

II.

Et d'abord je constate, au profit de la ruche des Landes, un préjugé bien favorable ; je le trouve dans l'expérience et la possession d'état non interrompues pendant plusieurs siècles. En fait d'agriculture, les raisonnements ne sont rien et l'expérience est tout ; c'est elle seule qui décide en souveraine si tel procédé doit être admis ou non, si telle pratique est bonne ou mauvaise. Comment se fait-il qu'aucune des ruches inventées depuis deux cents ans, si préconisées, et si souvent essayées par des amateurs et par les paysans, n'ait pu supporter la concurrence de la ruche vulgaire ? Comment se fait-il qu'elles aient été si promptement abandonnées, et que chacun se soit empressé de revenir à notre vieux panier ? N'est-ce pas parce que l'expérience a démontré que les abeilles y prospèrent mieux et que les propriétaires en retirent un plus grand profit ?

Si on me disait que c'est là le résultat de la routine, je répondrais qu'on sait toujours l'abandonner quand il y a avantage à le faire. Les paysans des Landes ont bien renoncé à leur charrue simple pour lui en substituer une double, avec laquelle ils font en un jour l'ouvrage de deux ; ils ont su remplacer leurs anciens chariots par des charrettes nouvelles, qui leur promettent de transporter des fardeaux doubles en moins de temps : si les abeilles réussissaient mieux et donnaient plus de revenu dans d'autres ruches, on les verrait aussi renoncer bien vite à leurs anciennes habitudes sur ce point pour s'associer au progrès.

III.

En agriculture, l'économie est absolument nécessaire. On ne serait pas fort avancé si on dépensait en
frais de culture plus qu'on ne récolte ou tout ce qu'on
récolte. Or, la ruche des Landes est la plus économique : elle coûte ordinairement un franc, souvent même
beaucoup moins, parce que les paysans la fabriquent
pendant les jours de pluie ou pendant les veillées
d'hiver. Lorsqu'elle est bien faite, elle ne dure pas
moins de trente ans ; et pour peu qu'elle soit bien en-
tretenue, si on la répare à propos, elle devient un
meuble de famille qui se transmet de génération en
génération. Montée sur ses douze pieds de bois dur,
elle dispense de faire des siéges pour l'asseoir dans le
rucher ; couverte d'un simple manteau de paille ou de
fougère, elle n'exige point des constructions dispen-
dieuses ou peu durables pour l'abriter ; simple et légère enfin, elle rend toutes les opérations promptes et
faciles, sans aucune perte de temps.

IV.

Si je compare maintenant l'économie de ce pauvre
panier avec les frais qu'entraînent les ruches des amateurs, quelle énorme différence ! La ruche villageoise,
la ruche à hausses ou à tiroirs, la ruche à cadran, la
ruche pyramidale reviennent l'une dans l'autre à neuf
ou dix francs ; celle à feuillets inventée par Huber en
coûterait elle-même au moins trente. Toutes exigent
une seconde dépense, celle des siéges, et pour quelques-unes il est nécessaire de construire des ruchers.
De plus, elles sont en paillassons ou en bois : dans le
premier cas, elles durent peu, les anneaux sont bientôt ramollis par le contact de l'air, et elles se perdent
sans qu'on puisse les réparer : dans le second, elles
seront bientôt piquées par les vers, elles se pourriront
et dureront moitié moins que notre ruche vulgaire.

Certes, les personnes qui font de l'apiculture en
grand sont bien pardonnables d'y regarder à deux fois

avant d'adopter ces différentes espèces de ruches. Si vous aviez dans vos propriétés deux cents peuplades d'abeilles, il vous faudrait deux cents ruches pour les loger, et deux cents autres pour recueillir les essaims qu'elles pourraient vous donner; en tout quatre cents, qui, à 10 fr. l'une, vous coûteraient 4,000 fr. Ajoutez-y les siéges et autres frais, vous dépenserez largement 5,000 fr. Chacun peut-il s'imposer de pareils sacrifices, même peu à peu et en plusieurs années? Et si on le fait, sera-t-on assuré de s'en rédimer par une augmentation de revenu proportionnée?

V.

L'économie n'est pas le seul avantage qu'offre la ruche des Landes sur celle des amateurs; elle leur est encore préférable, 1° parce que sa forme est celle qui convient le mieux aux abeilles; 2° parce qu'elle les protége contre le plus dangereux de leurs ennemis; 3° parce qu'elle facilite leur rétablissement quand elles sont pauvres et misérables : c'est ce que je vais démontrer.

VI.

Sa forme est celle qui convient le mieux aux abeilles; j'ose même affirmer que toutes les ruches dont les dimensions sont égales au sommet et à la base sont essentiellement vicieuses. Elles seront en effet larges ou étroites, et alors les premières auront l'inconvénient d'être trop spacieuses au commencement, et les secondes auront celui de ne l'être pas assez dans la suite. Que doit-on mettre dans une ruche? un essaim, c'est-à-dire une famille qui a quitté la maison paternelle, une colonie sortie de la métropole pour aller former un établissement nouveau. Cette famille ou colonie a un chef et une multitude de membres, mais elle n'apporte avec elle que l'amour du travail et des armes pour sa défense. Elle sera à peine fixée qu'elle travaillera avec ardeur; mais il est évident que, ne possédant ni provisions, ni richesses, elle ne pourra s'étendre beaucoup dans le premier moment, et qu'elle sera forcée de se resserrer dans un cercle assez étroit. Plus tard, lorsqu'elle sera devenue plus forte, parce qu'elle aura construit des édifices, recueilli des provisions et augmenté sa population, elle éprouvera le besoin de s'étendre et de s'agrandir.

Or, voici ce qui arrivera. Si votre essaim est logé dans un vaisseau à large sommet, il se rangera sur un côté pour y construire ses gâteaux, et laissera derrière lui un grand vide qui causera probablement sa perte prochaine, car tout essaim qui n'a travaillé que sur un côté périt presque toujours au premier hiver. Si au contraire votre ruche est étroite, tout ira bien dans le principe ; mais lorsque l'époque de la grande ponte de la reine arrivera, lorsque les ouvrières devront construire des cellules à grandes dimensions pour y élever des milliers de gros mâles, enfin lorsque, pour se disposer à essaimer, les abeilles voudront faire de grands efforts et déployer toutes leurs ressources, elles se trouveront gênées et resserrées dans la base d'une ruche étroite. Tout cela est démontré par l'expérience, et sera facilement compris par les apiculteurs.

VII.

Dira-t-on qu'on se tiendra dans un juste milieu entre la ruche trop large et la ruche trop étroite ? Mais ce juste milieu n'est pas facile à déterminer, ses limites ne sont pas encore fixées ; et alors même qu'on parviendrait à le trouver, je ne saurais y voir un remède au mal. On amoindrirait, il est vrai, le défaut du sommet, mais ce ne serait qu'en donnant à la base le défaut contraire dans une égale proportion, ou réciproquement. En un mot, la ruche qui avait un grand défaut, en possèdera deux moindres équivalents au premier ; car elle sera tout ensemble un peu trop large dans le haut, un peu trop étroite dans le bas.

Mais toutes celles des amateurs, excepté les dernières de M. Lombard, ont un diamètre uniforme ; elles sont aussi larges au sommet qu'à la base, et c'est ce qui les rend vicieuses. Elles n'offrent pas dans tous les temps l'espace nécessaire aux besoins ou à l'instinct des abeilles, elles sont trop vastes pour l'établissement qui se forme ou trop restreintes pour son développement. Je n'irai pas néanmoins jusqu'à dire qu'il ne puisse exister et qu'il n'existe en effet de très belles peuplades dans ces sortes de ruches; mais j'ose affirmer qu'elles doivent leur prospérité à la fertilité seule du climat ou de la saison, et non à la forme de la maison qu'elles habitent.

VIII.

La ruche des Landes est exempte de ces deux défauts, et offre aux abeilles précisément ce qui leur est nécessaire aux différentes époques ; construite en forme de cloche, elle est étroite dans le haut, large dans le bas, et toujours appropriée aux besoins du moment. L'essaim qu'on recueille dans ce panier s'établit d'abord au sommet, qu'il occupe en entier, et il le remplit bientôt de ses gâteaux, sans y laisser aucun vide. Plus tard, à l'époque des grandes opérations, quand les travaux, poussés avec activité, approchent de la base, il trouve dans les larges dimensions de cette même base tout l'emplacement qu'il peut désirer pour travailler et s'étendre à son aise.

IX.

J'ai dit que notre ruche avait aussi l'avantage de protéger les abeilles contre le plus dangereux de leurs ennemis. Cet ennemi c'est l'homme, qui en fait plus périr à lui seul, avec son avidité insatiable, que tous les autres ensemble. Or, notre modeste panier met un obstacle à ce vandalisme, en empêchant ceux qui voudraient le commettre de dépouiller trop abondamment ou mal à propos nos intéressants insectes, et en les forçant à leur laisser des provisions suffisantes. Il est construit d'une seule pièce, et de telle manière qu'on ne peut l'ouvrir par le sommet; il est donc impossible de récolter le miel autrement qu'à la base, c'est-à-dire à la pointe inférieure des rayons, et il est bien certain que lorsque le miel paraît dans cette partie pendant l'été, il y a du superflu dans la ruche. Les vols qu'on fait alors aux abeilles sont impuissants pour les affamer, car leur instinct les porte à réunir leurs provisions dans la partie supérieure de leur maison ; et lorsqu'elles se décident à les placer dans le bas, c'est que le haut est plein.

Les autres ruches, au contraire, sont récoltées par le sommet. L'un enlève le couvercle et taille en plein drap ; l'autre, armé d'un fil de fer, sépare une large hausse ; celui-ci prend un grand chapiteau ; celui-là une grosse boîte ; et s'ils savent tous très bien ce qu'ils prennent, ils ignorent ce qu'ils laissent à leurs mouches : aussi leur arrive-t-il souvent qu'elles périssent à la fin de l'hiver ou au commencement du printemps de l'année suivante.

X.

Que doit chercher le propriétaire des abeilles, si ce n'est à multiplier ses ruches et à les conserver dans un état de prospérité ? Et peut-on raisonnablement espérer qu'on atteindra ce but en les taillant sans discernement et en les appauvrissant sans cesse ? C'est à la trop grande facilité de récolter et de récolter beaucoup qu'on doit attribuer le peu de succès de tant d'amateurs et d'hommes instruits, qui n'ont jamais pu parvenir à avoir un beau rucher ; et si on voit des paysans ignorants et grossiers posséder deux ou trois cents ruches, ils en sont redevables à l'heureuse impossibilité que la forme de notre panier oppose à des récoltes trop abondantes ou faites à contre-temps. Cette impossibilité est surtout précieuse dans les pays où les colons tiennent les ruches à cheptel. S'ils pouvaient les ouvrir par le sommet, ils rendraient aux abeilles des visites aussi funestes que fréquentes, et à l'insu du propriétaire, principalement la dernière année du bail. Alors ils tondraient tant et si souvent qu'ils affameraient infailliblement les abeilles, et ne laisseraient à leurs successeurs que des ruches mourantes.

XI.

J'aime à rendre justice aux véritables amateurs des abeilles, et je suis persuadé qu'ils ne se laissent pas séduire par l'appât de quelque kilogramme de miel. Mais la trop grande facilité de récolter les tente et les trompe souvent ; et puis ils ne savent pas résister à un peu de vanité. Pour se glorifier d'une récolte extraordinaire auprès de leurs amis, ils leur montrent d'un air de triomphe de grands et gros rayons de miel ; mais ils se gardent bien de dire que la ruche d'où ils les ont tirés a péri ou périra bientôt. Oh ! comme il serait à souhaiter, pour la prospérité de l'apiculture, que bien des hommes, qui ne sont pas métayers, ne puissent jamais récolter le sommet de leurs ruches !

XII.

J'ai ajouté que le panier en forme de cloche facilite le rétablissement des familles appauvries. Dans les printemps qui viennent après des étés secs et stériles, il n'est pas rare de voir misérables des ruches qui étaient très fortes quelques mois auparavant. Les abeilles qui y restent en petit nombre se réunissent entre deux gâteaux, et abandonnent à leurs ennemis tout le reste de leurs édifices. La faible quantité de jeunes mouches qu'elles élèvent alors suffit à peine à remplacer celles qui meurent journellement ; le rétablissement de la colonie devient impossible, et la ruche est à jamais perdue, à moins qu'il ne survienne bien vite une miélée extraordinaire.

Notre panier à étroit sommet nous offre une précieuse ressource dans une circonstance si fâcheuse. Nous volons à cette pauvre famille la moitié, les deux tiers, les trois quarts même de sa cire, dont nous faisons notre profit : alors les abeilles, ne trouvant plus la grande ruelle où elles s'étaient fixées, remontent toutes au faîte ; elles garnissent, couvrent et réchauffent le peu de gâteaux qui restent ; ce n'est plus qu'un petit essaim. Dans cette nouvelle position, le couvain est mieux soigné, la population s'accroît, quelques provisions sont recueillies ; puis quand l'abondance des fleurs reviendra, les travaux en cire seront repris, la brèche se fermera, les pertes seront réparées ; et à la fin de la saison, cette ruche qui aurait infailliblement péri, se trouvera pleine de cire, de miel et d'abeilles. Avec les ruches à large sommet on est privé de cette ressource : on peut bien prendre de la cire ; mais l'appartement est toujours trop vaste pour que les mouches puissent le garnir et le réchauffer.

XIII.

A ces avantages qu'offre le panier des Landes, je pourrais en ajouter plusieurs autres moins considérables. Je pourrais signaler dans les ruches inventées depuis deux siècles bien des défauts dont je n'ai pas parlé, et il me serait facile de réfuter tout ce qui a été écrit contre la nôtre. Mais j'ai hâte d'abandonner un sujet ennuyeux pour beaucoup de lecteurs, afin de les entretenir bientôt des essaims, qui constituent la partie la plus intéressante et la plus amusante de la culture et de l'histoire naturelle des abeilles. Je crois d'ailleurs en avoir assez dit pour être autorisé à conclure que notre panier en forme de cloche n'est ni aussi mauvais, ni aussi méprisable que l'ont prétendu nos savants, et qu'il a un mérite réel, surtout dans les contrées peu fertiles.

Je conviendrai sans peine que si les Landes offraient à nos insectes laborieux des fleurs en abondance pendant tout le printemps et tout l'été ; si nous étions assurés que les saisons seront toujours favorables à leurs travaux, et que les pluies et les rosées matinales ne manqueront jamais, nous n'aurions pas à nous préoccuper de la forme des ruches ; celle qui permettrait de faire les récoltes les plus faciles et les plus abondantes serait incontestablement la meilleure. Mais malheureusement il n'en est pas ainsi. Dans les Landes, les fleurs manquent au printemps, et de longues sécheresses, si fréquentes aux mois de juillet et d'août, flétrissent les plantes, détruisent la miélée, et ruinent les abeilles. Nous devons donc prêter une attention toute

particulière à ce qui peut favoriser la conservation de
nos mouches, et préférer la ruche qui convient le
mieux à leurs besoins dans un pays pauvre.

XIV.

Maintenant, voici une réflexion qui, pour être bien
simple, ne paraît pas moins pleine de bon sens et de
vérité. Les hommes riches et instruits ne se fixent
guère à la campagne ; ils n'y vont que pour se reposer
et se distraire pendant quelques jours ; ils n'y paraissent qu'en passant : et parmi ceux qui en font leur
résidence habituelle, les uns n'osent pas s'approcher
des abeilles, dont ils redoutent les piqûres ; les autres
n'ont pas le temps de s'en occuper et d'en prendre
soin. Il faut donc nécessairement, si on veut étendre
l'apiculture, la rendre populaire : or, on n'y parviendra qu'en la proposant avec des procédés simples et
économiques ; car si on la rend difficile, compliquée
ou dispendieuse, elle ne sera plus à la portée du peuple de nos campagnes, qui est simple et pauvre. Je ne
pousserai pas plus loin ce raisonnement, dont la conséquence est aisée à déduire : on comprendra que les
ruches qui exigent beaucoup d'intelligence, d'adresse
et d'argent, ne sont pas les meilleures, au moins pour
tout le monde et pour tous les pays. On comprendra
aussi comment il se fait que le panier des Landes soit
encore debout, tandis que tant de belles ruches sont
tombées, et on pardonnera aux paysans leur obstina-
tion pour ce pauvre panier qui ne demande ni science,
ni dépense, ni perte de temps, et dans lequel ils ont
toujours des abeilles qui travaillent pour eux et qui
leur donnent de bons revenus.

XV.

Je terminerai par quelques observations sur la ruche
de M. Lombard. Telle qu'elle était dans le principe,
elle me paraissait très vicieuse, et je lui trouvais les
défauts que j'ai signalés. Mais depuis qu'elle a pris

comme la nôtre la forme d'une cloche, son sommet n'est plus trop large pour le premier établissement d'un essaim ordinaire ; les récoltes par l'enlèvement de son chapiteau sont devenues très modérées ; et sa cherté excessive pourrait être considérablement amoindrie dans nos campagnes, où les paillassons se fabriquent à plus bas prix que dans les villes. D'un autre côté, je dois reconnaître qu'elle a deux avantages dont la nôtre est privée : le premier consiste à pouvoir être récoltée sans aucune peine, et pour ainsi dire sans que les abeilles s'en aperçoivent ; le second gît dans la faculté qu'elle donne de faire des essaims artificiels et avec une si grande facilité que j'en ai été surpris moi-même quand je me suis hasardé, pendant le printemps dernier, à tenter cette pratique, qui m'était tout-à-fait étrangère.

Je dirai donc de la ruche de M. Lombard que, si je n'en veux pas pour les paysans de nos Landes qui abuseraient du chapiteau, je l'adopterais volontiers pour moi-même, et je la conseille aux propriétaires qui soignent ou cultivent personnellement leurs abeilles.

DE LA PLACE DE L'EXPOSITION DU RUCHER.

I.

Quels sont les pays et les lieux où il faut placer les ruchers? En d'autres termes, quels sont les endroits qui conviennent le mieux aux abeilles?

II.

Comme les hommes, les abeilles sont de tous les pays; elles s'acclimatent, ou pour mieux dire elles sont acclimatées partout; on les trouve également sous la zône torride et sous la zône glaciale. En Europe, elles prospèrent aussi bien dans la Pologne, la Norwège et la Sibérie que dans l'Italie, l'Espagne et le Portugal. Au-delà des mers elles constituent un article de revenu dans l'Amérique du Nord, comme dans celle du Sud. Elles habitent même plus loin que le cap de Bonne-Espérance, et nos marins nous rapportent de Bourbon un miel vert fort délicat et fort estimé. Ainsi celui qui veut cultiver les abeilles n'a pas à se préoccuper beaucoup du ciel sous lequel il se trouve. Mais il doit examiner sérieusement quelle est la terre qu'il habite; car si nos précieuses mouches vivent sous tous les climats, elles ne prospèrent pas dans tous les lieux. Une contrée toujours dépourvue de fleurs, une localité où on ne cultiverait que le blé et la vigne, et qui ne posséderait ni arbres, ni haies, ni prairies, ni fourrages, ne peuvent leur convenir. De même elles ne se plairaient pas dans un pays où il ne pleuvrait jamais, à moins que les rosées de la nuit n'y fussent très abondantes.

A cela près, on peut avoir, plus ou moins, des abeilles partout. Les pays qui leur conviennent le mieux, et où l'on doit s'empresser d'établir des ruchers, sont les plus sauvages, où l'on trouve des bois composés d'arbres de différentes espèces, et où les terres incultes se couvrent dans les diverses saisons de plantes aromatiques et de fleurs mellifères ; les pays à bruyères et ceux dans lesquels on cultive en grand le blé noir. On peut aussi se livrer avec succès à l'apiculture dans les communes fertiles, couvertes de jardins et de vergers, de prairies naturelles ou artificielles, de lin, de chanvre, de bosquets d'acacias, tilleuls ou autres arbres d'agrément.

III.

Il serait à désirer que les localités dans lesquelles on veut cultiver les abeilles offrissent à ces insectes une continuité de fleurs pendant toute la durée de la belle saison ; mais cela n'est pas absolument nécessaire, et on peut espérer de bons résultats partout où les fleurs abondent trois mois de l'année. Les abeilles placées dans les jardins des faubourgs de Bordeaux font beaucoup de cire, donnent bien des essaims et récoltent assez de miel, et cependant elles manquent de fleurs presque tout l'été ; elles n'en ont abondamment que pendant le printemps. De même les abeilles des Landes, qui végètent jusqu'à la fin du printemps, ne prospèrent que dans le solstice d'été, et cependant elles donnent de bons revenus toutes les fois que les pluies et les rosées les favorisent dans les mois de juillet et d'août. Ainsi on ne doit pas renoncer à l'apiculture parce qu'on n'a pas toujours des fleurs, et je ne vois pas pourquoi les auteurs nous disent que les pays où les hivers sont longs ne peuvent convenir à nos mouches. S'ils avaient raison, je ne comprendrais pas comment les peuples du Nord pourraient s'abreuver d'hydromel vineux et nous envoyer des boucauds de cire.

IV.

Mais quoique le pays où on veut élever des abeilles leur offre tout ce qui leur est nécessaire pour prospérer, n'allez pas croire que vous puissiez les placer indifféremment au premier endroit venu. Elles sont fort bizarres, ici elles périront, quelques pas plus loin elles réussiront à merveille, sans qu'on puisse dire précisément pourquoi. Il faut donc chercher avec la plus grande attention la place qui leur convient, et ce sera souvent un petit recoin auquel on ne pensait pas, que le hasard seul fera découvrir.

Toutes les fois que j'ai vu un bon rucher, je l'ai observé attentivement, afin d'apprendre à connaître les positions qui peuvent convenir à nos mouches; et mes observations m'ont conduit à penser qu'on doit choisir pour les abeilles un lieu sec, abrité, tranquille et commode.

V.

Peu importe que le terrain sur lequel vous placez vos abeilles soit dur ou sablonneux, pierreux ou caillouteux; mais il est nécessaire que ce ne soit pas un sol humide, ou que tout au moins il se trouve asséché par le voisinage d'un ravin ou d'un fossé profond. Si vous les établissez sur une terre marécageuse ou mouillée pendant une grande partie de l'année, l'humidité nuira à la santé des mouches, elle fera moisir, elle corrompra inévitablement leurs gâteaux. Il ne faut pas cependant tomber d'une extrémité dans l'autre, et choisir un sable aride qui ne produit aucune plante; l'expérience démontre qu'elles ne s'y plairaient pas et qu'elles ne vivraient pas long-temps. J'ai eu occasion de m'en convaincre plus d'une fois, et le conseil que je donne ici se retrouve dans presque tous les auteurs. D'après eux, les exhalaisons des végétaux, en tant qu'elles modifient les qualités de l'air, influent avantageusement sur les abeilles et principalement sur les reines; mais je crois, moi, que ce sont les vermisseaux des abeilles, et non elles-mêmes ou leurs reines, qui ont besoin de ces exhalaisons, comme les vers, les larves et les chenilles de tous les autres insectes.

VI.

Tous les cultivateurs des abeilles ont soin de les placer à l'abri des vents du nord et de l'ouest: mais

la plupart négligent de les garantir du côté du levant
et du midi, et je crois qu'ils font en cela une grande
faute. Les meilleurs ruchers sont ceux qui se trouvent
abrités contre tous les vents; car les abeilles sont des
insectes très légers que les vents violents entraînent
facilement; ils froissent et déchirent leurs ailes; et
souvent même, lorsque l'ouragan vient frapper le devant des ruches, il fatigue les mouches jusque dans
l'intérieur de leurs maisons et les force à abandonner
leurs travaux. Je conseille donc de placer les abeilles
à l'abri de tous les vents, autant que cela sera possible.

Il n'est pourtant pas nécessaire que les abris du côté
de l'est et du sud soient très rapprochés des ruchers;
des bois situés à cent ou cent cinquante pas suffisent
pour amortir la violence des tempêtes.

Il est encore indispensable d'abriter les abeilles sous
un autre rapport; je veux dire qu'il faut clore soigneusement les ruchers, afin de les garantir des animaux,
qui pourraient y occasionner de grands désordres, dont
ils seraient bientôt punis eux-mêmes.

VII.

Les abeilles sont naturellement sauvages : la culture les a rapprochées de nous et les a rendues domestiques, mais elles conservent toujours leur goût
pour la solitude. Ainsi ne les placez pas au bord d'un
grand chemin, le cahot des voitures, les coups de
fouet, les cris des charretiers, le trot et le galop des
chevaux pourraient leur déplaire infiniment et les irri-
ter contre les voyageurs. Ne choisissez pas un lieu
trop rapproché d'un atelier où l'on fait beaucoup de
bruit. N'établissez même pas vos ruches près des maisons d'habitation, quoique vous en ayez vu bien des
fois et quoi que vous lisiez sur ce point dans vos livres.

Je ne comprends pas, pour ma part, que l'on donne
le conseil de placer les abeilles près des maisons, car
le seul avantage qu'on en retire, c'est d'être moins
obligé de surveiller les essaims. Dans cette position,
elles sont continuellement fatiguées par les cris que

l'on pousse, par les coups multipliés que l'on frappe, par les animaux domestiques qui passent et repassent sans cesse, par les mouvements des charrettes et des manœuvres, par les espiègleries et les tracasseries des enfants : rien de tout cela ne peut leur plaire, ni favoriser leurs opérations. Il ne faut pourtant pas que votre rucher soit tout-à-fait hors de portée, car il sera nécessaire de surveiller vos mouches. Le fond ou le voisinage d'un jardin tranquille peut vous offrir une place précieuse : s'il se trouve une clairière au milieu d'un bois solitaire et peu élevé, c'est sur elle principalement que vos regards doivent se fixer ; n'oubliez pas que les abeilles sont sorties des bois, et qu'elles ne se trouvent nulle part mieux que dans les bois.

VIII.

J'ai dit enfin qu'il faut choisir un lieu commode : ceci réclame quelques explications. Le rucher doit être à portée des fleurs et des eaux. Il n'est pas nécessaire que les fleurs soient rapprochées à le toucher ; mais il faut que les abeilles les trouvent en parcourant un certain rayon. Quant aux eaux, elles leur sont indispensables, mais il leur en faut peu, et il importe d'éloigner les ruches des étangs, des rivières et des grands ruisseaux, parce que les mouches s'y noieraient, surtout s'ils se trouvaient sur le devant du rucher.

Ne choisissez pas le sommet d'une côte élevée. Légères en sortant de leurs maisons, les abeilles aiment à s'élancer dans les airs ; or, il faudrait qu'elles plongeassent pour aller chercher les fleurs du vallon ; et lorsqu'elles seraient chargées de butin, elles auraient bien de la peine à regagner leur domicile, surtout si elles étaient assaillies par une tempête. Enfin, ne les placez pas trop près des grands arbres, qui les forceraient à s'élever perpendiculairement à une hauteur considérable, qui refouleraient les vents sur le rucher, et qui nécessairement vous feraient perdre des essaims, que vous ne pourriez recueillir au sommet des hautes branches.

Quant à la distance à observer entre les ruches, on peut rapprocher les unes des autres celles qui sont sur la même ligne ; mais il est nécessaire, pour la commodité des mouches, de bien espacer les différents rangs.

IX.

En résumé , il faut établir les ruchers dans les localités qui fournissent des fleurs. Il faut donner de l'eau aux abeilles si elles n'en peuvent trouver. On doit choisir un lieu sec , abrité , tranquille et commode. A mon avis, la meilleure place est au milieu d'un bois ; et s'il se trouve dans le rucher quelques arbres épars, ce sera encore mieux ; il faudra se garder de les abattre : autant ces arbres dérangeront la symétrie des ruches, autant ils plairont aux abeilles.

X.

Quelques mots maintenant sur l'exposition du rucher.

On a observé que le plus grand nombre des essaims qui se fixent dans le creux des arbres sont à l'exposition de l'ouest, du sud-ouest ou du nord-ouest, et on en a conclu que les abeilles préfèrent cette exposition. Je conviens de la justesse de l'observation, mais la conséquence ne me paraît nullement fondée ; et voici pourquoi. La plupart des arbres creux sont percés du côté de l'ouest ou à peu près, parce que probablement les pluies qui les frappent et les pourrissent viennent presque toujours de ce côté. Or, un essaim qui n'a pas été recueilli au sortir de la ruche mère, et qui se trouve ainsi livré à lui-même, est forcé de se fixer promptement, et comme il n'a pas à choisir, il se loge où il peut : ne trouvant que des arbres percés à l'ouest, il faut bien qu'il s'y établisse. Je me préoccupe donc peu de ce que peuvent faire à cet égard les abeilles à l'état de nature, et je soutiens qu'on ne doit rien conclure de l'exposition qu'elles adoptent comme contraintes et forcées. Aussi n'ai-je jamais vu encore aucun rucher exposé à l'ouest ; et les auteurs eux-mêmes qui ont fait l'observation dont je viens de parler ne placent pas leurs ruches à cette exposition. Ils font bien, car la pluie qui vient de ce côté incommoderait les mouches à l'entrée de leurs maisons, qu'elle pourrirait bien promptement.

XI.

Cependant un auteur anglais, Wilman, place ses ruches au sud-ouest ou couchant d'hiver. Le motif qui le détermine à préférer cette exposition n'est pris ni du goût des abeilles, ni de leur habitude lorsqu'elles sont livrées à elles-mêmes. Il en donne une raison bien différente, et qui me semble assez curieuse pour devoir être rapportée. Suivant lui, elles ont la vue très faible ; dans le temps chaud, elles restent fort tard aux champs et ont ensuite bien de la peine à retrouver leur gîte, et l'exposition du sud-ouest leur en facilite le moyen, grâce au reflet des derniers rayons du soleil couchant.

Je me demande, en vérité, si ceci est écrit pour des lecteurs sérieux, mais je me refuse à le croire. Il est possible que dans un pays froid comme l'Angleterre, l'exposition du sud-ouest soit favorable aux abeilles, parce qu'elle est la plus chaude : mais il était inutile au moins de dire pour la justifier que ces mouches n'ont pas la vue bonne, et qu'elles ne savent pas retrouver leurs ruches aux approches du crépuscule. Si je n'avais à parler de choses plus importantes, je réfuterais par mille et mille faits de pareilles assertions.

XII.

Wilman excepté, on ne dispute plus que sur l'exposition du Levant et sur celle du Midi ; chacun vante la sienne et trouve à l'autre de grands inconvénients. Les partisans de celle-là disent que les premiers rayons du soleil frappant le devant de leurs ruches, les abeilles partent chaque matin beaucoup plus tôt pour les champs, ce qui est très avantageux et leur procure des essaims plus précoces ; ils ajoutent que la chaleur excessive de l'exposition au midi fait couler le miel et fondre la cire. Ceux qui ont adopté celle-ci soutiennent que les abeilles aiment le soleil, de la vue duquel elles jouissent ainsi plus long-temps ; qu'elles ont besoin de beaucoup de chaleur pour le développement du couvain, qui se trouve ainsi favorisé et accéléré, et que leurs essaims viennent plus tôt.

XIII.

Je ne suis pas allé visiter les ruchers de ceux qui ont déduit toutes ces raisons, j'ignore donc ce qui s'y passe : mais j'ai observé tous ceux du pays que j'habite, et je peux affirmer qu'il n'y a rien de vrai dans tout ce que disent les partisans de l'un et l'autre systèmes.

Quelle que soit l'exposition, les mouches des ruches faibles ou médiocres sont toujours tardives et paresseuses, car elles ont besoin d'attendre que la chaleur les ranime et les excite. Au contraire, les abeilles des ruches fortes et riches partent de bonne heure, parce qu'elles sont vigoureuses et qu'une grande chaleur règne dans leurs maisons : et j'ai constaté que celles qui sont au midi, quoique les rayons du soleil ne frappent pas encore leur porte, sont aussi matinales au départ que celles qui se trouvent tournées au levant. Pour mieux m'en assurer, j'ai placé dans le même jardin des ruches au sud, d'autres à l'est, et je n'ai remarqué de différence dans l'heure de leur sortie que celle qui résulte de la force ou de la faiblesse des populations. Il en est de même des essaims : sur quatre années, le premier est parti deux fois de l'exposition du midi, et deux fois de celle du levant.

Quant à ce qu'on dit de la chaleur, qui fait couler le miel et fondre la cire, je n'ai jamais rien vu de semblable. Cependant, si cela arrivait dans nos contrées, je m'en serais infailliblement aperçu, car les paysans font tout ce qu'il faut pour cela. Les jeunes essaims recueillis dans notre modeste panier ne reçoivent d'abord pour les garantir qu'une simple couronne ou parasol de feuillage, et ils restent jusqu'à la fin de l'été complètement nus et exposés à toutes les ardeurs d'un soleil brûlant.

Dans cet état de choses, on devine facilement que je n'attache pas grand intérêt à telle ou telle exposition.

Aussi je me borne à vous conseiller de placer indifféremment vos ruches soit au levant, soit au midi, ou
entre les deux ; mais soyez attentif à profiter de votre
localité pour bien abriter vos abeilles et pour les établir sur un terrain sec.

XIV.

Pour en finir avec ce qui regarde le rucher, il me
reste à examiner s'il est nécessaire de construire des
édifices pour loger et abriter les ruches. Cette question serait susceptible de développements étendus,
mais le peu d'intérêt que je lui accorde personnellement m'engage à abréger.

Les auteurs qui conseillent de bâtir des ruchers et
qui enseignent les différentes manières de les construire, soit économiquement, soit à grands frais, s'ac-
cordent à reconnaître que cela n'est pas nécessaire, et
qu'on peut cultiver les abeilles avec succès en plein
air. Au reste, s'ils n'en convenaient pas, l'expérience
leur donnerait chaque jour un éclatant démenti. Cela
étant ainsi, fidèle au système d'économie que j'ai
adopté en parlant de la ruche des Landes, moi qui
écris pour les pauvres, moi qui me livre à l'apiculture
pour augmenter mon revenu et non pas pour me distraire, je ne bâtirai point de ruchers et je ne conseillerai à personne d'en construire. Pourquoi cette dépense, en effet, si elle n'est ni nécessaire, ni profitable ?

XV.

Sans doute, je vois avec plaisir l'homme riche et de
bon goût faire une décoration dans sa propriété pour
y loger ses abeilles ; mais je ne l'imiterai pas, car s'il
a orné son bien, il n'a rien fait pour ses mouches, qui
ne lui donneront pas pour cela plus de cire ou de miel.

L'auteur du livre intitulé *Ruche et rucher de La-
prée,* auteur que M. Lombard qualifie d'aimable, et
qu'on lit toujours avec plaisir, même quand on ne saurait l'approuver, peut bâtir au bas de sa terrasse des

murailles de deux pieds d'épaisseur et de huit pieds
de hauteur ; il peut surmonter le tout d'une voûte de
pierre couverte de tuiles plates ou d'ardoises, pour loger une vingtaine de ruches. Je me garderai bien de le
prendre ou de le proposer pour modèle ; je le plain-
drai au contraire quand j'apprendrai qu'il appelle à
nouveau ses ouvriers pour faire d'autres portes et fe-
nêtres, afin de donner plus d'air à ses abeilles. Puis
lorsque j'aurai lu son gros registre et constaté que ses
ruches placées sous la voûte ont moins produit que
celles restées en plein air, je penserai que cet amateur
se sera vu obligé de renoncer au beau plan qu'il avait
formé de construire cinq autres voûtes et de faire ainsi
sur sa terrasse un village de mouches à miel.

<h2 style="text-align:center">XVI.</h2>

D'ailleurs, de deux choses l'une : ou les ruchers
qu'on construit sont solides et spacieux, ou ils sont
légers, bas et étroits. Dans le premier cas, on dépen-
sera pour ses abeilles au-delà du revenu qu'on peut
attendre d'elles ; dans le second, il n'y aura pas plus
d'économie, parce qu'on sera obligé de réparer ou de
reconstruire sans cesse ; car, pour peu qu'on néglige
de le faire, les pieux ou poteaux plantés dans la terre
se pourriront, la première tempête renversera tout sur
les ruches, et le désordre sera grand. D'un autre côté,
les ruchers bas et étroits sont extrêmement incommo-
des ; il faut s'y tenir courbé, on peut à peine s'y retourner, la chaleur y est insupportable, et toutes les opérations nécessaires à la culture des abeilles
y deviennent à peu près impossibles.

Disons enfin que s'il est facile au propriétaire d'un
petit nombre de ruches de les placer sous des abris
commodes et élégants, il n'en est pas de même de ceux
qui se livrent en grand à l'apiculture. Si celui qui a
ordinairement deux cents ruches, et qui recueille dans
les bonnes années une égale quantité d'essaims, voulait placer tout sous un édifice, dans quel embarras ne
se mettrait-il pas ? Quel travail, quelle dépense de
temps, d'argent et de matériaux ! Sa propriété ne pro-

duirait peut-être pas assez d'arbres pour la construction et pour l'entretien de son rucher. Laissons donc les amateurs contenter leurs fantaisies ou leur vanité; quant à nous, agissons avec prudence, consultons nos propres intérêts, et cultivons nos mouches en plein air.

DES ESSAIMS NATURELS.

I.

Je l'ai déjà dit ailleurs, un essaim est une colonie qui va former un nouvel établissement. Si la saison lui est favorable, cette colonie deviendra en peu de jours aussi populeuse, aussi riche, aussi puissante que la mère-patrie, et elle donnera les mêmes revenus. Mais si, au moment de son départ, vous négligez de la fixer chez vous, elle ira s'établir sur un sol étranger, elle appartiendra avec toutes ses richesses au propriétaire de ce sol, et vous n'aurez plus sur elle aucun droit. Votre perte pourra même être plus grande que vous ne le pensez, si cet essaim, perdu par votre faute, devient chez un voisin industrieux le chef d'un rucher considérable qui dominera le vôtre, et qui frustrera vos mouches d'une grande partie du produit des fleurs dont elles avaient jusque-là joui paisiblement et sans concurrence. Il vous importe donc au plus haut degré de ne pas laisser émigrer vos essaims, de les recueillir avec soin et de les loger à mesure qu'ils arrivent, afin de les fixer sur votre territoire. Dans ce but, vous devez en surveiller la sortie, et préparer à l'avance un nombre de ruches proportionné à la grandeur de votre rucher.

Une autre considération doit encore exciter votre surveillance. Vos vieilles ruches ne sont pas immortelles, elles périront peu à peu les unes après les autres, et vous finirez par n'avoir plus d'abeilles si vous négligez de recueillir les enfants qui vous naissent, et qui sont destinés par la Providence à remplacer leurs mères.

II.

Mais quel sera le temps où il faudra veiller? L'époque de la sortie des essaims varie suivant les localités.

Dans l'une, ils commenceront à paraître dès le mois de mai ; dans l'autre ils ne viendront qu'en juin ; ailleurs ce ne sera qu'aux mois de juillet et d'août. L'essaimage variera encore dans le même lieu selon que les saisons seront précoces ou tardives, et suivant la force ou la faiblesse des ruches à l'ouverture du printemps. Toujours est-il que partout les abeilles choisiront le moment où la campagne sera couverte de fleurs et la miélée abondante : il ne peut en être autrement, car les mouches qui composent les jeunes essaims, et qui ne possèdent aucune provision, doivent pouvoir vivre pendant quelque temps avec le butin des fleurs. Ainsi, aux environs de la ville de Bordeaux, l'essaimage commencera avec la grande floraison de l'acacia ; dans l'Entre-deux-Mers, avec celle des prairies naturelles et artificielles ; et dans les Landes, les abeilles attendront que les bruyères soient bien fleuries. Du reste , un an ou deux de pratique en diront plus que je ne pourrais le faire dans un long article.

III.

L'époque de l'essaimage une fois connue, on me demandera sans doute s'il y a des signes propres à faire reconnaître qu'une ruche essaimera. Il n'en existe aucun de certain et d'infaillible d'où l'on puisse conclure positivement qu'un essaim va apparaître ; cela est même impossible, et je dirai bientôt pourquoi. Mais il y en a beaucoup qui indiquent qu'une ruche peut ou veut essaimer, qu'elle s'y prépare prochainement, enfin qu'elle est prête et qu'elle pourra jeter à chaque instant. Ces signes sont au nombre de cinq ; je les trouve dans les faux-bourdons ou gros mâles, dans la miélée, dans les ouvrières, dans les cellules royales, et dans le chant des reines. Je veux consacrer quelques mots à chacun d'eux en particulier.

IV.

On sait que les abeilles ne peuvent essaimer qu'autant qu'elles ont des mâles, car il en faut pour la reine qui part et pour celle qui reste. On sait aussi par l'expérience qu'une ruche qui a déjà des mâles nés pourra jeter bientôt si sa population est forte et si la miélée la favorise. Par conséquent, on se préoccupera peu, tant qu'on ne verra point sortir des faux-bourdons ; mais dès qu'ils se montreront, il faudra se tenir sur ses gardes et donner à ses abeilles une attention toute particulière. Ce premier signe n'annonce pas qu'elles veulent essaimer, mais il indique qu'elles sont parvenues au terme où elles peuvent le faire.

V.

Quand les mâles se montreront, si vous voyez une grande activité dans votre rucher, si les ruches deviennent lourdes, si celles qui étaient faibles ou malades se rétablissent, si les travaux de cire sont poussés très rapidement, vous jugerez que la miélée est répandue sur les fleurs et qu'elle invite les abeilles à s'aventurer. Ce sera pour vous un nouveau motif de veiller et de chercher d'autres indications.

VI.

Quoi qu'en disent certains auteurs, la sortie d'un essaim n'est presque jamais un événement fortuit occasionné par la colère ou le dépit d'une reine, qui, ne pouvant égorger ses jeunes rivales, émigre de son royaume. C'est presque toujours une expédition prévue, combinée de longue main, et dont les préparatifs ne sont pas difficiles à apercevoir. L'essaim qui doit partir est tout prêt, les mouches qui le composeront sont là, vous les trouverez au bas de la ruche, réunies en grosse masse ; elles attendent la sortie de la mère-abeille ; elles sont dans une espèce d'inertie et de langueur, n'allant presque plus au dehors, et se tenant par les pattes, mollement accrochées les unes aux autres, à peu près comme elles le seront bientôt à la branche d'un arbre. Vous examinerez donc scrupuleusement si ces grosses masses de mouches paresseuses sont au bas de vos ruches.

Mais je viens de laisser échapper un mot que je tiens à rétracter en passant, avant d'aller plus loin. C'est à tort que je qualifie de paresseuses les abeilles qui doivent faire partie de l'essaim, car leur oisiveté n'est qu'apparente. Leur repos est chez elles le travail de la nature, qui prépare à l'avance par ce moyen la cire dont elles auront besoin pour la construction des édifices de leur nouvel établissement. Bien nourries de miel, et pressées les unes contre les autres, elles se procurent un très haut degré de chaleur; et c'est alors que la cire se forme dans leur corps, suinte par tous les pores, et se réunit sous les segments des anneaux de leur ventre, où elle se fige en petites plaques irrégulières et inégales. De cette observation découlent tout naturellement deux conséquences : 1° Que nous ne devons pas être étonnés de voir les abeilles d'un jeune essaim construire autant ou plus de gâteaux de cire dans les dix premiers jours, que celles d'une vieille ruche dans l'espace d'un an; 2° que la cire, qu'on a prise bien long-temps pour une substance végétale, est au contraire une substance animale et une sorte de graisse. Huber a eu raison de nous le dire dans ses *Nouvelles observations sur les abeilles.* Ne pouvant le croire, j'ai été curieux, au printemps dernier, de m'en assurer par moi-même; à mon grand étonnement, j'ai trouvé les petites plaques de cire sous les segments des anneaux du ventre des mouches cirières, et j'ai été surpris que ces plaques eussent échappé aux Réaumur et autres naturalistes, car je les ai vues de mes propres yeux, sans le secours du microscope ou de la loupe.

Qu'on me pardonne cette courte digression; je reviens à mon sujet.

VII.

Armé de votre enfumoir, retournez de haut en bas vos plus belles ruches, enfumez fortement ces mouches à demi-engourdies et qui se laissent rouler les unes sur les autres, comme si elles étaient presque mortes ; forcez-les à s'éloigner, afin qu'elles vous laissent voir à nu les gâteaux de cire, et cherchez de tous côtés les cellules royales, sorte de coupelles qui, je l'ai dit ailleurs, ont la forme du calice d'un gland. Si vous ne voyez point ces coupelles, ou si elles sont vides et sèches, vous jugerez que vos abeilles ne sont pas encore prêtes. Mais si ces coupelles existent, et si vous apercevez au fond de leur calice un ver blanc environné de la bouillie dont il se nourrit, vous vous tiendrez pour averti que votre ruche peut essaimer au premier moment, et vous surveillerez avec assiduité la sortie de l'essaim, même sans attendre que le ver soit devenu une reine dans la perfection de sa nature.

Cette visite n'entraîne aucun danger, les abeilles qu'on enfume ne piquent point, à moins qu'on ne les blesse, ce qu'il faut éviter soigneusement.

Celui qui ne commencera à veiller qu'au jour de la naissance d'une jeune reine, perdra le premier et le meilleur essaim de chaque ruche. Il est démontré par une expérience constante que la vieille reine n'attend jamais l'arrivée des jeunes; c'est elle-même qui se met à la tête de la colonie, laissant à celle qui doit naître toutes les richesses de son empire; et elle part ordinairement de six à douze jours avant que l'aînée des jeunes reines ne brise les portes de sa prison et ne se montre définitivement au sein de la famille. Il est même des cas, rares à la vérité, où elle émigre quatorze jours auparavant. Alors elle part dès que le ver royal est né; car, au bout du quatrième, ce ver qui a terminé sa croissance est fermé dans sa cellule par un couvercle de cire; là il file promptement sa chemise, passe à l'état de nymphe, se métamorphose en mouche, et dix jours après avoir été scellé, il paraît sous la forme d'une reine parfaite, capable de conduire la ruche-mère, de diriger et de peupler un empire. De sorte que quatorze jours ayant suffi à la formation de cette jeune reine, on est obligé de reconnaître que le ver d'où elle est sortie n'était pas encore né quand la vieille a pris son essor.

Que conclure de tout cela, sinon qu'il importe de surveiller la sortie du premier essaim dès que les vers royaux se montreront, et qu'on attendrait en vain le second moins de dix jours après que le plus avancé des vers a été scellé?

VIII.

Un autre signe qu'on doit consulter, c'est le chant des reines. Il est certain que dans leur jeunesse, et lorsqu'elles sont encore vierges, elles rendent des sons. Est-ce un véritable chant qu'elles font entendre? Est-ce une plainte? Est-ce un appel au mâle? Est-ce un cri de ralliement? Je l'ignore. Je ne sais pas davantage quel est l'organe avec lequel elles produisent ce bruit : mais ce que je peux affirmer, c'est que je l'ai entendu cent et cent fois la nuit comme le jour. On dirait un petit clairon dont toutes les notes sont sur le même ton : la première, très longue, est suivie de sept à huit autres très brèves; et quelques minutes après, on l'entend encore. Souvent plusieurs reines entonnent alternativement leur chanson, et leur voix est assez forte pour frapper l'oreille à plus de dix pas, lorsque tout est tranquille. Ce chant n'émane ni des vieilles reines, ni des jeunes déjà fécondées; il avertit que la ruche a essaimé une première fois depuis plusieurs jours, et qu'elle est prête à jeter une seconde fois. Le chef qui doit conduire la petite colonie fait entendre sa voix, il n'attend qu'un beau soleil, un temps chaud et calme pour se mettre en campagne. Aussi dit-on que le chant des reines annonce un essaim pour le lendemain, et il faut l'attendre de pied ferme, car il arrive assez ordinairement; mais quelquefois votre espoir est trompé, car, je l'ai déjà dit plus haut, rien ne peut vous donner l'assurance que vos ruches vont essaimer.

IX.

C'est ici le cas de tenir ma parole, et de vous faire connaître la cause qui s'oppose à ce qu'on puisse obtenir une véritable certitude.

Chez les abeilles, le salut de la patrie est la loi souveraine; tout est sacrifié à cette loi, elle s'exécute avec autant de rigueur que les ordres barbares du sultan lorsqu'il fait étrangler ses pachas. Ainsi, quand une ruche est prête à essaimer, s'il arrive que le temps devienne contraire, qu'une tempête ou qu'un vent du nord froid et sec fasse disparaître tout à coup la miélée, les abeilles se garderont bien de s'aventurer. Elles suspendront une entreprise hasardeuse qui compromettrait l'existence de la ruche-mère et de son enfant : si la miélée ne revient pas après deux ou trois jours, toutes les cellules royales seront déchirées, les vers et les nymphes qu'elles contenaient seront impitoyablement massacrés et jetés à la voirie, et la ruche n'essaimera pas.

De même, dans une ruche qui a déjà essaimé, et qui possède encore bon nombre de jeunes reines touchant au terme de leur dernière métamorphose, mais trop peu d'ouvrières pour pouvoir donner un nouveau jet sans compromettre son salut, une des jeunes reines sera adoptée, et les autres seront égorgées.

Vous ne pourrez donc jamais être assuré qu'une ruche essaimera, soit parce que vous ne serez jamais certain que le temps ne changera pas, soit parce que vous ne devinerez jamais s'il plaira à celle qui a essaimé de jeter encore, ou de massacrer les reines surnuméraires et inutiles. La fin tragique des mâles, que les ouvrières font périr lorsque l'œuvre de la génération est accomplie, est encore une preuve de l'instinct suprême de conservation qui existe chez les abeilles.

X.

Le quatrième signe, c'est-à-dire l'existence des cellules royales, est celui qui doit inspirer le plus de confiance ; les paysans des Landes ont soin de s'en inspirer, et je ne saurais trop recommander à chaque propriétaire d'abeilles d'y recourir avec attention. Pour cela, il faut visiter souvent l'intérieur des ruches quand la saison de l'essaimage approche, et surtout si les trois premiers signes se manifestent, c'est-à-dire si les faux-bourdons commencent à se montrer, si la miélée est répandue sur les fleurs, et si les ouvrières se réunissent en grosse masse au bas de leurs maisons.

XI.

Si vous n'avez qu'une ruche prête à essaimer, vous ne voudrez pas sans doute vous mettre en permanence auprès d'elle ; vous vous contenterez de faire des visites fréquentes dans le milieu de la journée, car les essaims ne sortent qu'au moment de la plus grande chaleur. Mais si vous avez un certain nombre de familles qui vont se diviser, il vous faut un véritable factionnaire depuis neuf ou dix heures du matin jusqu'à trois heures de l'après-midi. Sans cette précaution, vous perdrez beaucoup d'essaims : l'un ira se fixer loin du rucher, et vous ne le trouverez pas, l'autre se cachera si bien que vous passerez près de lui sans le voir ; quelques-uns enfin émigreront complètement au sortir de la ruche, si personne n'est là pour les arrêter.

Les abeilles ne donnent presque aucune peine pendant le reste de l'année ; ce n'est qu'au temps de l'essaimage qu'elles demandent des soins particuliers, et ces soins, comme on le voit, ne sont pas une bien grande affaire. Dans nos familles des Landes, le vieillard qui ne peut plus vaquer aux travaux pénibles des champs se charge lui-même de surveiller la sortie des essaims. Il ne cède cette fonction à personne, car il a aimé et soigné les abeilles durant toute sa vie, et elles lui feront goûter encore quelques semaines de bonheur avant qu'il ne descende au tombeau. Assis à l'ombre d'un chêne, s'occupant à réparer une vieille ruche, il attendra avec patience ; lorsqu'un essaim sortira, il prendra sa cornemuse ou son limaçon de mer, et donnera le signal convenu ; un homme se détachera de la troupe des travailleurs, et l'essaim sera aussitôt recueilli. S'il n'y a pas de vieillard dans la maison, on y supplée par un convalescent, ou par une petite fille qui, filant sa quenouille de grosse étoupe, veillera assidûment, donnera elle-même le signal, et saura montrer la branche où l'essaim s'est fixé. On se sert aussi quelquefois de petits garçons ; mais la plupart s'ennuient au poste, et le désertent trop facilement pour aller à la picorée ou pour chercher un nid d'oiseaux.

XII.

Je suppose que, prenant du goût pour la culture des abeilles, vous mettez mes conseils en pratique, et qu'au moment où vous cherchez à reconnaître dans vos ruches quelques-uns des signes dont je vous entretenais tout-à-l'heure, vous allez être témoin de la sortie de votre premier essaim. Ce spectacle nouveau pour vous sera si intéressant, si beau, si majestueux (je n'ai rien à rétracter dans cette expression), que vous vous trouverez amplement dédommagé de tous les petits soins donnés à vos abeilles. C'est un enfant qui va vous naître, votre plaisir sera grand, vous éprouverez une joie douce et pure; mais, sans vous en apercevoir, vous serez sérieux et grave.

XIII.

Vous remarquerez d'abord un certain nombre de mouches très animées, qui voltigent au devant de leur habitation sans se reposer et sans s'éloigner. Leur mouvement dure ainsi assez long-temps, et leur nombre n'augmente qu'insensiblement; mais peu à peu la foule grossit, les faux-bourdons se joignent aux ouvrières pour voltiger avec elles, et vous voyez bientôt la ruche investie d'abeilles qui s'agitent avec une activité extraordinaire, et qui font retentir l'air du bourdonnement de leurs ailes. Tout à coup la mère-abeille s'élance brusquement, elle s'envole, et aussitôt toute la population, instruite de son départ, se dispose à la suivre. Il se fait alors un ébranlement général dans l'intérieur de la ruche, les mouches se précipitent toutes à la fois vers la porte; le choc est violent, ce n'est plus qu'agitation, trouble, désordre, confusion. Il arrive ici à peu près ce qui se passerait au théâtre, si le feu prenait aux quatre coins de la salle quand elle est pleine et quand la scène est très animée, avec cette seule différence qu'on ne compte ni morts ni blessés chez nos insectes, qui, lestes et légers, se heurtent et se roulent les uns sur les autres sans se faire aucun mal.

Les ouvrières et les faux-bourdons s'échappent pêle-mêle avec tant de rapidité et en si grand nombre, que les auteurs les comparent à une armée sortant d'une place de guerre pour voler au combat. Il semble que la ruche les vomit : c'est le mot que j'entendais prononcer un jour par un homme du peuple, et je n'hésite pas à m'en servir, parce qu'il me paraît impossible de trouver une expression qui présente à l'esprit une image plus vraie et plus sensible. Les abeilles sortent avec une précipitation et une violence si grande, qu'elles se heurtent, se foulent, se froissent à la porte, et que beaucoup tombent sur la terre, qui en est jonchée jusqu'à ce qu'elles soient toutes dehors, car à mesure que les unes se relèvent, d'autres tombent à leur place.

XIV.

Voilà donc toutes vos mouches en l'air, où elles sont aussi épaisses quelquefois que les flocons de neige dans une journée d'hiver. Ordinairement, elles ne s'éloignent guère de la ruche d'où elles sont sorties, à moins que le vent ne les fatigue et ne les pousse ; elles volent très lentement, sans aucun ordre, parcourant des ellipses irrégulières ou tournant çà et là. Que cherchent-elles donc ? Elles cherchent leur reine qu'elles ont perdue. Quelques-unes la rencontrent et ne s'en séparent plus ; elles la suivent partout, tournant sans cesse autour d'elle avec une rapidité étonnante ; bientôt les autres accourent de tous côtés et viennent tourner avec elles ; il se forme un véritable tourbillon d'abeilles, qui grossit à chaque instant, et dont le bourdonnement, par un temps calme, se fait entendre à plus de deux cents pas.

Alors il se fait un partage : une partie des mouches retournent à la ruche-mère ; celles au contraire qui ont pris part au tourbillon, et même beaucoup d'autres, s'approchent d'un arbre, le visitent, adoptent une branche solide autant que possible à l'abri du vent ou du soleil, et elles s'y réunissent en essaim.

Voilà ce qui arrive ordinairement ; mais les choses ne se passent pas toujours ainsi. Quelquefois en effet le tourbillon n'a pas lieu, parce que les ouvrières ne rencontrent pas la reine dans les airs. Cela n'empêche pas l'essaim d'être fort bon, car les abeilles finissent par se réunir, et la reine va les joindre, à moins qu'elle soit tombée et qu'elle ne puisse pas se relever, auquel

cas toutes les mouches rentrent dans la ruche d'où
elles étaient sorties.

XV.

Il est assez curieux de voir comment les abeilles sont
accrochées à la branche, se tenant les unes aux autres, et de voir l'état de langueur, de charme ou d'ex-
tase, dans lequel elles sont en union avec leur reine.
C'est au point que lorsqu'on secouera la branche de
l'arbre, elles ne s'envoleront point, et que, se laissant
aller comme mortes, elles tomberont à gros pelotons.
Il est bien plus curieux encore de voir, s'il survient un
orage, le moyen qu'elles prendront pour se garantir
de la pluie. Un essaim aussi gros que la tête d'un
bœuf se rapetissera de moitié sans qu'aucune abeille
s'en sépare; les mouches se presseront plus fortement
les unes contre les autres, et celles qui seront à la surface se rangeront de manière à former avec leurs ailes
un toit semblable à celui d'un bâtiment couvert d'ardoises, et sur lequel l'eau coulera sans pénétrer dans
l'intérieur de l'essaim. Mais en me laissant entraîner
par mon penchant pour l'histoire naturelle de nos admirables insectes, j'oublierais bien vite que je traite de
leur culture; et je me hâte de rentrer dans la question.

XVI.

Pendant que l'essaim sort, gardez-vous de le troubler. Bornez-vous à contempler en silence et à admirer les beautés de la nature : tout ce que vous pourriez faire serait inutile ou n'aboutirait qu'à affaiblir la
colonie nouvelle, en empêchant une partie des mouches de sortir et de s'y joindre.

Mais dans l'intervalle qui s'écoule jusqu'au moment
où l'essaim se fixe, ne faut-il pas faire grand bruit,
grand tintamarre, une sorte de charivari enfin, en
poussant des cris et en frappant sur des chaudrons,
des bassinoires et autres objets de ce genre? Cet usage
qui nous a été transmis par l'antiquité, et qui est encore pratiqué dans beaucoup d'endroits, n'est pas suivi

par les habitants des Landes, malgré leur simplicitée l
leur penchant à la superstition. Chez eux, si la personne qui surveille la sortie des essaims se sert d'une
cornemuse ou d'un limaçon de mer, c'est uniquement
pour appeler le secours dont elle a besoin. Ils sont tellement convaincus de l'inutilité de cette pratique, que
si on la leur propose, ils se bornent à répondre par un
sourire moqueur ; et je crois qu'ils ont raison, car l'expérience démontre que lorsqu'on ne trouble pas les
abeilles dans leurs mouvements, elles finissent presque toujours par se réunir et se fixer d'elles-mêmes.
Le cas où un essaim émigre au loin en sortant de la
ruche-mère est excessivement rare, si rare que je ne
l'ai jamais vu, malgré mes longues observations. Il
faut donc rester tranquille, ne pas tracasser inutilement
les mouches dans leurs évolutions, et se contenter de
les suivre des yeux pour voir où elles se fixent.

XVII.

Cependant, quoique je n'aie jamais vu un essaim
émigrer au sortir de la ruche, je ne voudrais pas soutenir que la chose est impossible et qu'on ne peut en
citer des exemples. Vous vous apercevrez du danger
si vos abeilles s'élèvent à une grande hauteur, et alors
vous lancerez sur elles de l'eau ou du sable, mais non
des pierres ou des mottes de terre, car vous pourriez
tuer la reine et plusieurs ouvrières. Si toutefois elles
étaient trop élevées pour que vous pussiez les atteindre avec l'eau ou le sable, vous feriez usage, mais
alors seulement, de tout ce qui vous tomberait sous la
main.

Bien des gens prétendent qu'elles sont arrêtées par
l'explosion d'une arme à feu. Pour mon compte, je
n'ai jamais expérimenté ce moyen ; j'en ignore complètement l'efficacité, je ne peux donc le conseiller
qu'à simple titre d'essai.

XVIII.

L'essaim une fois formé et fixé, vous devez vous
empresser de le recueillir dans une ruche neuve, ou

dans une vieille bien réparée, car ce serait une espèce de crime de le loger dans une maison pourrie. Hâtez-vous, de peur qu'il ne vous échappe; si vous temporisez trop, le soleil tournera, le vent changera, et vos abeilles émigreront.

Il serait trop long et trop ennuyeux d'entrer ici dans des détails sur la manière de recueillir les essaims. Je suppose que vous la connaissez : s'il en était autrement, il vous suffira d'avoir vu opérer une ou deux fois un homme expert, pour être aussi savant que lui.

XIX.

Je dois cependant vous faire deux observations. 1° Vous ne devez pas craindre les piqûres, car, depuis le moment où la mère-abeille est sortie de la ruche, les ouvrières ne sont occupées qu'à la retrouver ou à la garder au milieu d'elles. Ainsi, vous pourrez marcher sans crainte au milieu d'un tourbillon de mouches; elles se reposeront sur votre tête, sur vos mains, sur votre figure, sans vous faire aucun mal; et lorsque l'essaim sera réuni, vous pourrez secouer hardiment la branche pour faire tomber les abeilles dans la ruche que vous leur donnerez. Mais s'il faut les balayer pour les y faire entrer, ce qui arrive par exemple quand elles sont fixées à la tige d'un gros arbre, à un poteau ou à une muraille, etc., quelque doux que soit votre balai, il vous sera bien difficile de ne pas en blesser quelques-unes, et elles seront promptes à se venger.

2° Quelques précautions que vous preniez pour introduire les abeilles dans leur nouvelle maison, vous ne parviendrez jamais à les y placer toutes à la fois; plusieurs tomberont en dehors et jusqu'à terre, d'autres resteront à la branche, d'autres encore voltigeront autour. Vous devrez alors déposer la ruche, avec les mouches qu'elle contient, dans le lieu le plus apparent, et le plus près possible de l'endroit où était l'essaim; puis vous chasserez, soit avec la fumée, soit en secouant la branche, les mouches qui sont restées au dehors, et elles entreront d'elles-mêmes dans leur nouveau domicile pour se réunir à la reine et aux autres ouvrières. Si votre ruche était cachée ou trop au loin, les abeilles qui n'y seraient pas entrées du premier coup ne sauraient pas la trouver, et elles finiraient par revenir à la ruche-mère, où il n'est pas très certain qu'elles fussent bien accueillies.

XX.

J'ai dit que lorsqu'un essaim se réunit, une partie des mouches sorties à la suite de la reine retournent à la ruche-mère. Toutes celles qui étaient aux champs au moment du départ de leurs compagnes reviennent aussi, et la ruche se retrouve aussitôt pourvue d'une famille populeuse qui s'accroît chaque jour de plusieurs centaines de mouches; car, à l'époque de l'essaimage, elles naissent en plus grand nombre que dans tous les autres temps. J'ai dit aussi que lorsque la vieille reine part à la tête du premier essaim, les jeunes ne sont pas encore nées et qu'elles ne naîtront qu'après plusieurs jours. Il résulte de là que lorsque les aînées des jeunes reines briseront les portes de leurs prisons, la ruche sera en état de donner un second jet, et elle le donnera en effet si la saison continue à être favorable. Un troisième suivra de très près : et un quatrième ne serait pas fort extraordinaire, car j'en ai compté quelquefois jusqu'à cinq.

La multiplication s'augmentera peut-être dans les bonnes années par le produit du premier essaim, qui sera lui-même en mesure de jeter cinq ou six semaines après avoir été recueilli.

XXI.

Cette fécondité est encore bien plus considérable dans les pays très fertiles pour les abeilles, comme les îles de l'Archipel. L'abbé Della Rocca nous dit, dans son traité des mouches à miel, qu'à l'île de Syra, sa patrie, il y a des exemples de sept essaims sortis d'une seule ruche dans l'espace d'un an ; et il aurait pu dire en dix-sept jours ou au plus en dix-huit, car l'essaimage d'une ruche ne peut avoir ou du moins n'a jamais une durée plus longue.

Il est possible qu'une pareille fécondité soit avantageuse à Syra, mais nous ne devons pas la désirer dans notre pays, où elle entraînerait deux inconvénients graves, l'épuisement des vieilles souches et la faiblesse des essaims secondaires.

XXII.

L'expérience démontre que chez nous, toute ruche, quelque forte et populeuse qu'elle soit, s'affaiblit trop et s'épuise si elle donne plus de trois essaims : elle compromet sa propre existence, et elle périt en effet si elle n'est favorisée après l'essaimage par une miélée abondante et constante. Cet épuisement des vieilles souches semble contredire l'instinct de conservation si sage et si sévère que j'ai attribué aux abeilles. Il est cependant très certain, d'une part, que la loi rigoureuse dont j'ai parlé est en vigueur chez nos insectes, où elle s'exécute avec une sorte de cruauté ; et il n'est pas moins certain, d'autre part, que dans les années fertiles, lorsque les ruches sont en train d'essaimer, elles le font beaucoup trop, et qu'elles finissent par s'épuiser. Cela ne viendrait-il pas de ce qu'elles comptent trop aussi sur la continuation de la miélée ? Je ne chercherai pas d'autres raisons pour concilier ces deux points, bien convaincu que tout apiculteur véritable conviendra que j'ai dit la vérité.

XXIII.

Pour prévenir l'inconvénient de l'épuisement des ruches, j'ai d'abord essayé un moyen que je jugeais infaillible ; il consistait à ne laisser aux familles qui avaient assez essaimé qu'une seule cellule royale, et à arracher ou déchirer toutes les autres. Mais l'événement m'a démontré que mes calculs reposaient sur des bases fausses. Il naît chaque jour des reines dans les ruches qui ont essaimé plusieurs fois ; et lorsque je ne leur laissais qu'une cellule royale, je ne leur enlevais pas les reines qui venaient de naître : aussi plusieurs

continuaient-elles à jeter malgré moi, et j'en rencontrai
même une qui sembla me braver en donnant un essaim
demi-heure après mon opération. Ce défaut de succès
ne fut pas le plus grand mal, car plusieurs des ruches
sur lesquelles j'avais opéré se trouvèrent en définitive
privées de reine, et j'eus la douleur de les voir périr.
Je ne conseillerai donc pas ce moyen, et je n'en parle
que pour avertir ceux qui seraient tentés de m'imiter :
il faut toujours respecter les cellules royales, et laisser
aux reines ou aux ouvrières le soin de faire leur police intérieure, en se débarrassant comme elles l'en-
tendront de celles qui leur paraîtront superflues.

Un autre procédé bien simple m'a donné des résultats plus satisfaisants. J'ai exhaussé sur de fortes cales,
en les retournant de devant derrière, les ruches qui
avaient donné assez d'essaims. Le dérangement intérieur occasionné par ce changement de position, et le
grand vide créé tout à coup près du sol, alors qu'il
n'en existait pas auparavant, ont arrêté le plus grand
nombre, et aucun accident n'en est résulté. Ce procédé n'est pas infaillible, mais il réussit ordinairement,
et je le propose comme bon, parce que je n'en connais
pas un meilleur.

XXIV.

On comprend facilement, et les cultivateurs des
abeilles le savent d'ailleurs à merveille, que lorsque
les ruches jettent un grand nombre de fois, tous les
essaims ne peuvent pas être forts ; il y en a nécessairement de médiocres, de faibles et de très petits. Voici
quel est leur sort : ils construisent cinq ou six gâteaux,
multiplient peu, font une légère provision de miel, et
presque tous meurent de faim ou de froid, les uns à la
fin de l'automne, la plupart pendant l'hiver ou au
commencement du printemps. Bien peu survivent, et
ils ne forment de bonnes ruches qu'après deux ou trois
ans.

Il faut donc, si on veut profiter des petits essaims,
que l'industrie vienne à leur secours. Heureusement
elle en a trouvé le moyen, et ce moyen, simple et facile, réussit presque toujours : il consiste à réunir ces

petits essaims dans une même ruche, au fur et à mesure qu'ils arrivent. On en diminue ainsi considérablement le nombre, mais de plusieurs qui ne se sauveraient pas dans l'isolement, on en fait un seul fort et vigoureux, que l'on conserve.

La réunion des petits essaims est un des points les plus essentiels de la culture des abeilles ; sans lui, il est impossible de les faire prospérer dans nos localités, même dans la partie des Landes qui leur est la plus favorable. Ceux qui les logent séparément se réjouissent d'abord de l'accroissement rapide de leurs ruchers, et quelques mois après ils se retrouvent aussi pauvres qu'auparavant ; tandis que lorsqu'on fait beaucoup de réunions, on obtient tous les succès qu'il est permis d'espérer. Pour vous faire comprendre cette vérité, je ne me livrerai ni à des calculs imaginaires, ni à des suppositions arbitraires ; je ne vous dirai pas même : *mieux vaut un qui vit que deux qui meurent.* Je me contenterai de vous citer deux faits résultant de deux pratiques différentes.

XXV.

Un jardinier de Bordeaux trouve par hasard, au mois de mai 1814, un magnifique essaim accroché à un espalier ; il le recueille, l'essaim prospère et devient une bonne ruche. En 1815, cette ruche donne successivement quatre essaims qui sont logés séparément, et l'apiculteur improvisé se glorifie de son succès. Mais il redevient bientôt aussi pauvre qu'au début : la mère-ruche, qui s'est épuisée, et les trois derniers essaims, qui étaient trop faibles, périssent les uns après les autres ; il ne lui reste que le premier des quatre essaims. Au printemps de 1816, celui-ci donne trois jets qui sont aussi logés séparément comme ceux de l'année précédente, et le résultat est le même. En 1817, le premier essaim de 1816 prospère d'abord et en donne quatre autres, et il périt ensuite avec ses trois derniers enfants. Le jardinier mourut à son tour, ne laissant dans son jardin qu'une seule ruche vivante.

En 1821, je recueille par hasard un bon essaim qui s'était logé dans le cloître de Saint-André de Bordeaux, et je le place dans le petit jardin y attenant ; il réussit, et l'année suivante il essaime trois fois. J'arrête aussitôt son essaimage en le calant et en le retournant, d'après le procédé que j'ai indiqué plus haut, puis je réunis dans une même ruche le second et le troisième essaims. Rien ne périt, et au printemps de 1823, j'avais trois bonnes ruches qui donnèrent beaucoup de jets, parmi lesquels il s'en trouvait six un peu faibles. Ces six petits essaims furent réunis deux à deux et formèrent trois bonnes ruches, qui en 1824 essaimèrent toutes les trois : et c'est en procédant toujours ainsi que dès 1828 je possédais, au centre même de la ville, un rucher de trente ruches.

Maintenant, comparez les deux résultats. D'un côté, tous les essaims secondaires ont péri, parce qu'ils ont été recueillis séparément ; de l'autre, ils ont tous vécu, parce qu'ils ont été réunis, et ils ont jeté eux-mêmes dans l'année suivante. Dans le premier jardin, il n'est jamais resté qu'une ruche ; dans le second, leur nombre s'est accru constamment et rapidement. Le jardinier, qui n'a voulu faire aucune réunion d'essaims, s'est trouvé aussi pauvre après trois ans que le premier jour ; et moi, en suivant le système opposé, je me suis créé en bien peu de temps un rucher qui commençait déjà à avoir son importance.

XXVI.

Il est donc bien avantageux dans nos localités de réunir les essaims secondaires ; les cultivateurs des abeilles ne sauraient trop s'attacher à cette pratique ; et pour ce qui me concerne, je dois avouer que si j'ai obtenu quelques succès, c'est à elle que j'en suis redevable.

Je ne peux cependant m'empêcher de reconnaître que tous les essaims secondaires ne périssent pas toujours, car dans les bonnes années, on en sauve quelques-uns ; mais je n'hésite pas à soutenir que, même dans ce cas, il y a plus d'avantage à faire des réunions nombreuses. Un essaim fort vaudra mieux au printemps suivant et donnera plus de profit que deux essaims faibles, qui ne feront que végéter.

XXVII.

Il suffit ordinairement de réunir deux essaims faibles pour en former un bon. Mais quelquefois, dans les bonnes années, où on en recueille beaucoup, ceux qui viennent vers la fin de l'essaimage sont si petits et si faibles que deux ne suffiraient pas à garnir une ruche. Dans ce cas, il faut en réunir trois, même quatre dans un seul panier. En règle générale, on doit introduire dans chaque ruche autant d'ouvrières qu'en possède ordinairement un gros essaim. Celui qui agira ainsi utilisera toutes les mouches sorties des ruches-mères, tous ses essaims seront beaux ou bons, ils deviendront en peu de temps l'ornement et les colonnes de son rucher, il y trouvera une source féconde de prospérité et de bénéfices.

Mais autant on doit être soigneux de réunir les petits essaims, autant on doit être attentif à éviter la réunion de ceux qui sont forts ; cette opération serait faite en pure perte. Deux bons essaims logés séparément formeront deux bonnes ruches ; et si on les réunit, ils n'en feront qu'une qui ne vaudra guère plus que chacune des deux : c'est ce que prouve l'expérience. J'aurai pourtant à raconter bientôt l'histoire d'une ruche monstre formée par la réunion de cinq essaims vigoureux, et qui devint une véritable merveille avant la fin de la campagne. Mais elle n'eut, comme on le verra, qu'une existence bien éphémère ; et si je ne place pas ici même cette narration qui vous intéressera peut-être, c'est que d'un côté la digression serait trop longue, et que de l'autre, ce fait isolé, quelque curieux qu'il soit, n'ébranle pas ma conviction.

XXVIII.

Quant à la manière dont il faut s'y prendre pour réunir plusieurs essaims dans une seule ruche, les amateurs ont inventé de fort jolies choses et des meubles brillants, garnis d'une précieuse toile métallique. Mais moi, je ne connais que la pratique de nos paysans des Landes, lesquels procèdent plus simplement, ne dépensent rien et réussissent au moins tout aussi bien. Ils recueillent séparément les essaims qu'ils veulent réunir, et les laissent ainsi jusqu'à la nuit ; vers les neuf heures du soir, ils font tomber à terre les mouches d'une ruche et les couvrent de suite avec l'autre, puis ils vont s'étendre sur leur lit ; le lendemain matin ils trouvent les essaims réunis en une seule famille, et ils ne s'inquiètent pas des reines superflues, dont le sort est toujours réglé sans leur participation avant la fin de la journée.

XXIX.

Au reste, deux essaims sortis de deux ruches différentes se marient aussi bien que s'ils étaient frères et s'ils venaient de la même mère. Ainsi, lorsqu'on a recueilli un essaim faible, il ne faut pas en attendre un autre de la ruche qui l'a donné, on doit lui joindre le premier qui se présentera : les réunions les plus promptes sont toujours les meilleures.

XXX.

Si vous recueillez le même jour deux petits essaims, il est fort indifférent de fondre celui-ci dans celui-là, ou réciproquement. Mais si l'un est plus âgé que l'autre, il est essentiel de donner le dernier venu au premier, parce que l'aîné a déjà travaillé considérablement.

Enfin aucune précaution particulière n'est indispensable pour marier le plus jeune avec celui qui est âgé de moins de sept jours. Mais si ce dernier était parvenu à un âge plus avancé, il faudrait l'enfumer avant de lui donner les abeilles de l'autre. Avec cette précaution, j'ai réuni sans accident des essaims dont l'un avait trois ou quatre semaines.

HISTOIRE D'UNE RUCHE MONSTRE.

I.

J'ai promis de donner l'histoire d'une ruche monstre, je vais la raconter. Le fait est assez curieux comme essai d'apiculture, pour valoir la peine d'être noté en passant.

C'était dans l'été de 1817, au moment de la grande floraison des bruyères, c'est-à-dire vers la fin de juillet. Les abeilles, favorisées par le temps, essaimèrent en si grande abondance que tous les apiculteurs, trompés dans leurs prévisions largement dépassées, se trouvèrent bientôt pris au dépourvu pour loger leurs nouveaux essaims. Les fabricants de paniers ne tardèrent pas eux-mêmes à se voir débordés par les innombrables demandes qu'ils ne pouvaient satisfaire : et leur activité restant de beaucoup au-dessous de leur tâche, il y eut pénurie complète de ruches précisément à l'époque où le plus pressant besoin s'en faisait sentir.

Chacun s'ingénia de son mieux pour recueillir les nouvelles peuplades de mouches fournies par cette immense émigration, et Dieu sait à quels moyens on se vit obligé de recourir dans ce but. Après avoir exhumé des recoins où on croyait les laisser à jamais reléguées, toutes les vieilles ruches dont le mauvais état ne permettait plus de se servir, et les avoir raccommodées tant bien que mal pour pourvoir aux exigences de la situation, on employa des tronçons d'arbres creux qu'on fermait par le haut, des caisses renversées, des paillassons soutenus par des cercles intérieurs, en un mot tout ce qui tombait sous la main, tout ce qui semblait susceptible de fournir aux abeilles un abri suffisant pour attendre le moment de la grande récolte du miel à la fin de l'été.

II.

Cette fécondité prodigieuse des mouches à miel était bien faite pour exciter tout à la fois ma curiosité et mes craintes. Je voulais voir par moi-même l'état de mes insectes, et je craignais que mes vieilles souches s'épuisassent par une production trop exagérée. Il y en avait assez là pour me déterminer à partir sans retard, et je profitai du premier instant de liberté pour courir au fond de mes landes chéries.

Je vous fais grâce du sentiment que j'éprouvai en voyant mes ruches presque triplées. Leur diversité de formes constituait bien le mélange le plus hétérogène qu'il m'eût jamais été donné de voir; les ruchers offraient un aspect aussi étrange que varié, singulier assemblage de richesse et de pauvreté, dont j'aurais facilement deviné la cause si j'avais pu l'ignorer.

III.

Mon premier soin fut de visiter avec attention toutes mes ruches-mères, et je reconnus bien vite qu'il s'en allait temps d'arrêter l'essaimage, soit parce qu'elles s'épuisaient par des jets trop nombreux, soit parce que les paysans, tout-à-fait à bout de ressources pour loger les nouveaux essaims, étaient obligés de renoncer à les recueillir. C'est alors que j'employai le moyen, dont j'ai parlé ailleurs, d'exhausser mes ruches sur de fortes cales et de les retourner de devant derrière.

Ce changement de position produisit l'effet que j'en attendais; le dérangement intérieur qui en résulta et le grand vide créé tout à coup sous les abeilles arrêtèrent l'essaimage d'une manière presque radicale; et sur cent cinquante ruches que j'avais ainsi retournées, il n'y en eut que cinq qui protestèrent en me donnant chacune un dernier essaim dès le lendemain de mon opération, le 22 juillet.

A ma grande surprise, ces essaims étaient beaux et vigoureux. En les voyant ainsi suspendus à mes branches, le cœur me saignait de les abandonner; je sentais que je me serais cru sans entrailles si j'avais pu m'arrêter à cette détermination presque forcée, et je résolus de trouver un expédient quelconque pour les recueillir. Mais c'était là la difficulté, et elle me paraissait à peu près insoluble. Je parcourus en vain toute ma maison, de la cave au grenier; je n'y sus trouver

qu'une barrique vide, de dimension ordinaire, et par
conséquent peu propre, soit par sa forme, soit par sa
grandeur, à se transformer en ruche improvisée. C'est
cependant sur elle que je jetai mon dévolu, je me mis
de suite en devoir de préparer ma petite expédition,
et j'appelai quelques paysans pour me prêter main-
forte.

IV.

Inutile de dire qu'aussitôt que je leur eus fait part de
mon projet, ils me rirent au nez et se moquèrent de
moi de toutes les façons. Mais je n'étais pas homme à
me laisser désarçonner par leur gros rire ; et à force
d'insister, je finis par obtenir le concours qu'ils m'a-
vaient d'abord assez nettement refusé.

Je fis défoncer ma barrique par un bout, et j'exigeai
qu'on y clouât à l'intérieur trois croix de bois horizontales, destinées à soutenir étage par étage les édifices
de mes mouches. Puis je fis faire sans le moindre retard quatre petites ruches provisoires, se composant
chacune d'un sac en toile de deux pieds de longueur,
dans lequel on avait introduit trois cercles de saule
partageant la distance de l'ouverture au fond en deux
portions égales, et fixés au moyen de trois bâtons légèrement aiguisés par le bout inférieur.

Tout cela ne fut l'affaire que de quelques instants,
et je partis avec ma petite escouade de paysans, portant ce singulier attirail, pour courir à mes essaims.
Dire tous les sarcasmes, les plaisanteries aussi innombrables qu'innocentes dont je fus assailli par ces braves gens dans ma route, serait pour moi chose impossible : mais je leur pardonnais de bon cœur en es-
comptant par anticipation la joie future que je me promettais de leur surprise devant le succès que j'avais
rêvé.

Les quatre premiers essaims que nous rencontrâmes
furent aisément logés dans mes ruches de toile, que
nous fîmes tenir debout en enfonçant légèrement les bâtons dans le sol. Le cinquième fut aussi bien facilement
introduit dans la barrique, et je renvoyai mes hommes
en attendant la nuit.

V.

Le soir, vers neuf heures, autre expédition, et celle-ci devait être décisive : il s'agissait de transporter mes cinq essaims au rucher le plus voisin, et d'en opérer la fusion pour constituer une seule famille. Avec quelques précautions, le transport se fit sans encombre ; les abeilles logées dans mes quatre ruches de toile furent jetées à terre entre les cales que j'avais eu soin de faire établir pour recevoir la barrique, et celle-ci fut elle-même placée par-dessus avec le cinquième essaim qu'elle renfermait dans ses flancs.

Le moment du repos était venu, nous nous retirâmes en nous donnant rendez-vous au lendemain, et je rentrai chez moi content de ma journée, presque heureux même d'avoir trouvé le petit problème d'apiculture que j'étais en train de résoudre.

VI.

Toutefois, pour être franc, je dois dire que je dormis bien peu : mon sommeil, fréquemment agité comme mon esprit, fut bien souvent interrompu ; les abeilles passaient et repassaient sans cesse dans mes rêves, j'entendais toujours à mon oreille les grosses et naïves railleries des bons paysans qui m'avaient aidé uniquement pour me plaire ; et par moments, je commençais à craindre sérieusement d'être victime à leurs yeux d'une mystification véritable. Dans mon désir de revenir au rucher, je trouvais le jour lent à reparaître, et je me levai dix fois peut-être pour regarder si l'aurore se disposait à poindre. Elle vint enfin, et je courus en toute hâte à ma barrique pour me rendre compte de ce qui s'était passé pendant la nuit.

VII.

Un premier coup-d'œil suffit à me convaincre que tout devait aller pour le mieux, et que les choses

avaient dû suivre leur train ordinaire comme pour
toutes les réunions d'essaims, car mes abeilles étaient
toutes montées au sommet de leur immense ruche, où
elles se tenaient en masse compacte au-dessus de la
croix de bois la plus élevée qui en traversait le vaste
diamètre. Désormais je me croyais sûr du succès ; et
lorsque je vis arriver les paysans, qui eux avaient
beaucoup mieux dormi que moi, ce fut mon tour de
rire et de les plaisanter.

Mais ils ne se tinrent pas d'abord pour battus. Leur
vieille expérience des mouches à miel leur avait appris
qu'il n'y a pas de fusion complète entre les diverses
peuplades réunies par la main de l'homme dans une
même ruche, tant que chaque famille conserve son
chef. Cette observation, que j'avais oubliée dans mon
empressement à chanter victoire, était parfaitement
juste ; je fus obligé de reconnaître avec eux que tout
n'était pas fini, qu'une bataille devait nécessairement
s'engager dans la journée pour le choix d'une seule
reine, et que la mort des quatre autres serait l'unique
signe certain du succès. Il fut donc convenu que nous
reviendrions au rucher le soir avant la nuit pour compter les morts.

VIII.

A l'heure convenue, chacun était au rendez-vous.
Nous soulevâmes la barrique d'un côté avec grande
précaution, pour ne pas fatiguer les abeilles ; l'ordre le plus complet régnait à l'intérieur, mais la bataille annoncée avait eu lieu, et nous en trouvâmes
pour irrécusables témoins, sur l'emplacement même
que recouvrait l'énorme ruche, les dépouilles de quatre reines mortes. Cette fois enfin il n'y avait plus de
doute possible, les paysans étaient convaincus comme
moi d'un succès qu'ils ne pouvaient plus contester ; et
les pauvres gens, se confondant en excuses des plaisanteries dont ils m'avaient si largement assailli jusque-là, me firent beau jeu pour celles que je leur
adressai moi-même pendant tout le reste de la soirée.
Ils ne revenaient pas de leur étonnement ; et si je n'a-
vais pas été prêtre, leur esprit, naturellement porté à

la superstition, les aurait peut-être entraînés à ne voir
en moi qu'un véritable sorcier.

Dieu merci, il n'en fut rien, et je repartis comme
j'étais venu, emportant leur respect et leur affection,
au milieu des assurances qu'ils me donnèrent de veiller
sur ma barrique pour éviter tout ce qui pourrait venir
en compromettre l'existence avant ma prochaine visite, car ils l'aimaient déjà autant que moi-même.

IX.

Cette visite, ainsi qu'on le pense bien, ne se fit pas
long-temps attendre. Quinze jours avaient suffi pour
lasser ma patience, et je revins bientôt à mes abeilles.

Quelle ne fut pas ma joie ! Dans ce court espace de
temps, la grosse colonie que je venais de fonder avait
déjà jeté dans sa grande maison les bases d'un établissement sérieux et durable. D'énormes gâteaux longs de
plus d'un pied en garnissaient tout le sommet, et les
mouches, travaillant sans relâche, agrandissaient leurs
constructions avec une infatigable activité.

Je contemplais moi-même avec l'orgueil et la com-
plaisance d'un père cette merveille sortie de mes mains,
les amateurs venaient la visiter de dix lieues à la ronde ;
et dans ma sotte vanité, je me crus presque un grand
homme. J'aurais pensé volontiers qu'il me serait désormais facile de grandir toutes mes ruches à la taille
de celle-là, d'en faire des géantes comme elle, et d'ouvrir de plus vastes horizons à l'apiculture au moyen
d'une nouvelle espèce d'essaims proportionnés à leur
mère par leur grosseur considérable. C'était le rêve de
Perrette, avec cette seule différence que ma barrique
ne me paraissait pas aussi fragile que son pot au lait.

Voyant que tout allait pour le mieux, je repartis
pour Bordeaux ; le bruit de ma découverte s'y répan-
dit sans retard, et de bien nombreux amateurs vinrent
me demander mon secret, que je m'empressai de leur
livrer.

X.

Cependant ma ruche monstre prospérait et prospérait sans cesse ; et mon domestique, qui m'écrivait fi-

dèlement tous les dimanches pour m'en donner des
nouvelles, me mettait à même de suivre exactement
tous ses progrès par la pensée. C'est ainsi que j'appris
vers la fin d'août que ma barrique était à moitié pleine,
et vers le 15 septembre à peu près aux trois quarts.
Ce brave homme, qui connaissait mieux la culture des
abeilles que celle des lettres, partageait tout mon
amour pour la première, et il m'écrivit un jour quelques lignes dans lesquelles son enthousiasme se tradui-
sait d'une façon singulière. Je ne résiste pas au plaisir
de les reproduire dans toute la simplicité primitive de
leur orthographe, comme un échantillon du style des
paysans de nos landes.

« Quantes à vos abieiles, me disait-il après m'avoir
» parlé d'autres choses, ils sont touzourt phort bien
» condicciounées dans sa baryq, et dans un état de
» prauspération manéfiq et vigourèze. Sait vraimant
» quéqchause cueurieux et bauxàvoir. Venés, monsieur,
» citot qué vous pourés, et je vous asseurre qué vous
» serés contan. »

Il n'en aurait pas fallu davantage pour me décider à
partir, mais les occupations de mon ministère ne m'en
laissaient pas le temps, et je dus ajourner à plus tard
tout le plaisir qui m'était promis.

XI.

Lorsque j'arrivai, on se disposait à faire la récolte
du miel. Tout était prêt dans ce but ; pour purger mes
ruchers des ruches plus ou moins étranges qui y avaient
trouvé place et de celles dont la dégradation compromettrait la solidité dans les mauvais jours de l'hiver,
les paysans se préparaient à sacrifier toutes les familles mal logées. Ils avaient fait leur choix avec assez de
discernement, et les victimes de cette immense hécatombe étaient marquées depuis la veille : mais ils avaient
respecté ma ruche géante, comprenant bien qu'il y
aurait eu de leur part du vandalisme à la détruire, et
qu'elle méritait d'être conservée.

J'approuvai cette détermination, qui rentrait complètement dans mes idées : puis, voulant contempler
de mes yeux les progrès qu'avait faits l'innombrable

famille logée dans une maison si spacieuse, je fis incliner un peu la barrique de manière à ce que mon regard pût en embrasser l'intérieur, et il me fut facile de voir que, suivant l'expression pittoresque et naïve de mon domestique, c'était quelque chose de curieux et de véritablement beau. Les abeilles n'avaient pas laissé le plus léger vide, tout était plein de rayons ou de gâteaux depuis le sommet jusqu'à la base ; et la population, qui touchait presque la terre, semblait condamnée à déborder au dehors si les travaux n'eussent été enrayés par la morte-saison.

Je m'abandonnai de nouveau à tous les rêves que j'avais caressés dès le premier jour de la réunion de mes cinq essaims ; je me promettais de voir cette souche vigoureuse me donner dans la prochaine campagne des jets aussi vigoureux qu'elle ; je prenais mes dimensions pour faire confectionner des ruches en forme de cloche et de la grandeur de ma barrique merveilleuse, pour pouvoir y loger désormais ses enfants. Je voyais déjà en un mot mes ruchers transformés en peu d'années, et peuplés de ruches monstres qui me donneraient d'immenses revenus, tout en réalisant dans l'éducation des abeilles une révolution aussi importante qu'inattendue. Hélas ! pourquoi faut-il que je le dise ? Cette illusion ne dura pas long-temps.

XII.

Peu de jours après la récolte du miel, je remarquai chez ma pauvre ruche un amaigrissement considérable, dont je soupçonnai d'abord toute la gravité. Bientôt de nouveaux symptômes se manifestèrent : l'innombrable population, de plus en plus largement décimée par une maladie inconnue dans sa cause comme dans sa marche, diminuait à vue d'œil, et le mal faisait de tels progrès, que je ne conservai plus aucun espoir.

Cependant l'été de la Saint-Martin avait à peine commencé : les gelées n'étaient pas encore venues dessécher ou flétrir la campagne ; l'ajonc d'automne et les bruyères tardives fournissaient toujours d'abondantes fleurs ; la nature s'épanouissait encore sous les rayons d'un beau soleil ; l'activité incessante des mouches de mes autres ruches ne s'était pas ralentie, et leur état florissant semblait protester contre le dépérissement continuel de leur grande sœur.

Que s'était-il donc passé chez celle-ci? Je l'ignore, et mes observations les plus assidues restèrent impuissantes pour me l'apprendre. Seulement, un jour que je m'étais assis près du rucher en observateur, je fus frappé de voir les abeilles des autres ruches pénétrer en nombre considérable dans la barrique, et après y avoir séjourné quelques instants, rentrer dans leur propre domicile. Ce mouvement de va-et-vient dura toute la journée, tant que le soleil réchauffa l'atmosphère ; et le soir, quand je voulus profiter du calme qui s'était enfin rétabli pour jeter un regard dans l'intérieur de ma grande famille, il me fut facile de reconnaître qu'elle avait été victime d'un pillage effréné.

Depuis quand ce pillage avait-il commencé? Quelle en fut la durée? Il me serait impossible de le dire, car mes occupations me rappelant à la ville, je n'eus même pas la triste consolation de pouvoir sonder ce double problème. Tout ce que je sais, c'est qu'aux premiers froids ma ruche mourut, et que mes beaux rêves, s'évanouissant avec elle, n'aboutirent qu'à quelques kilos de cire.

XIII.

Depuis je me suis dit bien des fois que j'avais peut-être commis une faute en ne l'isolant pas des autres, que j'aurais dû la transporter au loin, ou tout au moins la tondre comme ses voisines. De ces deux moyens le premier l'aurait certainement soustraite au pillage, et j'ai regretté de ne pas l'avoir essayé : mais la réflexion m'a conduit à penser que cela n'aurait pas suffi pour conjurer le mal, et que les déprédations subies par elle ne pouvaient pas être la cause véritable de sa ruine, parce que si elle n'avait pas été atteinte d'un vice constitutif qui devait nécessairement la faire mourir, son innombrable et vigoureuse population serait facilement parvenue à repousser les envahisseurs. Ce vice constitutif, quel était-il? C'est là le point d'interrogation qui se dresse encore devant moi, et auquel ma faible intelligence n'a jamais pu trouver de réponse. Je désire que d'autres la découvrent s'ils veulent bien se donner la peine de la chercher, en répétant mon essai. C'est un sujet qui est digne de fixer l'attention des vrais apiculteurs, et la triste expérience que j'ai faite leur servira toujours à se garantir des illusions dont je ne m'étais moi-même que trop long-temps bercé.

XIV.

Quant à moi, l'existence éphémère de ma ruche monstre me prouve une fois de plus que s'il est bon d'aider la nature en réunissant les petits essaims trop faibles pour être viables, on ne doit pas espérer de faire mieux qu'elle en réunissant les gros, auxquels elle a donné tout ce qu'il faut pour se sauver séparément. Aussi suis-je resté convaincu que cette réunion se ferait en pure perte, comme je l'ai déjà dit plus haut, et je n'ose la conseiller à personne.

Toutefois, je fais des vœux sincères pour que mon essai ne reste pas isolé. L'éducation des abeilles est une science de faits, et toute conclusion rigoureuse qui ne se base que sur un seul, est toujours trop hasardée pour qu'il soit permis de la regarder comme exempte d'erreur.

DES ESSAIMS ARTIFICIELS.

I.

Nous voilà parvenus au point le plus élevé, au sublime de l'art, à la plus brillante découverte de l'apiculture. Faire un essaim artificiel, c'est prévenir la nature, et retirer, avant terme, un enfant des entrailles de sa mère, sans nuire ni à l'un ni à l'autre. C'est quelquefois lui arracher de force celui qu'elle n'a pas donné dans son temps, et qu'elle ne veut ou ne peut plus mettre au monde. Faire un essaim artificiel, c'est aussi diviser en deux une ruche forte, partager la cire, le miel, les abeilles et le couvain en deux portions égales, et si bien disposer toutes choses que chaque division devienne une bonne ruche. Ce qui doit particulièrement exciter notre surprise, c'est qu'au moyen de ces diverses opérations on force les abeilles à élever de nouvelles reines, afin que chaque établissement ait désormais la sienne.

II.

L'honneur de cette belle découverte est assez généralement attribué à Schirahc, pasteur à Kleinbeautzen et secrétaire de la société économique pour la culture des mouches à miel dans la Haute-Lusace. Il savait que, dans certaines circonstances, les abeilles ont la faculté de se donner une reine nouvelle en remplacement de celle qu'elles ont perdue ou qu'on leur a ravie. Fort de ce principe, il imagina de faire des ruches avec un râteau intérieur auquel il attacha des rayons garnis de jeune couvain, en plaçant sur ce même râteau de gros rayons de miel. Puis il introduisit dans ces ruches un certain nombre d'ouvrières qu'il y tint prisonnières pendant quelques jours. Dans leur captivité, ces mouches élevèrent de jeunes reines, et les essaims, ainsi constitués, ne tardèrent pas à devenir de bonnes ruches.

Schirahc nous assure que pendant une longue suite d'années il ne posséda que des essaims formés de cette manière, et que ses abeilles furent toujours dans un état de prospérité complète. Il va même plus loin et ne craint pas d'affirmer qu'il préfère les essaims artificiels à tous les autres.

III.

Dès que ses expériences furent connues, elles firent grand bruit dans le monde savant ; les amateurs des abeilles les répétèrent à l'envi, et on fit bientôt de tous côtés des essaims suivant sa pratique. Mais beaucoup de personnes cherchèrent à l'améliorer, soit parce qu'elle leur paraissait trop compliquée, soit parce qu'elle était nuisible à la prospérité des ruches-mères, qu'il fallait écharper pour se procurer de gros rayons de miel et de grands pans de gâteaux pleins de couvain.

Parmi ces personnes figure au premier rang M. Ducarne de Blangis, qui travailla avec un zèle louable, avec une activité et une constance admirables, à simplifier ou perfectionner les procédés de Schirahc, et qui y réussit jusqu'à un certain point. Mais les travaux et les succès de ces amateurs n'ont pas eu de grands résultats, car depuis long-temps déjà on ne fait plus d'essaims artificiels d'après leur système, et tout le mérite qui leur reste est d'avoir aidé à faire mieux.

IV.

M. Gelieu, pasteur à Lignières, inventa une autre manière : il fit des ruches composées de deux boîtes égales, unies collatéralement, communiquant ensemble par des ouvertures ou passages, et pouvant se séparer facilement l'une de l'autre. Il logea des abeilles dans ces ruches ; puis, lorsque les deux boîtes furent pleines, il les sépara et ajouta à chacune une boîte vide. Une des deux se trouva ainsi nécessairement sans mère-abeille ; mais les ouvrières travaillèrent d'abord à s'en donner une, et les deux divisions devinrent bientôt deux bonnes ruches.

Ce procédé est aussi ingénieux que simple, mais il offre des inconvénients. Un des principaux tient à ce que les abeilles ne travaillent pas toujours dans les deux boîtes : souvent elles ne veulent en occuper qu'une ; puis la fantaisie les prend d'essaimer naturellement sans avoir mis le pied dans l'autre. Ainsi celui qui adoptera des ruches dans cette forme pour faire lui-même ses essaims sera bientôt tenté de les abandonner.

V.

D'autres amateurs ont obtenu des essaims artificiels en se servant de ruches à hausses qu'ils partageaient avec un fil de fer. Ils ont vanté leur méthode par dessus tout, mais elle a bien aussi ses inconvénients, car elle fait périr beaucoup de couvain et elle donne trop de force à l'enfant au préjudice de la mère.

VI.

Enfin M. Lombard (j'abrège pour épargner au lecteur le détail d'essais puérils ou ridicules), M. Lombard, profitant des fautes comme des lumières et des succès de ses devanciers, est venu nous enseigner à son tour à faire artificiellement des essaims avec sa ruche villageoise. Son procédé est si simple et si facile qu'il devient un amusement de quelques minutes ; et il se rapproche tellement de la nature, qu'après l'opération, la mère et l'enfant se trouvent dans le même état que si les abeilles avaient essaimé naturellement. Il consiste à enlever le chapiteau d'une ruche forte, à placer sur elle une ruche vide, et à introduire l'enfumoir au-dessous. Alors on voit monter la mère-abeille dans la ruche vide, les ouvrières la suivent en foule et se groupent en essaim autour d'elle ; et quand on trouve l'essaim assez fort, on le transporte à quelques pas. La ruche-mère, débarrassée de l'enfumoir, s'occupe de suite d'élever des reines, et tout se passe comme si elle avait essaimé naturellement ; c'est-à-dire que l'essaim travaille avec ardeur, et que la ruche donnera encore des jets secondaires au moment de la naissance des jeunes reines, si la miélée la favorise.

VII.

Est-il avantageux de faire des essaims artificiels? Cette pratique me paraît excellente dans un cas particulier que je ferai connaître, et qui se présente très fréquemment pendant les années fertiles.

Durant l'espace de six ans, j'ai retiré des essaims artificiels de douze ruches qui se trouvaient dans ce cas ; tous ont prospéré ; les ruches-mères ont ensuite jeté naturellement quatorze jours après ; et à la fin de la saison, elles étaient en bon état. Or, comme elles n'auraient pas essaimé sans mon intervention, j'en conclus que j'aurais été privé d'un bénéfice considérable si je les avais livrées à elles-mêmes, et que dans cette situation il est très avantageux de faire des essaims artificiels.

Voici quel est ce cas particulier.

VIII.

Il existe un phénomène qui a fait écrire bien des pages inutiles. Dans les années fertiles, et dans tous les ruchers un peu importants, on voit un certain nombre de ruches, les plus belles, les plus fortes, les plus capables d'essaimer, qui ne donnent aucun essaim, tandis que les ruches médiocres en produisent au contraire beaucoup. Cette bizarrerie étonne les propriétaires d'abeilles et trompe leur espoir. Quant à moi, j'en ai cherché la cause, et voici ce que je crois avoir reconnu.

Chaque année, toutes les ruches bien constituées veulent essaimer : pour y parvenir, elles s'empressent de grossir leur population et de reproduire les différentes espèces de mouches. Mais le temps où chacune d'elles peut essaimer naturellement est très borné, car il ne dure guère que trois semaines. Toutes ne parviennent pas à ce point simultanément ; elles n'y arrivent que les unes après les autres, selon qu'elles sont plus ou moins fortes. D'après cela, les plus belles atteignent le terme de leur essaimage long-temps avant leurs sœurs ; mais si la miélée n'est pas encore alors répandue sur les fleurs, elles n'essaiment pas ; et plus tard, quand la miélée vient, elles ont dépassé leur terme, parce que la mère-abeille, qui a été de nouveau fécondée, a recommencé sa ponte et ne laisse plus élever aucun ver royal. Il faut donc que l'art vienne à leur secours, et je conseille aux propriétaires de tirer des essaims artificiels, dans les bonnes années, de toutes les belles ruches qui ont visiblement dépassé l'époque de leur essaimage naturel.

IX.

Mais si je considère cette invention comme pratique générale, elle ne me paraît pas aussi utile qu'admirable. En effet, ou vos ruches essaiment naturellement, ou elles n'essaiment pas. Dans le premier cas, quel besoin avez-vous de prévenir ou de contrarier la nature ? Connaîtrez-vous mieux que les abeilles le moment favorable ? Jugerez-vous mieux qu'elles si la miélée est abondante ? Ferez-vous mieux le partage de la famille entre les deux établissements ?

Dans le second cas, il y aura témérité à faire des essaims artificiels, et vous risquerez de perdre tout à la fois les mères et les enfants que vous arracherez de leurs entrailles ; car si vos ruches ne donnent rien ou donnent très peu, c'est une preuve certaine qu'il n'y a pas ou qu'il y a fort peu de miélée.

Direz-vous que vous voulez faire vous-même vos essaims, soit pour n'avoir pas la peine de les surveiller à leur sortie en les laissant abandonnés à la nature, soit pour éviter que vos souches s'épuisent par trop de jets naturels ? Ce système a été prôné fort sérieusement par bien des auteurs ; mais si vous le suivez, vous serez trompé dans votre attente, comme ils l'ont été eux-mêmes. Je peux affirmer en effet que toutes les ruches dont j'ai tiré des essaims artificiels m'ont donné des essaims naturels secondaires après mon opération : je n'ai donc pas été dispensé de veiller, et les ruches sur lesquelles j'avais opéré étaient exposées à s'épuiser, comme celles qui essaiment naturellement.

X.

Quant aux procédés pour retirer un essaim d'une ruche lombarde ou villageoise, ils sont, comme je l'ai déjà dit, très simples et très faciles. On prépare 1° une ruche vide, dont on enlève le chapiteau ; 2° un fil d'archal ; 3° une chaise qu'on couche par terre ; 4° un torchon ou autre linge pour servir au besoin ; 5° enfin le poële ou enfumoir qu'on a eu soin d'allumer.

On sépare avec le fil d'archal le chapiteau de la ruche dont on veut retirer l'essaim ; on place cette ruche dans sa position naturelle sur les traverses de la chaise couchée ; la ruche vide est mise à son tour sur celle qui est pleine, mais renversée de haut en bas : ces deux ruches étant faites sur le même modèle, il y a lieu de penser qu'elles s'adapteront parfaitement l'une à l'autre. S'il en était autrement, on les ceindrait du torchon à leur point de jonction, en les serrant un peu pour que les abeilles ne puissent passer entre elles (cette précaution est essentielle). Puis on introduit l'enfumoir sous la ruche pleine, en ayant soin de le retirer par intervalles, de peur d'asphyxier les mouches. La ruche vide étant renversée et tout ouverte, on a le plaisir de voir les abeilles, souvent même la mère, passer de la première dans la seconde ; et chose étrange, quoique rien ne les force à rester dans cette dernière, elles n'en sortent point. La mère se cramponne à la paroi intérieure, toutes les ouvrières la couvrent de leurs corps, elles se groupent autour d'elle ou sur elle, et forment ainsi un essaim dans l'intérieur de la nouvelle ruche.

Quand on voit que l'essaim est assez fort, on sépare les deux ruches, on leur rend leurs chapiteaux, on remet la ruche-mère à sa place, et on porte l'essaim à quelque distance.

On peut opérer de la même manière sur les ruches à hausses, et sur toutes celles qui sont de plusieurs pièces.

SOINS A DONNER AUX RUCHES.

I.

Vers la fin du mois d'octobre, c'est-à-dire à l'époque de l'année où le bon père de famille considère avec sollicitude ses enfants encore vêtus à la légère, et s'occupe des moyens de les préserver des rigueurs de la saison qui s'avance à grands pas, vos jeunes essaims exigent de votre part la même sollicitude et les mêmes soins. Hâtez-vous donc de les couvrir de bons manteaux de fougère ou de paille, afin de les garantir pendant l'hiver des injures du temps.

Visitez aussi les capes ou manteaux de vos ruches-mères, et si vous en trouvez qui soient usés ou pourris, ne négligez pas de les renouveler. Cela est absolument nécessaire pour conserver vos abeilles ; car si l'eau pénétrait dans l'intérieur d'une ruche, elle y occasionnerait infailliblement un grand désordre, des maladies, et peut-être la mort de toute la famille.

II.

Il est une autre précaution bien simple, et cependant bien intéressante, qu'on ne doit pas négliger. Elle consiste à niveler le sol du rucher de manière à ce que les eaux pluviales ne puissent jamais couler sous les ruches, même sous celles qui ont un siége pour base. L'expérience démontre en effet que si l'eau y pénètre, et surtout si elle y séjourne, elle y occasionne un froid nuisible, une humidité qui engendre la moisissure des gâteaux, et une odeur fétide qui est insupportable aux abeilles.

III.

En habillant les ruches, il n'est pas inutile d'en visiter l'intérieur, pour reconnaître s'il y en a quelqu'une sans mère. La saison est trop avancée pour qu'il leur soit possible de se donner une nouvelle reine en remplacement de celle qu'elles ont perdue ; tenez pour certain qu'elles sont sans aucune ressource, et qu'il n'y a rien à en espérer : attendez-vous même à les voir piller par les mouches des autres ruches au premier jour de beau temps, si vous les laissez à leur place.

Il est donc de votre intérêt d'étouffer sans délai ces pauvres orphelines, afin de prévenir le pillage et de jouir de leur succession tout entière, qui peut être assez intéressante pour le moment, et qui se réduirait plus tard à un peu de cire.

IV.

Quoique le soleil ne soit pas encore entré dans le signe du capricorne, l'hiver est déjà commencé pour les abeilles. La campagne, sans fleurs comme sans fruits, n'offre plus aucun aliment à leur activité ; tous les travaux sont terminés pour l'année ; elles vont maintenant se reposer de leurs fatigues et dormir pendant la saison des frimas : c'est à vous à veiller pour leur conservation.

V.

Les mulots, les souris, les musaraignes, et toute l'engeance des rats, sont les ennemis les plus dangereux des abeilles dans le courant de l'hiver. Pendant les beaux jours, ils se gardent bien de les approcher de trop près, car ils seraient punis de leur témérité. Mais quand les froids sont venus, lorsqu'elles abandonnent les extrémités de leur maison, pour se réunir au centre et se presser fortement les unes contre les autres, afin de se réchauffer et de braver les plus rudes hivers, les rats y entrent tranquillement, parcourent sans crainte les parties abandonnées, mangent le miel dont ils sont très friands, percent de gros trous à travers les rayons, quelquefois même à travers les ruches, et occasionnent ainsi des ravages considérables. Ils attaquent particulièrement les jeunes essaims, dont le miel est plus frais et la cire plus tendre ; et si ces essaims sont faibles, le mal qu'ils leur font devient trop souvent irréparable.

Il est donc de votre intérêt, si vous voulez conserver vos mouches, de déclarer aux rats une guerre à mort pendant l'hiver, à moins d'avoir des ruches telles que ces animaux ne puissent ni y pénétrer, ni les percer. Cela est d'autant plus nécessaire qu'ils se réunissent ordinairement en très grand nombre, pendant la saison rigoureuse, dans les ruchers, où les manteaux de paille et de fougère leur offrent un asile commode.

VI.

Je n'indiquerai pas ici les moyens de détruire les rats : chacun doit avoir le sien. Je me contenterai de dire que les gros se fixent rarement dans les ruchers, et qu'il est très facile de se défaire promptement des petits, soit en les empoisonnant, soit en leur tendant des piéges. Accoutumés à vivre sans crainte et sans méfiance, ils tombent dans toutes les embûches qu'on leur dresse.

Dans une circonstance, je leur tendis deux souricières avec des quartiers de noix ; et malgré la glace qui empêchait quelquefois mes engins de fonctionner, douze nuits suffirent pour détruire les souris, qui étaient au nombre de dix-neuf. Lorsque j'en eus fini avec elles, je commençai sans m'en douter une singulière chasse que je raconterai en passant.

VII.

La treizième nuit, en effet, les souricières restèrent tendues. Mais le matin, des mésanges, habituées à chercher dans le rucher les mouches mortes, vinrent rôder autour des ruches ; deux d'entre elles pénétrèrent dans mes souricières et s'y constituèrent prisonnières. Depuis ce moment, je pris ainsi une trentaine de ces oiseaux nuisibles, tant de la grosse que de la petite espèce ; et pendant un mois que dura cette chasse, elle fut pour moi le sujet d'une véritable récréation.

VIII.

Je disais tout-à-l'heure que les abeilles vont dormir. Il serait bien à souhaiter, en effet, qu'elles dormissent pendant tout l'hiver ; mais il n'en sera pas ainsi. Dans notre climat tempéré, le froid n'est jamais constant ; il est interrompu par des jours doux et presque chauds. Dans ces beaux jours d'hiver, nos mouches s'éveilleront, elles sortiront en foule, soit pour respirer au grand air, soit pour se vider, soit par un effet de leur activité naturelle : ne trouvant aucune fleur, elles se joueront long-temps en voltigeant autour du rucher ; et à leur rentrée, elles consommeront beaucoup plus de provisions que si elles n'étaient pas sorties.

Mais ce surcroît de dépense n'est pas le plus grand mal. Si, au moment où les abeilles voltigent dans les airs, un nuage épais couvre tout-à-coup le soleil, ou si un vent du nord survient inopinément, elles tombent engourdies par le froid et elles ne rentrent plus. C'est surtout pendant la fonte des neiges qu'elles périssent en plus grand nombre. Le temps s'est radouci, la blancheur de la neige réfléchit dans les ruches les rayons du soleil et augmente considérablement l'éclat de la lumière ; tout invite les abeilles à prendre leur essor. Mais, hélas ! elles seront bientôt punies de leur témérité : la plupart tomberont dans la neige et y périront sans pouvoir se relever. Réunies dans les ruches, elles résistent aux plus grands froids, non-seulement dans nos climats, mais jusqu'au fond de la Norwège et de la Sibérie ; isolées au contraire, elles sont très sensibles à la rigueur de la température, et d'abord paralysées par le froid, elles sont perdues sans retour.

IX.

Pour remédier à ces inconvénients, des cultivateurs ont imaginé de retenir les abeilles captives, en fermant l'entrée des ruches avec des grillages étroits ; mais leurs mouches se sont tellement agitées qu'ils ont été forcés, pour ne pas les perdre, de leur rendre la liberté.

D'autres ont enfermé leurs ruches dans des chambres noires ; mais les abeilles de celles qui étaient fortes et populeuses se sont agitées dans les ténèbres, un grand nombre ont péri, leurs cadavres ont obstrué les conduits de l'air, et de là bien des désordres. Les mouches des ruches faibles ont été tranquilles ; mais l'air d'une chambre obscure et toujours fermée ne se renouvelle pas, les ruches placées dans cette chambre doivent nécessairement en souffrir ; et de là encore des inconvénients bien sérieux, tels que la moisissure des gâteaux et une infection aussi nuisible qu'insupportable.

X.

Quel parti prendrons-nous donc ? celui de laisser nos abeilles exposées au grand air et à toutes les variations du froid ou de la chaleur. Mais pour diminuer autant que possible un mal inévitable, nous ferons en sorte que la lumière et l'air ne pénètrent pas aussi facilement dans nos ruches, et nous les retournerons de devant derrière, ainsi que leurs manteaux, de manière à ce que la porte soit du côté opposé aux rayons du soleil et au grand jour.

Par ce moyen bien simple, nos abeilles sortiront en plus petit nombre, et seulement lorsque le temps sera très doux, c'est-à-dire quand il n'y aura aucun danger pour elles. Au retour de la belle saison, nous aurons la satisfaction de retrouver la population de nos ruches moins affaiblie, tout en gardant l'espoir de succès plus précoces et plus étendus. C'est ainsi que de petites causes produisent des effets importants, et que de grands avantages résulteront de quelques précautions minutieuses en apparence.

XI.

C'est surtout quand les abeilles souffrent et sont réduites à la misère pendant les mauvais jours de l'hiver, qu'on doit en prendre un soin tout particulier. En sauvant une ruche on en sauve plusieurs, quelquefois même un rucher considérable qu'elle repeuplera au retour de la belle saison.

J'ai eu récemment l'occasion de voir des ruches atteintes de la maladie la plus funeste, et qui n'épargne rien lorsqu'elle est générale : on la connaît sous le nom de *faux couvain*. Voici en quoi elle consiste :

Quand les abeilles ont été contrariées dans leurs travaux pendant l'été, elles élèvent beaucoup de couvain dans la dernière saison. Si à cette époque il survient un changement de temps, la couvée périt, se pourrit, et occasionne une infection horrible que les mouches ne supportent pas. D'abord elles scellent les alvéoles qui renferment les vers morts ; puis elles se retirent au sommet de la ruche, abandonnant le bas et le centre qui ne tardent pas à se moisir ; enfin elles désertent pour aller se faire égorger à la ruche voisine, où elles occasionnent de grands désordres.

XII.

On reconnaîtra qu'une ruche est atteinte de cette peste lorsqu'on verra que les rayons du bas sont moisis ; lorsqu'on apercevra dans ceux du centre beaucoup d'alvéoles fermés, comme si les abeilles élevaient en ce moment une nombreuse couvée ; enfin lorsque toutes les mouches se seront retranchées au faîte de leur maison.

Pour mieux s'assurer de l'existence du mal, il suffit d'ouvrir et d'écraser du bout du doigt quelques-unes de ces cellules fermées. Si on n'y trouve point de vers, et s'il en sort une pourriture infecte, ce sera une preuve infaillible que la maladie existe.

XIII.

Le seul remède que je connaisse pour guérir une ruche atteinte de ce fléau, c'est de la tailler promptement, et d'en retirer tous les gâteaux ou rayons moisis ou infects et tous ceux qui possèdent des cellules fermées, à moins qu'elles ne renferment du miel, auquel cas il faut bien se garder de toucher à ces dernières.

Pour faire cette triste opération, on doit choisir le milieu d'une journée tempérée, où les mouches puissent sortir et voler sans être paralysées par le froid.

Il ne faut pas balancer de recourir de suite au remède que j'indique, si le mal paraît grand : mais au cœur de l'hiver, il importe de ne pas fatiguer les abeilles sans une nécessité pressante, par exemple s'il n'y a qu'un peu de moisissure au bas des rayons, et si on n'aperçoit qu'un petit nombre de cellules fermées dans le milieu. On peut espérer alors que les abeilles résisteront jusqu'au retour du printemps, sauf à devancer un peu l'époque de la taille, ou, comme on dit vulgairement, de la tonte des ruches.

DES RUCHERS AMBULANTS.

I.

Puisque je viens de parler des soins à donner aux ruches, c'est le cas de raconter ici une anecdote qui se rattache à ce sujet d'une manière intime. Le fait paraîtra peut-être assez intéressant pour me faire pardonner cette petite digression.

Depuis long-temps déjà j'avais mis dans mes projets d'aller étudier l'éducation des abeilles chez un de mes amis qui habitait près de Châtillon-sur-Loing, dans le département du Loiret, et qui obtenait presque tous les ans des succès merveilleux. Je voulais me rendre un peu compte par moi-même des moyens qu'il employait, et qu'il m'avait promis de me révéler si j'allais le voir. L'amitié dévouée que nous avions l'un pour l'autre aurait suffi, j'aime à le croire, pour me déterminer à faire le voyage ; mais je dois avouer aussi que je m'étais laissé séduire par sa promesse de m'enseigner un secret d'apiculture important ; et je partis dans l'espoir d'apprendre quelque pratique utile dont il me serait permis peut-être de doter les Landes à mon retour. C'était en mai 1824 : la nature semblait renaître sous les premiers rayons du soleil, la campagne se couvrait de fleurs ; tout se réunissait pour me faire espérer un temps aussi favorable à mon voyage qu'au début des mouches à miel dans leurs travaux.

J'arrivai le soir ; il était trop tard pour aller visiter les ruches, nous nous mîmes à causer, et la conversation ne tarda pas à tomber sur les abeilles.

II.

Vous voulez donc, me dit mon hôte en me tendant la main, vous voulez donc que je vous livre mon secret ? Je suis prêt à le faire, mais il faut pour cela que

vous me donniez au moins quinze jours, pendant lesquels nous vivrons tout-à-fait en compagnie de mes
mouches.

Voilà, lui répondis-je, une condition nouvelle à laquelle je ne m'attendais point : ce n'est pas bien à
vous de me l'imposer ainsi à brûle-pourpoint ; mais j'y
souscris sans hésiter, parce que mon cœur y trouvera
comme le vôtre de douces compensations. Je séjour-
nerai donc avec vous pendant une quinzaine. Au reste,
les abeilles ne me font pas peur ; je suis une de leurs
vieilles connaissances, et je suis tout disposé à élire
domicile avec vous au milieu de votre rucher pour les
deux semaines que nous allons passer ensemble.

C'est bien, reprit-il, dès demain nous y prendrons
gîte, ou pour mieux dire, c'est le rucher qui nous suivra. Vous autres, Landais, vous attendez que les fleurs
viennent s'épanouir en abondance à côté de vos ruches ; moi, je vais les chercher partout où elles sont :
c'est là tout mon secret ; je conduis mes abeilles à la
promenade.

Vous moquez-vous de moi, m'écriai-je ?

Pas le moins du monde ; continua-t-il avec calme ;
c'est très sérieusement que je parle, et je vais donner
mes ordres pour le départ. Demain matin au point du
jour, tant que mes mouches seront encore un peu engourdies par la fraîcheur de la nuit, vous viendrez les visiter
pour vous rendre compte de leur état, puis nous nous
mettrons en route avec elles pour Orléans ; le moment
ne pourrait être plus opportun, les sainfoins sont en
pleine floraison, ils abondent dans l'Orléanais ; et s'il
plaît à Dieu, nous reviendrons en ramenant au rucher
toutes mes ruches-mères considérablement engrais-
sées, et de vigoureux essaims qui en auront à peu près
doublé le nombre.

J'éclatai de rire en l'écoutant. Mais lui, sans s'émou-
voir, se leva et agita la sonnette pour appeler un
domestique. Jean, lui dit-il, conduisez monsieur dans
son appartement ; puis vous irez au port commander
le bateau des abeilles, c'est demain que je pars avec
elles pour Orléans ; veillez à ce que j'aie du monde
pour les embarquer, et faites mettre à bord mes quatre
plus beaux orangers. Quant à vous, mon bon ami, reprit-il, allez prendre un peu de repos, vous en avez

besoin ; n'oubliez pas d'ailleurs que nous devons être plus vaillants que l'aurore. Afin d'attirer les bénédictions du ciel sur notre voyage, vous serez assez aimable pour nous dire la messe avant le jour dans ma chapelle ; et ce désir que j'exprime suffira, je pense, pour vous prouver tout ce qu'il y a de sérieux dans mes paroles.

Il ne faut rien moins que cela pour me convaincre, lui répondis-je en lui tendant la main à mon tour ; et si je ne savais que vous respectez trop la religion pour la mêler à des plaisanteries, je serais encore incrédule. Adieu, pardonnez-moi d'avoir cru un instant que vous vouliez rire : la confidence que vous venez de me faire ne me laissera guère dormir cette nuit ; mais si mon esprit veille, mon corps se reposera, et je serai à vous avant l'aurore.

Je pris ma bougie, et je gagnai mon appartement sur les pas du domestique.

III.

Ah ! me dit celui-ci tout en cheminant dans un vaste corridor, monsieur ne voulait donc pas croire que mon maître fait voyager ses abeilles pour les engraisser ! Il faut que cela soit bien extraordinaire sans doute, car tout le monde s'en étonne ailleurs que dans notre pays, où cette pratique commence à trouver des imitateurs. La première fois que nous conduisîmes ainsi les mouches au pâturage dans les sainfoins de l'Orléanais, on se moqua de nous, on nous traita de fous, on nous eût volontiers envoyés à Charenton ; et quand nous revînmes avec nos ruches doublées par un essaimage abondant, les voisins croyaient que nous en avions acheté en route pour les tromper. Mais aujourd'hui, on a fini par comprendre ce qu'il y a d'important dans cette découverte, et chacun se dispose à la mettre à profit.

Il bavarda sur ce ton pendant quelques instants, s'associant aux gloires de mon ami dont il chantait les louanges ; et quand je restai seul dans ma chambre où nous venions d'entrer, onze heures sonnèrent à la pendule qui ornait la cheminée.

IV.

Il était trop tard pour songer à goûter complètement
les douceurs du repos, et après une courte prière, je
me jetai tout habillé sur mon lit. J'aurais fait de vains
efforts pour provoquer le sommeil; mon esprit, assiégé
par la conversation du soir, se représentait déjà le
singulier spectacle auquel je devais assister le lendemain, et la nuit s'écoula prompte et rapide comme le
vol même des abeilles que je ne cessai pas un seul instant de contempler dans ma pensée. Aussi quand mon
ami vint frapper à ma porte, vers trois heures du matin, pour m'appeler au rendez-vous, il me trouva debout. Nous descendîmes à la chapelle, où j'offris le
saint-sacrifice, et l'aube commençait à peine à paraître
lorsque nous partîmes pour nous rendre au rucher.
Nous y arrivâmes avec les premiers rayons du soleil
levant, et je me mis aussitôt en devoir de visiter les
ruches, qui étaient au nombre de soixante-deux.

La plupart se trouvaient dans un état assez médiocre ; leur existence ne paraissait pas compromise, mais
on voyait qu'elles commençaient à peine à se refaire
des souffrances de l'hiver ; le seul signe probable d'un
essaimage prochain qu'il me fut possible d'y reconnaître consistait dans la présence des cellules royales, au
fond du calice desquelles se tenait un ver blanc environné de nourriture : et il y avait cent à parier contre
un que les essaims à naître seraient faibles comme
leurs mères.

Au fur et à mesure que j'avais examiné chaque ruche, un homme la prenait, la plaçait dans sa position
naturelle sur un linge étendu par terre dont il relevait
aussitôt les bords ; et toute ouverture se trouvant
ainsi interceptée, il la chargeait sur ses épaules pour
l'emporter au bateau sans perdre une seule mouche,
car le temps n'était pas encore assez chaud pour leur
avoir permis de sortir avant l'opération. A six heures
tout était fini, il ne restait plus une seule ruche à enlever, et nous suivîmes la dernière sur les pas de celui
qui la portait.

V.

Trente minutes nous suffirent pour nous rendre au canal de Briare, où nous attendait déjà notre rucher flottant.

Je renonce à peindre le sentiment que j'éprouvai en apercevant les ruches symétriquement arrangées dans le bateau, sous le bosquet improvisé des quatre magnifiques orangers qu'on avait répartis dans leurs rangs. Il y avait là quelque chose que je voyais parfaitement, mais dont je sentais bien que je n'avais pas conscience ; et je restai silencieux devant ce tableau, plongé dans une admiration dont ne purent pas me distraire les derniers apprêts du départ.

Mon ami s'en aperçut : mais loin de troubler ce recueillement muet, soit parce qu'il y trouvait le petit plaisir d'une innocente vengeance contre mon incrédulité de la veille, soit parce qu'il avait besoin d'être un peu partout pour faire exécuter ses ordres, il me laissa long-temps seul sur la rive où je m'étais assis. Puis quand il eut fini de faire embarquer des ruches vides destinées à recueillir les nouveaux essaims qu'il se promettait pendant la route, et amarré de sa propre main à l'avant du bateau des abeilles une embarcation charmante où nous devions prendre place pour les remorquer à la rame avec deux matelots, il revint à moi tout joyeux. Eh ! bien, mon beau rêveur, me dit-il en me frappant légèrement sur l'épaule, n'est-ce pas assez de méditations comme cela à propos d'un fait qui est désormais du ressort des yeux ? Voudriez-vous par hasard rester là jusqu'au soir en contemplation ? Venez, tout est prêt maintenant, nos mouches n'attendent plus que nous pour partir.

Je me levai pour le suivre ; et je m'assis bientôt avec lui sous la tente gracieuse du bateau remorqueur, et les rames nous entraînèrent mollement vers la Loire.

VI.

Il était alors neuf heures, le soleil commençait à réchauffer l'horizon, les abeilles, rendues à la liberté, s'agitaient dans l'espace sans s'inquiéter de la marche des ruches qu'elles suivaient en voltigeant à l'entour, et, dans leurs rapides évolutions, quelques-unes venaient déjà bourdonner trop près de nos oreilles. Mais je ne m'en apercevais pas, car j'étais retombé dans ma contemplation, et mon impassibilité pouvait à la rigueur passer pour du courage.

Décidément, me dit mon compagnon, je vois que vous n'avez pas peur des mouches à miel. Mais croyez-le bien, toute votre bravoure ne les empêcherait pas de nous maltraiter, et il s'en va temps de nous soustraire à leurs piqûres, car depuis une heure que nous naviguons, la chaleur a doublé leurs forces. D'ailleurs, nous arrivons dans quelques minutes au pays des sainfoins ; leur mouvement de va-et-vient du bateau à la rive ne tardera point à s'établir dans des proportions dont vous n'avez peut-être pas d'idée, et le moment est venu d'envelopper nos têtes d'un capuchon qu'il faudra garder jusqu'à la fraîcheur du soir. Mais avant tout nous allons nous faire déposer un instant sur la berge pour déjeuner avec tranquillité loin de leurs atteintes ; et si vous voulez bien, nous nous masquerons aussitôt après pour reprendre notre course nautique.

J'acceptai sa proposition, car pendant tout ce jour-là, je me laissai diriger comme un enfant. Les matelots nous mirent à terre, et lorsque, après avoir jeté l'ancre, ils descendirent avec nous pour prendre part au repas, je remarquai pour la première fois leur costume, qui d'abord ne m'avait pas frappé. C'était une blouse de grosse toile nouée autour du corps par une ceinture, et munie soit de longues manches auxquelles des gants se trouvaient cousus par le bout, soit d'un capuchon dont l'ouverture, fermée sur le devant de la figure par un petit grillage à mailles très étroites, ne laissait pénétrer que l'air et la lumière. Quant aux jambes, elles étaient garanties par des guêtres boutonnées jusqu'au genou par-dessus le pantalon. Ainsi vêtu, la bravoure au milieu des abeilles devenait chose facile, puisqu'on était complètement à l'abri de leurs aiguillons.

VII.

Ce petit spécimen de l'accoutrement qui m'était destiné fut l'objet de bien des plaisanteries pendant notre déjeuner champêtre : mais je l'endossai bravement avec toute l'ardeur d'un néophyte, et si je n'avais eu mon bréviaire sous le bras, personne ne serait parvenu à deviner un prêtre sous un aussi étrange déguisement.

Quand mon ami eut revêtu comme moi le burlesque uniforme qu'il avait inventé, nous reprîmes tous notre place sous la tente flottante, et le voyage suivit son cours sans que nous eussions à redouter désormais le voisinage de nos mouches.

Deux heures à peine suffirent pour nous conduire au milieu des prairies de sainfoin qui fleurissaient les rives du canal; puis le bateau ralentit sa marche pour laisser aux abeilles le temps de butiner dans cette ample moisson de fleurs.

VIII.

Ici les mots me manquent pour reproduire d'une manière exacte le spectacle dont je fus le témoin. Que votre imagination vienne donc au secours de ma plume. Figurez-vous des millions d'abeilles s'élançant à flots pressés de la nacelle qui portait leurs maisons, allant et venant sans cesse des ruches à la rive ou de la rive aux ruches, un ébranlement général et continuel de la population de tout le rucher dans les airs, chaque mouche retrouvant son domicile qui fuyait constamment devant elle au bruit monotone des rames, et dans cet immense pêle-mêle aérien, la nature poursuivant son œuvre mystérieuse sans la moindre confusion sous le regard de Dieu ; puis le soir tout rentrant dans le calme pour le repos de la nuit.

Explique qui pourra ce singulier phénomène, auquel je ne voulais pas croire la veille, et que je ne croirais peut-être même pas encore s'il ne m'avait pas été donné de le voir de mes propres yeux.

La journée avait suffi pour me convaincre, et malgré l'incommodité d'un voyage fait dans de pareilles conditions, le temps m'avait paru bien court. Aussi, quand nous arrivâmes à Briare dans la soirée, à peine eûmes-nous touché terre pour aller prendre gîte dans une modeste auberge, j'exprimai mon impatience d'être au lendemain pour revoir, sur les flots de la Loire, où nous allions entrer en quittant le canal, le spectacle qui m'avait ravi tout le jour. Mais je comptais sans mon ami, qui, tout en soignant ses abeilles, voyageait en touriste, et qui me dit aussitôt : Non, non, ce que vous avez vu aujourd'hui, vous aurez occasion de le revoir assez souvent avant notre retour. Nous sommes dans un pays riche de souvenirs historiques, laissez-moi être votre cicérone au milieu d'eux pendant trois jours : d'ailleurs, dans les conditions où nous voyageons en bateau, la navigation de la haute Loire n'offre pas de grands attraits, il vaut mieux que nous visitions les bords du fleuve. Croyez-moi, mes abeilles ne commencent guère jamais à essaimer que la cinquième journée après le départ ; c'est alors que nous irons les rejoindre, nous n'en aurons plus que pour vingt-quatre heures à descendre la Loire ; et comme elles seront en plein essaimage, nous serons trop occupés nous-mêmes pour pouvoir trouver le temps long.

Cette proposition ne me souriait guère, mais je craignais de le contrarier en lui résistant ; je m'inclinai donc une fois de plus devant sa volonté, et le lendemain je vis à mon grand regret le rucher s'éloigner sans nous sur les ondes.

IX.

Je ne parlerai pas des trois jours qui suivirent, et pendant lesquels nous visitâmes les curiosités des deux rives jusqu'à Orléans ; j'ai hâte d'arriver au cinquième ; c'était toute mon espérance, ce fut toute ma joie. Nous remontâmes la Loire jusqu'à Châteauneuf, où nos mouches nous attendaient dans leur bateau qui se laissait aller tranquillement au courant. Elles avaient dépassé les prévisions de leur maître, car nous vîmes de loin un de nos matelots occupé à recueillir un essaim aux branches d'un oranger : cet essaim n'était pas le premier ; en approchant, nous en comptâmes dix symétriquement alignés sur l'avant du rucher, et il nous fut facile de comprendre que nos ruches, ayant commencé à jeter dès la veille, se trouvaient déjà en plein essaimage. Nous reprîmes bien vite notre costume *ad hoc* que l'autre matelot nous lança sur la rive, et d'un bond je sautai dans l'embarcation, bien décidé à ne plus la quitter aussi étourdiment que nous l'avions fait.

Il eût été difficile de m'en arracher, car l'attrait que j'y trouvais était vraiment irrésistible. Pendant toute cette journée, les essaims se succédaient dans leur sortie avec une rapidité fabuleuse, et nous en recueillîmes vingt-un, tous beaux et vigoureux. C'était à n'avoir pas le temps de se reconnaître et à ne savoir où courir. Aussi fûmes-nous obligés bien souvent d'arrêter notre marche et de jeter l'ancre pendant de longues heures, car il y avait à bord de l'occupation pour quatre personnes auprès de nos abeilles, et la manœuvre du bateau devenait impossible. De là pour nous la nécessité de coucher à Jargeau, d'où nous repartîmes le lendemain pour descendre jusqu'à Checy.

Ce jour-là, comme la veille, l'essaimage se produisit dans des proportions énormes ; et le soir, avant de descendre à terre, nous eûmes le plaisir de compter en tout cinquante-sept essaims.

X.

Je n'en revenais pas de cette production si considérable et si rapide des ruches-mères, dont le nombre s'était ainsi presque doublé en bien peu de temps ; et comme je manifestais à mon ami tout mon étonnement, oh ! me dit-il, elle serait bien plus grande encore si nous ne nous empressions d'y mettre ordre. Il s'en va temps d'arrêter l'essaimage, car autrement mes abeilles s'épuiseraient ; et si vous le voulez bien, dès demain matin nous retournerons les ruches de devant derrière en les haussant sur de plus fortes cales. C'est un secret que vous m'avez enseigné vous-même, et qui m'a toujours parfaitement réussi. Mais non, continua-t-il, cette opération n'aurait rien de curieux pour vous, il vaut mieux la laisser faire par mes hommes et dormir un peu plus tard que de coutume, car dans l'état de fatigue où nous sommes, nous avons besoin de repos.

Cela dit, il donna ses ordres, et le lendemain, vers huit heures, quand nous entrâmes dans le canal de la Loire pour revenir à Châtillon-sur-Loing en passant par Montargis, toutes les ruches étaient retournées sur elles-mêmes, à l'exception des cinq retardataires qui n'avaient point encore essaimé, et qui ne jetèrent en effet que quarante-huit heures plus tard.

XI.

C'était le septième jour depuis notre départ, et pendant une huitaine que dura encore notre voyage désormais plus paisible, je fus témoin, comme au début, de l'infatigable activité des mouches à butiner au milieu des sainfoins des deux rives pour rapporter au bateau d'immenses provisions de miel. Le seul inconvénient que je remarquai, c'est que quelques-unes se noyaient dans les eaux quand le vent contrariait leur vol ; mais ces pertes, qui auraient pu devenir très considérables si le rucher avait séjourné constamment sur le fleuve ou sur le canal, n'étaient pas assez importantes pour pouvoir le compromettre d'une manière sérieuse pendant une quinzaine de jours.

XII.

Lorsque nous fûmes de retour à Châtillon-sur-Loing, où nous arrivâmes avant la nuit, je voulus m'assurer par moi-même de l'état des ruches, et j'assistai à leur débarquement, les examinant une à une avec la plus grande attention. Je fus frappé de leur prospérité incomparable que la grande floraison des tilleuls allait augmenter encore, et je partis le lendemain en remerciant mon ami de m'avoir initié à son secret, mais en emportant dans mon cœur le regret de n'avoir dans mon pays, à portée de mes abeilles, ni cours d'eau, ni prairies artificielles, pour y mettre en pratique l'ingénieux système des ruchers ambulants.

DES ENNEMIS DES ABEILLES.

I.

Les abeilles ont beaucoup d'ennemis : les uns cherchent à piller leurs richesses, les autres n'en veulent qu'à elles-mêmes, et tous leur font une guerre d'extermination. Nos mouches ne manquent pas de courage, et je n'aurai à signaler chez elles aucune lâcheté ; loin de là, elles sont toujours prêtes à se sacrifier pour le salut de la patrie : mais elles ne peuvent triompher contre des forces supérieures, ni repousser des ennemis qui les attaquent en se cachant, au milieu des ténèbres de la nuit, ou pendant les rigueurs de l'hiver.

II.

Parmi les ennemis des abeilles, un des plus nuisibles et dont on se défie le moins, c'est l'homme qui, par ses négligences coupables, par son avidité souvent démesurée, et par les mauvais procédés de culture qu'il adopte, ruine ses ruches au lieu de les faire prospérer. Il les regrettera plus tard, mais le mal sera sans remède.

III.

Je n'ai pas l'intention d'énumérer ici tous les ennemis des abeilles et de décrire tout le mal qu'ils leur font ; je ne dirai que ce que j'ai vu et observé moi-même. Ainsi, je ne parlerai pas des ours, si friands du miel, et qui forcent les Polonais à suspendre les ruches aux branches des arbres pour les garantir de la rapacité de ces animaux ; les abeilles de nos contrées n'ont rien à redouter de leur part.

Je ne parlerai pas non plus des renards et des blaireaux, qu'on dit être très nuisibles à nos mouches. On prétend qu'ils introduisent leur museau sous les ruches, qu'ils les renversent et qu'ils parviennent ensuite à les démolir. Quoique j'aie visité bien des ruchers dans ma vie, je n'ai jamais rien vu de semblable, et je me borne à conseiller à ceux qui redouteraient les attaques des renards ou des blaireaux de leur donner la chasse et de leur tendre des piéges.

Je ne reviendrai pas enfin sur ce que j'ai déjà dit des rats dans un article précédent : ce ne serait qu'une répétition inutile.

IV.

Ici on accuse la fouine, là le putois, de faire la guerre aux abeilles ; ailleurs on les accuse tous les deux. Je dois dire que, dans nos landes, je n'ai jamais vu par moi-même le plus petit désordre occasionné par ces animaux dans mes ruches ; cependant les paysans se plaignaient de leurs ravages sur les volailles, et on m'a montré une fois une fouine prise à un piége qui n'avait pas été tendu pour elle, à cent cinquante pas seulement d'un rucher auquel je donnais mes soins. Néanmoins, je ne puis m'empêcher de compter ces vilaines bêtes au nombre des ennemis des abeilles ; et voici pourquoi :

Le propriétaire d'un bien très rapproché de Bordeaux prit un nouveau jardinier, qui se réserva d'apporter avec lui douze ou quinze ruches qu'il possédait. Ces ruches furent déménagées pendant l'hiver et placées dans un petit jardin anglais. Quelques semaines après, le jardinier, apercevant sous l'une d'elles quelques gâteaux brisés, la visita et la trouva entièrement vide ; il en était de même d'une seconde, et une troisième commençait à être légèrement attaquée. Le mal continuant, je fus prié de me transporter sur les lieux, et voici quel fut le résultat de ma visite : je trouvai quatre ruches complètement démolies et une cinquième attaquée. L'animal malfaisant qui avait commis tout ce dégât avait gratté la terre pour s'introduire sous les ruches, puis brisé les gâteaux secs qui ne recèlent point de miel ; enfin, parvenu aux rayons, il les avait mangés avec voracité, avalant tout ensemble la cire, le miel et les abeilles

Je recherchai vainement les traces pour connaître le coupable, la terre était trop dure, il me fut impossible de me fixer ; mais je restai bien convaincu que le mal était fait par la fouine ou par le putois. Je conseillai au jardinier de se procurer un traquenard, ou de reporter le reste de ses abeilles dans leur ancien rucher. Le premier conseil fut suivi : deux fouines et trois putois furent pris dans l'espace de cinq nuits, et je n'entendis plus parler de nouveaux ravages chez mon pauvre apiculteur.

V.

Le crapaud épineux *(buffo spinosus)* est aussi un destructeur d'abeilles. Ce reptile ne paraît pas devoir être fort adroit pour faire bonne prise à la chasse ; mais je savais qu'il mange des insectes et qu'il en fait même sa nourriture habituelle pendant la belle saison. S'il ne peut prendre sa proie en sautant, il sait du moins aller la saisir pendant les ténèbres de la nuit, lorsqu'elle est plongée dans un profond sommeil.

J'ai promis de ne dire que ce que j'ai observé moi-même, et j'avoue que je n'ai jamais vu les crapauds manger les abeilles ; mais de ce que je vais raconter en toute vérité, j'espère qu'on conclura avec moi qu'il faut se méfier d'eux, et qu'il est prudent de leur déclarer une guerre d'extermination.

VI.

Dans nos landes, où les ruches reposent sur la terre nue, le crapaud pénètre facilement par-dessous ; là, et au centre même, il fait un trou, ou plutôt un nid, de la grandeur de son corps, dans lequel il reste immobile pendant le jour : le dessus de sa tête est si bien aligné avec la surface du sol, qu'il faut une attention toute particulière pour l'apercevoir. L'horreur que m'inspirent ces animaux me porta long-temps à détruire tous ceux que je trouvais ainsi sous mes ruches, sans remarquer le mal qu'ils font ou peuvent faire aux abeilles ; mais enfin la réflexion vint, et bientôt une occasion favorable se présenta.

Un jour j'aperçus sous une ruche un petit crapaud blotti dans son nid (jusqu'alors je n'y en avais jamais trouvé que de gros) : je feignis de ne pas le voir, afin de pouvoir mieux l'observer. Je lui fis de bien fréquentes visites, et toujours il était à son poste. Une seule chose me frappa sans retard, ce fut le progrès de sa taille, qui croissait d'une manière sensible et pour ainsi dire à vue d'œil. Je le laissai vivre tranquille pendant un mois entier, au bout duquel sa grosseur, qui égalait à peine d'abord celle d'une noix ordinaire, dépassait presque celle de mon poing. La rapidité de cette croissance ne me permit pas de douter de l'abondance de la nourriture qu'il prenait dans son gîte, sans autre peine que d'ouvrir la gueule pour y faire entrer les mets en foule ; car j'ai remarqué que les crapauds se placent toujours sous les ruches les plus fortes, et où les mouches touchent la terre. Je le tuai, je l'ouvris, et je trouvai dans son ventre une grande quantité d'abeilles.

VII.

Les lézards gris, ou lézards des murailles, qu'on retrouve dans tous les ruchers, ont été également le sujet de mes méfiances et de mes observations. J'ai vu souvent ces reptiles chasser aux moucherons ; j'ai même entendu, lorsqu'ils en prenaient quelqu'un, un bruit semblable à la détente d'un arc, bruit qu'ils produisent en ouvrant ou en refermant la gueule : mais la suite de mes expériences m'a convaincu qu'on n'a rien à redouter d'eux pour les abeilles.

Ils sont dans les ruchers et sur les ruches, parce qu'ils aiment les lieux abrités et exposés au soleil ; ils chassent aux moucherons et aux petits insectes, mais jamais ils ne recherchent les abeilles, ni vives ni mortes ; ils n'affectent pas de se placer auprès des passages par lesquels elles sortent et rentrent, ce qu'ils ne manqueraient pas de faire s'ils cherchaient à les prendre : aussi n'hésiterai-je pas à dire qu'on ne doit pas s'en méfier.

VIII.

Il n'en est pas de même du lézard vert, et pour le prouver, je raconterai simplement ce qui m'est arrivé. En 1824, parmi un certain nombre de lézards gris, j'en remarquai un qui différait des autres par une raie verdâtre qu'il portait sur le milieu du corps, et qui allait de la tête à la queue. Je m'aperçus bientôt que les autres ne frayaient pas avec celui-ci et qu'ils cherchaient au contraire toujours à s'en éloigner. Ce lézard me paraissait avoir des goûts et des habitudes à lui, et il devint l'objet de mes observations toutes particulières. Je vis ses pattes devenir plus grandes que celles des autres, son corps grossir davantage, enfin sa raie verdâtre s'élargir et prendre une teinte plus franche. A la fin d'octobre il disparut, et je ne le revis qu'aux premiers jours du printemps suivant. Alors il était devenu un véritable lézard vert, et sans que je puisse savoir ni où il avait passé l'hiver, ni de quoi il avait fait sa nourriture, je constatai qu'il était deux fois plus gros et deux fois plus long qu'à la fin de l'automne.

IX.

Bientôt je le vis se placer sur les siéges des ruches à chapiteaux et à hausses, se tournant vers la porte qui servait de passage aux abeilles, suivant des yeux et d'un mouvement de tête toutes les mouches à leur sortie ou à leur rentrée. Malgré toute mon attention, je ne pus m'assurer s'il les mangeait, car il était trop farouche pour se laisser approcher, et il tournait sa tête d'un côté et de l'autre avec tant d'adresse, qu'il me fut impossible d'être parfaitement fixé. Mais j'en avais vu assez pour concevoir tout au moins des soupçons; et sa perte fut jurée. Je pris donc un fusil de chasse, que je remis à un de mes voisins, jaloux de se signaler par un exploit, me réservant d'indiquer le moment où il pourrait tirer sans danger pour les mouches.

Ce moment ne se fit pas attendre, et je donnai le signal. Mais le fusil fit long feu, et au lieu de tuer le lézard, le coup porta en plein dans une ruche des landes qui était la première du rucher. Il va sans dire qu'elle fut percée d'un gros trou, et que son manteau de paille fut lui-même littéralement fracassé. Le désordre était à son comble dans l'intérieur de ma pauvre ruche, car le nombre des abeilles tuées ou blessées paraissait incalculable. Mais à quelque chose malheur est bon. Les mouches blessées s'étant en effet répandues çà et là au-devant de leur maison, le lézard reparut bien vite au milieu d'elles, et je le vis les gober tout à son aise pour les dévorer avec avidité. Aussi le fusil fut-il promptement rechargé, et cette fois le reptile fut tué en flagrant délit.

Ma ruche ne se releva point du mal qu'elle avait subi dans cette aventure, et elle périt à l'automne ; mais je me consolai de l'accident, parce que sans lui je n'aurais pas su d'une manière certaine si le lézard vert mange réellement les abeilles.

X.

Quant aux serpents, j'ignore si on peut leur adresser le même reproche ; je sais seulement qu'ils recherchent les insectes pour en faire leur proie. Mais ce sont des hôtes si désagréables, si effrayants et si dangereux que cela doit suffire à tout le monde pour qu'on n'hésite pas à s'en débarrasser ; et quoique l'événement arrivé chez moi n'ait pas été des plus heureux, je pense que le fusil est la meilleure arme dont on puisse se servir pour les détruire.

XI.

J'avais cru un instant que l'hirondelle est un ennemi redoutable pour les mouches à miel. Aussi cet oiseau a-t-il été, grâce à mes soupçons, le sujet de mes sérieuses et constantes observations. Il m'était suspect par son avidité pour les moucherons et les autres insectes dont il fait son unique nourriture et celle de ses petits, par son goût pour la chasse, qui est son continuel exercice, et par l'excessive rapidité de son vol, si favorable au butin. Je pensais que, dans ses excursions incessantes, l'hirondelle ne faisait pas grâce aux abeilles plus qu'aux autres mouches, et je voulais lui faire une guerre d'extermination en engageant les habitants à détruire tous ses nids. Mais après un sérieux examen, j'ai reconnu bien vite que ce serait une cruauté inutile à laquelle il fallait renoncer.

Si l'hirondelle recherchait les abeilles et leur donnait la chasse, on la verrait rôder constamment autour des ruches et des ruchers, où elle affecterait de passer et repasser sans cesse, et où elle trouverait une proie si facile. Or, j'ai remarqué avec satisfaction que si parfois elle fréquente le voisinage des ruches, elle ne s'y arrête pas plus que partout ailleurs.

Les abeilles varient la hauteur de leur vol suivant les localités. Lorsque rien ne les embarrasse, elles ne s'élèvent guère au-dessus de la surface du sol ; elles ne montent plus haut que lorsqu'une haie, un bois ou un édifice gêne le cours de leur direction. Il ne serait donc pas difficile à l'hirondelle d'aller au-devant des ruchers, de s'élever ici, de s'abaisser là pour être partout à la hauteur de nos mouches, et pour les saisir au passage.

Cet instinct naturel qui apprend à tous les êtres les moyens de trouver leur subsistance, cet instinct qui conduit l'hirondelle, lorsque le temps est mauvais, jusque dans des fossés profonds, pour prendre sur la surface de l'eau les insectes qui y courent légèrement comme sur la terre ferme ; cet instinct qui, dans les temps chauds et orageux, la porte à s'élever jusqu'aux nues pour y poursuivre de petits moucherons ; cet instinct, dis-je, si elle mangeait les abeilles, ne lui ferait-il pas contracter l'habitude d'établir sa chasse au-devant des ruches, où elle pourrait faire à toute heure si abondante curée ?

Ce qui est plus frappant, c'est qu'à peu près chaque jour, dans les après-midi de la belle saison, les abeilles semblent l'avertir du moment favorable, et en quelque sorte la provoquer : elles abandonnent leurs maisons en si grand nombre pour se jouer dans les airs, le bourdonnement de leurs ailes est si fort dans les grands ruchers, qu'il peut être entendu à plusieurs centaines de pas, si le temps est calme. Or, l'hirondelle ne profite même pas de ce moment, où elle trouverait dans l'air nos mouches aussi épaisses que des flocons de neige. Qu'en conclure? Sinon qu'elle ne leur fait pas la chasse, et qu'il serait injuste de la compter parmi leurs ennemis.

Aussi ne sera-t-on pas étonné que j'aie fait la paix avec elle, en reconnaissant son innocence.

RÉCOLTES DE CIRE APRÈS L'HIVER.

I.

Dans nos landes, et dans les contrées qui les environnent, les propriétaires d'abeilles ont soin de faire chaque année, après l'hiver, une récolte de cire sur toutes leurs ruches. Ils n'y manquent jamais, parce que l'expérience leur a appris que cette pratique fait le bien des abeilles, comme le leur et celui de l'Etat.

II.

Les récoltes de cire sont utiles aux abeilles. Pendant la saison rigoureuse, elles abandonnent le bas de la ruche pour se réunir dans le centre, où elles se pressent les unes contre les autres afin de résister au froid. Lorsque le temps doux revient, elles trouvent les gâteaux altérés, soit par les souris, soit par l'humidité, soit par toute autre cause, et il leur faudrait autant de temps et de peine pour les réparer que pour en construire de nouveaux. Ces gâteaux rapiécés leur seraient d'ailleurs moins utiles que des neufs pour la multiplication.

Il est encore certain que les abeilles peuvent faire de la cire tous les ans, lorsque la saison des fleurs est venue, et c'est ce qu'elles font toujours quand leur maison présente quelque vide. Mais si tout est encombré, elles ne s'occupent nullement de constructions nouvelles ; cela leur est même impossible, puisqu'elles n'ont aucun appartement, aucun espace libre où il leur soit permis de les établir. Or, ce défaut de constructions est un grand mal pour elles et nuit à leur prospérité ; car, dans le cours du printemps et de l'été, elles élèvent un couvain nombreux, surtout dans la partie inférieure de la ruche. Chaque mouche qui naît laisse collée aux parois de la cellule la coque où elle s'est métamorphosée. Elle en est à peine sortie, que la mère va pondre de nouveau dans la même cellule un œuf d'où naîtra une autre mouche ; celle-ci ajoutera une nouvelle tapisserie à celle de sa devancière ; et ainsi, à la fin de la saison, les alvéoles, successivement rétrécis par six ou sept coques qui y sont adhérentes, se trouveront peu propres à la multiplication de l'année suivante. Ces gâteaux surchargés de pellicules deviennent bientôt noirs et durs, et deux ans de prospérité suffisent pour rendre vieille une ruche sur laquelle on n'a fait aucune récolte de cire : les mouches s'y déplaisent, la population s'affaiblit et dégénère, et les fausses teignes, ennemis éternels des abeilles, ne tarderont pas à en triompher.

III.

Si au contraire chaque année, après l'hiver, on a soin de faire une récolte de cire, en enlevant à chaque ruche la partie inférieure de ses gâteaux, les abeilles s'occuperont de réparer la brèche. Ce travail aura lieu un peu plus tôt ou un peu plus tard, un peu plus vite ou un peu plus lentement, selon leurs forces ou l'abondance des fleurs et la fertilité de la saison ; mais il est très certain qu'elles n'y manqueront pas, l'expérience est là pour le prouver.

Ces constructions nouvelles favorisent beaucoup le renouvellement de la population, et maintiennent les ruches dans un état de jeunesse continuelle. Sans doute la récolte que je recommande de faire ne renouvelle point toute la cire des ruches ; les gâteaux du sommet sont toujours les mêmes, mais ils n'ont pas autant besoin que les autres d'être renouvelés, car ils servent de magasin pour le miel ; et si la mère-abeille y pond quelques œufs à la fin de l'hiver, cela n'a jamais lieu pendant le reste de la saison ; elle pondra constamment dans le bas de la ruche.

IV.

Mais c'est surtout après les grandes stérilités que la récolte de cire du printemps est plus favorable au ré-

tablissement des abeilles. Quand elles ont traversé les
hivers qui suivent des étés secs et stériles, elles sont
dans un état déplorable. Outre que les provisions leur
manquent, la population est considérablement diminuée;
les mouches qui survivent ont abandonné à leurs ennemis la plus grande partie de leurs édifices et de leurs
appartements pour se réunir entre les gâteaux du centre, où on les voit toutes dans la même ruelle. Elles
sont là comme les habitants d'une ville dépeuplée par
la peste ou par la famine, qui auraient évacué leurs
maisons et se seraient réunis dans la principale rue,
abandonnant tout le reste de la cité aux voleurs et aux
brigands.

Au retour du printemps, si on laisse à ces pauvres
abeilles toute leur cire, elles ne pourront ni la garder,
ni la défendre ; c'est une richesse qui leur sera inutile
et qui leur deviendra à charge ou nuisible. Elles resteront long-temps retranchées au centre comme dans
une citadelle ; peut-être même ne s'étendront-elles
plus dans les appartements voisins de ce fort, et se
borneront-elles à y élever quelques mouches qui suffiront à peine à combler les vides faits par la mort dans
leurs rangs : et ainsi la misère, suite inévitable de la
disette, persévèrera jusqu'à ce que les fausses teignes
viennent tout démolir.

V.

Si au contraire, après l'hiver, vous prenez à vos ruches appauvries la moitié ou les deux tiers de leurs
gâteaux ; si vous établissez une proportion normale
entre leur population et leurs édifices, si vous ne
leur laissez en un mot que la cire qu'elles peuvent
garder, elles la soigneront, la réchaufferont, la défendront quand il le faudra : la mère-abeille pondra de
tous les côtés, la population se rétablira. Vous verrez
bientôt vos mouches reprendre leurs travaux de cire et
enter les vieux gâteaux : alors la population augmentera avec une rapidité étonnante ; et trois mois à peine
après avoir châtré si rudement votre pauvre ruche,
vous pourrez la compter au nombre des plus belles et
des plus fortes de votre rucher.

Le service que vous lui aurez rendu sera d'autant plus grand que vous l'aurez presque entièrement rajeunie, et peut-être vous donnera-t-elle de beaux essaims dans la dernière saison.

VI.

Il est impossible de faire le bien des abeilles sans faire celui de leurs maîtres ; car, plus elles prospèrent, plus elles donnent de revenu. Si donc j'ai prouvé que, loin de nuire à nos mouches à miel, les récoltes de cire après l'hiver contribuent au contraire à leur prospérité, et que principalement elles les aident à se rétablir d'un état d'affaiblissement et de misère, j'ai assez démontré que ces récoltes sont avantageuses aux propriétaires des ruches.

Notez que ce qu'ils en retirent ainsi chaque année est en sus des profits qu'ils pourraient faire. La cire que ce procédé leur procure est plus belle que celle des ruches mortes, transvasées ou détruites : elle blanchit mieux, plus vite et à moins de frais ; elle est plus recherchée, et on en trouve facilement l'emploi à des conditions plus avantageuses.

Il faut même le dire : dans les mauvaises années, les récoltes de cire après l'hiver sont le seul profit qu'on retire des abeilles, et ceux qui négligent cette ressource n'ont alors que la cire des ruches mortes. Sans doute une demi-livre de cire que fournit ordinairement chaque ruche au printemps n'est pas une fortune ; mais cette demi-livre mérite de n'être pas négligée par ceux qui ont de beaux ruchers, et surtout par les grands propriétaires qui possèdent des centaines et des milliers de ruches dans les landes, où la cire est si belle.

Et la France, qui compte sur son territoire des millions de ruches, quel avantage ne retirerait-elle pas chaque année des récoltes de cire après l'hiver, si elles étaient en usage dans tous les départements comme dans les Landes? une demi-livre de plus récoltée annuellement sur toutes les ruches deviendrait un article intéressant de commerce et une source réelle de richesses. La France, qui reçoit des monceaux énormes de cire des différents ports de la Baltique, de ceux de la Nouvelle-Angleterre, même du Bengale, et qui est ainsi tributaire de l'étranger de sommes considérables, en serait désormais affranchie.

VII.

Maintenant, si j'en viens à la pratique, dans l'intérêt de ceux qui n'ont pas l'habitude de faire des récoltes de cire après l'hiver, et qui veulent adopter ou du moins essayer ce procédé, je ferai remarquer premièrement que l'époque doit varier suivant la température de chaque localité, selon que la saison est plus ou moins précoce, et selon les ressources que le pays offre aux abeilles dans la première saison. On peut se régler sur l'époque ordinaire de l'ouverture de l'essaimage. Ainsi, dans un canton où les essaims commencent à paraître dès les premiers jours de mai, ou au moins vers le 15, on doit tailler les ruches au premier jour favorable de mars, au plus tard lorsque les pêchers sont en grande floraison, et c'est sur les fleurs de cet arbre qu'il convient de se fixer.

Au contraire, dans les lieux où les abeilles ne commencent ordinairement à jeter que vers la mi-juillet, comme dans plusieurs communes des Landes, on doit attendre jusqu'au 15, 20 ou 25 avril, quand le chêne blanc *(quercus pedunculata)* commence à fleurir, et on peut prendre pour règle les premières fleurs de cet arbre.

Dans les contrées enfin où l'essaimage s'ouvre vers la mi-juin, on doit prendre un moyen terme et se fixer sur les fleurs des pruniers, ou même des poiriers. Du reste, ne soyez pas retenu par la crainte de vous tromper, car en opérant trop tôt vous ne tuerez pas vos abeilles, et si vous attendez trop tard, toute la perte sera pour vous, vous récolterez un peu moins.

VIII.

Je ferai remarquer, en second lieu, qu'en procédant à la récolte de la cire, on doit respecter scrupuleusement le couvain qui se trouve dans les gâteaux. On

comprendra toute l'importance de cette recommanda-
tion, si on réfléchit qu'après l'hiver la population des
ruches est considérablement diminuée, et que le couvain dont elles sont alors pourvues est infiniment précieux pour la rétablir. Les nymphes et les vermisseaux font le premier espoir de ces familles affaiblies ;
il est donc essentiel de ne pas le leur ravir. Les premières mouches qui naissent sont les plus actives et
les plus laborieuses ; celles qui ont traversé l'hiver ne
répareront pas les brèches que vous allez faire à la ruche, elles laisseront ce soin à la jeunesse, et c'est celle-
ci qui élèvera également des faux-bourdons pour féconder la mère-abeille : il est donc nécessaire de ne
pas tuer cette jeunesse avant qu'elle ne se produise
sous la forme de mouches. Aussi les paysans des Landes ont-ils la plus grande attention de ne pas toucher
au couvain.

Celui qui voudra tailler les ruches pour la première
fois devra d'abord rechercher où est ce couvain : c'est
au centre qu'il le trouvera ; il y verra des alvéoles
scellés, et il aura soin non-seulement de ne pas y toucher avec son tranchant, mais même de ne pas en approcher de trop près, car à la suite de ces vers, il y en
a d'autres moins avancés, puis des œufs qu'il détruirait
infailliblement. Pour éviter cette faute, il devra laisser
environ deux travers de doigt à la suite des alvéoles
fermés.

IX.

Avec la cire on récolte aussi ordinairement du miel.
Sans doute on se garde bien, dans les printemps qui
suivent les années stériles, de diminuer les petites
provisions des abeilles : mais on n'est pas si scrupu-
leux après les années abondantes, et on n'hésite pas à
prendre du miel aux ruches qui ont du superflu. Ce
miel est très commun parce qu'il a passé l'hiver avec
les mouches, mais on ne le dédaigne pas.

X.

Pour opérer sans accident, plus vite et avec facilité,
on est dans l'usage de chauffer le tranchant, dont on

introduit la pointe dans le poêle ou enfumoir. Quelque acéré et aiguisé que soit votre instrument, si vous ne le chauffez, la cire des gâteaux s'y attachera, l'émoussera profondément ; bientôt il brisera ceux qui sont tendres et secs, et il sera arrêté dans votre main par ceux qui sont durs et surchargés de coques. On évitera tout retard pour réchauffer le fer si on en a deux au lieu d'un ; pendant qu'on se servira du premier, le second sera dans le poêle, et on en changera toutes les fois que cela sera nécessaire, sans être forcé de suspendre le travail.

L'opération doit se faire au milieu du jour, par un temps doux ou chaud, et surtout calme. Elle a toujours été pour moi un des plus charmants spectacles que puisse offrir la vie des champs, et je cède au plaisir d'en faire ici le tableau.

XI.

Le jour fixé est attendu avec impatience, car il sera une fête véritable à laquelle toute la famille veut participer ; les enfants savourent d'avance le rayon de miel que l'aïeule leur a promis. Enfin la voilà cette belle journée si désirée de tous ; le soleil brille depuis plusieurs heures et réchauffe l'horizon : on part, les poêles fument, les tranchants y sont introduits. L'aïeul marche en tête, suivi de son fils et de son petit-fils ; celui-ci porte un panier de bouses de vache bien sèches qu'il a ramassées sur les chemins, et qui sont nécessaires pour alimenter les enfumoirs ; après lui vient sa sœur aînée, chargée d'un grand chaudron pour y mettre les rayons de miel. Les petits enfants suivent en sautant de joie, les plus forts donnant la main aux plus jeunes ; ils seront piqués, ils pleureront, mais tant mieux, cela les aguerrira, on n'apprend pas à cultiver les abeilles sans avoir senti quelquefois leur aiguillon. Après les enfants vient leur mère, portant deux grands plats ; enfin suit la grand'mère avec la clef de la maison qui reste vide : elle porte deux draps, un grand pour recevoir les gâteaux de cire, un moindre pour couvrir le chaudron.

XII.

Le rucher n'est pas éloigné, on y arrive promptement. La ménagère s'est placée avec le chaudron dans un lieu abrité, pendant que le grand drap est étendu sur le gazon, au-devant des abeilles.

La première ruche est dépouillée de son manteau de paille : le chef de la famille la penche sur le derrière et présente par-devant l'enfumoir, sur lequel il souffle pour que la fumée pénètre dans tout l'intérieur. Aussitôt que les mouches l'ont sentie (ce qu'elles indiquent elles-mêmes par le bourdonnement de leurs ailes), il retourne la ruche de haut en bas et l'appuie contre ses genoux, tandis que son fils s'approche en même temps et présente aussi ses genoux du côté opposé. Par ce moyen, la ruche est solide, et les deux hommes ont les mains libres pour opérer.

On souffle fortement la fumée sur les abeilles : les unes sortent, les autres descendent; on coupe les gâteaux sur un côté, puis sur l'autre, et il ne reste plus que ceux du centre, où se trouve le couvain. C'est ici qu'il faut de la prudence. Ces gâteaux ne doivent pas être enlevés d'un seul trait; on prend à la pointe et au milieu de leur largeur, puis on coupe en tirant vers soi et en enfonçant à mesure qu'on approche de la paroi, mais avec l'attention de ne pas endommager le couvain. L'opération une fois terminée de ce côté, on fait faire un demi-tour à la ruche pour opérer de l'autre. Lorsque les gâteaux qui contiennent du couvain ont été taillés, leur pointe doit présenter la forme d'un arc tendu ou d'un angle obtus.

XIII.

Je n'ai pas voulu interrompre ces détails minutieux pour dire à quoi l'aide s'occupe pendant l'opération faite par celui qui tient le couteau. Ayant les mains libres, il prend les gâteaux à mesure qu'on les détache, et il les jette dans une corbeille qu'on lui présente ou qui est à côté de la ruche : puis, si les abeilles remontent, ce qui arrive quelquefois, il prend l'enfumoir et leur souffle de la fumée.

Un homme soigneux ne remet pas en place la ruche taillée sans la secouer légèrement sur la corbeille, afin de recueillir les petits fragments de cire qui pourraient y rester. Il est presque inutile de dire que, pour ne rien perdre, on met un linge dans la corbeille, et qu'on va vider celle-ci sur le grand drap quand elle est pleine.

XIV.

J'ai mis à détailler cette opération beaucoup plus de temps qu'il n'en faut pour la faire ; un homme adroit et qui a un peu d'habitude, taillera en deux minutes une ruche sur laquelle on ne veut récolter que la cire.

Il n'en est pas de même lorsqu'on doit prendre du miel ; on est obligé alors d'employer plus de temps, parce qu'il est absolument nécessaire que les rayons où cette substance est contenue soient séparés de ceux qui sont secs. Si on les mêlait, les rayons secs absorberaient tout le miel, et celui-ci donnerait aux gâteaux de cire un poids nuisible à la vente. Il faut donc, en pareil cas, commencer par tailler les rayons secs, en respectant d'abord le miel comme le couvain ; puis on taille les rayons de miel qu'on juge convenable de prendre, et on les jette dans le chaudron.

XV.

Ainsi, supposons qu'une ruche ait plus de miel qu'il ne lui en faut, et que déjà les rayons secs aient été enlevés : l'aide souffle avec force la fumée dans l'intérieur, le chef demande le plat, aussitôt la jeune fille se présente à côté de la ruche pour recevoir les lourds rayons de miel au fur et à mesure qu'on les coupe. Dès que l'un d'eux est détaché, l'aide le prend et le dépose sur le plat, en observant de ne pas écraser les mouches emmiellées, et on procède de la sorte jusqu'à ce qu'on ait récolté tout ce que la richesse de la ruche permet de prendre ; puis on jette une poignée de sable sur la pointe des rayons ébréchés, afin que le miel ne coule pas : les abeilles se chargent elles-mêmes de nettoyer leurs gâteaux.

La fille s'empresse de porter le plat à sa grand'-
mère, qui attend auprès du chaudron, environnée de
tous les petits enfants. Celle-ci prend les rayons un à
un, et en fait tomber avec un morceau de bois toutes
les mouches qui y tiennent, en observant toutefois de
ne les jeter ni sur le sable ou la poussière, ni à l'ombre, ni sur des herbes encore humides de rosée. Avec
cette précaution, ces mouches se débarrasseront du
miel et regagneront leurs ruches. Puis les gâteaux sont
jetés au chaudron, qu'on recouvre bien vite, après en
avoir distribué quelques-uns aux plus jeunes enfants,
qui les sucent aussitôt.

L'opération se poursuivant, le vieillard paraît fati-
gué ; son fils veut l'engager au repos, mais il aime trop
les abeilles pour pouvoir s'y résoudre, et il ne consent
à céder le couteau qu'à condition de faire les fonctions
d'aide à son tour.

XVI.

Lorsque toutes les ruches sont taillées, les deux
plus forts de la famille prennent le chaudron, et l'em-
portent à la maison sans le découvrir. Quant aux gâteaux de cire, ils resteront au soleil jusqu'à deux heures : on viendra alors secouer le drap pour en chasser
les mouches, on en réunira les quatre coins et on
l'emportera également. Puis, tant que les gâteaux sont
chauds et flexibles, on les prendra des deux mains à
gros paquets, on les pressera, et par ce moyen, on
mettra dans un sac ce qui occupait un volume de cinq
ou six hectolitres.

Le chaudron sera mis sur un feu très modéré ; on
exprimera les rayons, on coulera le miel ; et pour ne
rien perdre, la ménagère lavera avec de l'eau tiède
les linges, les plats, le chaudron et les gâteaux exprimés. Elle coulera cette eau, pour faire un gros gâteau qui sera le sujet d'une seconde fête pour la famille. C'est par ces petites réjouissances, dont j'ai été
cent fois l'heureux témoin, que le goût pour la culture des abeilles se perpétue chez les paysans, et
passe de génération en génération sans qu'on s'en
aperçoive.

DE LA RÉCOLTE DU MIEL EN ÉTÉ.

I.

Peu de personnes cultivent les abeilles pour l'unique plaisir de les observer, de les étudier ou de les admirer : généralement on ne les soigne que pour le revenu qu'elles donnent.

Au mois d'août, le moment de recueillir le miel est arrivé pour certaines contrées, et il ne tardera pas à venir .pour les plus pauvres, comme les Landes par exemple, où on ne s'en occupe guère qu'en septembre.

Je ne m'arrêterai pas à décrire les différents procédés suivis pour opérer cette récolte, car ils varient comme les ruches elles-mêmes, dont on a tant multiplié la forme, et je me bornerai à donner quelques conseils de prudence, après avoir développé les motifs qui engagent à ne pas négliger les bénéfices qu'on peut ainsi s'assurer à la fin de l'été.

II.

Si vous laissez séjourner le miel dans les ruches jusqu'au printemps, comme beaucoup de propriétaires en ont la fâcheuse habitude, il sera excessivement commun, car l'humidité du lieu et les vapeurs de la transpiration des mouches l'auront détérioré ; et plus tard le feu que vous serez obligé d'employer pour le couler le détériorera encore davantage, en lui faisant contracter le goût de la cire. Au contraire, si vous le récoltez maintenant que les abeilles viennent de le voler aux fleurs, vous aurez du miel frais aussi fin que délicat ; vous le coulerez sans feu, parce qu'il sera fluide comme l'huile, et cela ne l'empêchera ni de prendre de la consistance, ni de se grainer dans vos vases.

Une autre considération doit vous engager à dégraisser vos ruches dans ce moment, car en attendant le printemps vous vous exposez à être prévenu par les rats, les souris, les mulots, les musaraignes et autres ennemis des abeilles, qui pourront bien vous épargner la peine de faire vous-même la récolte.

Ces deux raisons, auxquelles je pourrais en ajouter bien d'autres s'il le fallait, vous feront assez comprendre que c'est une duperie de renvoyer après l'hiver la récolte du miel : elles vous engageront donc à visiter vos ruches, et à saisir le moment le plus favorable.

III.

Mais l'opération est délicate et réclame de la part de celui qui s'y livre une grande prudence. Il importe de ne pas s'exposer à réduire les abeilles à la famine ; et pour cela on ne doit récolter que sur les ruches grasses ; encore ne faut-il leur enlever que le superflu. Ainsi, ne touchez pas aux ruches faibles ou médiocres : il sera même fort rare que vous puissiez demander quelque chose, dans cette saison, aux jeunes essaims et aux ruches-mères qui ont essaimé plusieurs fois. On ne peut rien prendre aux uns ou aux autres, si ce n'est dans les années très fertiles, et lorsqu'on leur voit plus de provisions qu'il n'en faut pour traverser l'hiver.

Quand on dégraisse les ruches qui ont évidemment du superflu, on doit savoir se borner ; il vaut mieux prendre moins que plus, et il serait imprudent de compter sur le miel que les abeilles pourraient recueillir encore. Ces récoltes futures de vos mouches sont toujours fort incertaines ou douteuses : le temps peut changer ; et si vos ruches s'enrichissent après votre première opération, vous serez à temps d'en faire une seconde, soit sur celles qui auront acquis du superflu, soit sur celles qui auront réparé leurs brèches.

Enfin je ne dois pas oublier de recommander, comme je l'ai déjà fait plus haut en parlant des récoltes de cire, la conservation du couvain, et le soin des mouches emmiellées.

IV.

Gardez-vous surtout de faire usage d'un procédé d'autant plus funeste qu'il a trouvé de trop nombreux partisans pour le préconiser. Je veux parler du transvasement : les transvaseurs des abeilles finissent bientôt par les perdre, et cette méthode réussit à peine une fois sur dix.

V.

Les apiculteurs qui n'ont pas fait leur récolte de miel au mois d'août sont encore à temps de s'en occuper au mois de septembre. Ceux même qui ont déjà récolté ne doivent pas se dispenser de visiter de nouveau leurs ruches, car plusieurs de celles qui n'avaient pas de superflu alors peuvent bien en avoir aujourd'hui ; et quelques-unes de celles qui ont été taillées ont peut-être déjà complètement réparé les brèches faites à leurs gâteaux. S'il en est ainsi, on ne doit pas balancer devant une seconde récolte, pour s'emparer du superflu de toutes les peuplades qui peuvent en avoir.

VI.

Dans les pays de bruyères, comme les Landes, et dans toutes les contrées où on cultive en grand le blé noir, on pourra, dans le cours de septembre, faire des récoltes considérables de miel fin.

VII.

Je dois faire remarquer à tous ceux qui ont des ruches d'une seule pièce, et qui sont ainsi forcés de récolter les gâteaux un à un par le bas, qu'ils ne doivent pas couper de grands pans d'un seul trait, mais peu à peu, et par morceaux grands au plus comme la main. Dans cette saison en effet les rayons de miel sont très chauds, ce qui les rend tendres et mous. De plus, ils sont toujours très lourds ; et si on détachait de larges gâteaux, on ne les retirerait pas des ruches sans qu'ils se déchirassent ; ils retomberaient nécessairement sur les abeilles, en emmielleraient un grand nombre, et peut-être même y en aurait-il d'écrasées.

VIII.

La récolte du miel étant terminée, on doit s'empresser de le couler sans lui laisser le temps de froidir :
ce sera le moyen de n'avoir pas besoin d'employer
le feu.

IX.

Il serait bien à souhaiter qu'on voulût se donner la
peine de faire du miel vierge, dont la qualité est beaucoup supérieure, quelque fin que puisse être celui des
rayons exprimés. La pratique en est si simple et si facile, qu'il est étonnant qu'elle ne soit pas généralc-
ment en usage chez tous ceux qui récoltent du miel en
été. Je vais la décrire en peu de mots pour les personnes qui ne la connaissent pas.

Dès que la récolte est faite, et sans perdre un instant, on place un tamis de crin sur un vase quelconque un peu plus grand que lui, par exemple sur un
chaudron, car le miel, comme le sucre, n'engendre
jamais de vert-de-gris. On prend un à un les rayons,
on en racle légèrement les deux faces avec la lame
d'un couteau, afin d'ouvrir les cellules fermées par des
couvercles de cire ; on place ces rayons verticalement
sur le tamis, les uns à côté des autres, en mettant entre eux de petites baguettes pour les isoler et permettre au miel de couler. Cela fait, on expose le tout à un
soleil ardent, et on le recouvre d'un linge assez grand
pour envelopper parfaitement le tamis et le vase inférieur. Cette précaution est nécessaire afin d'empêcher
les mouches, les abeilles, les guêpes ou autres insectes d'y pénétrer.

Au coucher du soleil on trouvera dans le vase une
bonne provision de miel qui aura découlé des rayons,
et traversé de lui-même le tamis par le seul effet de la
chaleur. Ce sera le miel vierge, qu'on devra conserver comme chose précieuse. Enfin, pour ne rien perdre, on exprimera du tamis les rayons, qui donneront
encore du miel fin, mais bien inférieur au premier.

Si quelques particules de cire s'étaient mêlées à votre récolte en traversant la toile de crin, il ne faudrait pas s'en alarmer : le miel est une substance très pesante, et il a la faculté de renvoyer à sa surface les corps étrangers. Ainsi les particules de cire monteront bientôt comme une écume, et il vous sera facile de les enlever.

X.

On conserve le miel dans des pots de faïence ou de terre vernis, mais non dans des vases en verre, qu'il ferait éclater en prenant de la consistance. Enfin on le place dans un lieu sec et frais, pour éviter qu'il s'altère ou qu'il fermente.

MASSACRE DES FAUX-BOURDONS.

TRANSPORT DE LEUR DÉPOUILLE KOIN DE LA RUCHE. — DE L'INSTINCT
DES ABEILLES.

I.

J'avais entendu dire bien souvent que les faux-bourdons ou gros mâles sont toujours mis à mort après la
fécondation de la reine, qui en est ainsi privée pendant neuf à dix mois de l'année, jusqu'à l'époque où la
race masculine se reproduit dans la ruche au moyen
d'une nouvelle éclosion. Je savais que cette loi impé-
rieuse de la nature s'exécute sans pitié tous les ans
vers la fin de juillet ou dans les premiers jours du mois
d'août, mais je n'avais jamais été témoin de cette immense extermination des mâles, devenus désormais parasites jusqu'au retour du printemps quand leur œuvre
de fécondation est accomplie. Ce n'était pourtant pas
le désir qui me manquait ; mais l'occasion m'avait fait
défaut. Un jour enfin elle se présenta à moi, et je la
saisis avec empressement.

II.

C'était le 28 juillet, par un temps magnifique, sous
un soleil ardent, dont je n'avais pas craint de braver
les atteintes pour saisir la nature sur le fait.

Il était à peu près midi. Je venais de me placer en
observateur dans le voisinage de mes ruches, assis sur
le gazon, sans autre abri qu'un parasol pour me garantir des ardeurs de la canicule. A peine quelques
instants s'étaient-ils écoulés, mon oreille fut frappée
d'un bruit inaccoutumé ; j'entendais un bourdonnement
semblable à celui qui précède ordinairement la sortie
d'un essaim ; et sans pouvoir au juste en deviner la
cause, car aucun signe extérieur ne venait me la révéler encore, je soupçonnai bien vite que j'assistais déjà

au prologue du petit drame que je m'étais promis de voir. Ma curiosité n'en fut que plus vivement aiguillonnée, je retins presque mon haleine pour mieux écouter, et m'approchant un peu sur la pointe du pied pour contempler de plus près, je redoublai d'attention, promenant mon regard d'une ruche à l'autre, afin de découvrir celle dans l'intérieur de laquelle l'orage commençait à gronder.

Mon incertitude ne fut pas de longue durée ; l'instinct qui me guidait auprès de mes mouches m'avait servi une fois de plus ; et au bruit qui grossissait sans cesse, je pus parfaitement comprendre que toute cette agitation se produisait dans une des ruches les plus voisines du poste d'observateur où je m'étais placé. Je ne la quittai donc plus des yeux.

III.

Bientôt je remarquai autour d'elle un ébranlement général de la population, un mouvement qui croissait sans cesse ; les abeilles s'élançaient par milliers dans les airs où elles tournoyaient en bourdonnant et formaient dans leur rotation précipitée ce que les apiculteurs appellent un *soleil d'artifice*. C'était sans doute le signal d'alarme, car peu d'instants après elles rentrèrent presque toutes dans leur maison, et le massacre des faux-bourdons commença.

Ceux-ci s'élançaient bruyamment de la ruche, cherchant leur salut dans la fuite, mais sans pouvoir se dégager des étreintes des ouvrières qui les suivaient au dehors, et qui les égorgeaient sur le seuil même ou les perçaient de leurs dards empoisonnés. Quelques-uns des plus vigoureux échappaient parfois à ce premier choc et essayaient de rentrer dans le domicile commun ; mais leurs efforts étaient vains, ils rencontraient sur la porte de nouvelles assaillantes qui leur en barraient impitoyablement le passage ; et celles-ci se joignant aux premières, la pauvre victime périssait bientôt dans une lutte inégale où toute résistance était impossible.

Pendant cette cruelle exécution qui dura près de deux grandes heures, les ouvrières ne cessèrent de se ruer avec fureur sur les faux-bourdons, dont un seul ne fut pas épargné, et qui jonchaient de leurs cadavres déchiquetés tout le tour de la ruche, où j'aurais pu les compter par milliers.

IV.

Quand l'immense hécatombe fut terminée, le calme se rétablit aussitôt comme par enchantement dans cette population tout-à-l'heure si furieuse et si agitée. Les ouvrières, fatiguées des efforts qu'elles venaient de faire, rentrèrent dans la ruche, dont il me fut permis alors de m'approcher davantage, et l'ordre parfait qui régnait à l'intérieur me parut être l'indice positif du repos qu'elles prenaient après la lutte acharnée dont j'avais été le témoin.

Je profitai de ce moment, non pas pour compter les morts, la besogne eût été trop longue, mais pour vérifier si quelques ouvrières n'avaient pas succombé elles-mêmes dans la bataille ; et je n'en découvris pas une seule. Je m'en étonnai tout d'abord, mais ma surprise cessa bien vite lorsque je réfléchis que les faux-bourdons ne possèdent pas d'aiguillon, qu'ils sont ainsi dépourvus de tout moyen sérieux de défense, et que par suite il leur est impossible de rendre aux ouvrières les coups mortels qu'elles leur portent elles-mêmes avec tant de vigueur. Cette réflexion avait suffi pour me convaincre, je ne poussai pas plus loin mes investigations, et je quittai le rucher content d'avoir vu enfin le massacre des gros mâles, non sans former le projet de revenir y assister bientôt encore une seconde fois.

V.

J'y retournai en effet le surlendemain, mais c'est en vain que j'avais repris mon poste d'observation, je fus trompé dans mon attente. Je restai de longs instants près de mes ruches sous le soleil ardent, comme l'avant-veille, sans voir recommencer chez aucune d'elles le petit drame qui m'avait si fort intéressé. Mais j'en fus bien dédommagé par un spectacle d'un autre genre, auquel je regretterais vivement de n'avoir pas assisté.

Il était environ deux heures de l'après-midi, et j'allais me retirer, lorsque tout-à-coup je fus frappé de voir trois ou quatre abeilles sortir précipitamment de la ruche dont les faux-bourdons avaient été exterminés sous mes yeux quarante-huit heures auparavant, prendre chacune dans leurs pattes la dépouille d'un de ces derniers, et s'envoler dans les airs pour aller la transporter au loin. A celles-ci en succédèrent deux ou trois autres presque aussitôt, puis un plus grand nombre faisant toutes le même manège, et allant jeter à la voirie les cadavres des mâles déjà un peu desséchés par le soleil. Il n'en fallait pas davantage pour me retenir près de mes insectes chéris ; je voulais voir la fin de tout ceci, et je restai impassible à mon poste pour en être témoin.

<h2 style="text-align:center">VI.</h2>

Dans les premiers moments, les mouches occupées à ce travail n'étaient guère plus d'une vingtaine. Elles allaient dans diverses directions à une distance de cent ou cent cinquante pas, y laissaient tomber leur fardeau dans les airs, puis revenaient aussitôt pour se charger encore et déblayer ainsi la ruche des cadavres amoncelés autour d'elle. Mais peu à peu leur nombre grossit outre mesure, une grande partie de la population ne tarda pas à s'ébranler pour prendre part à l'œuvre commencée ; et alors s'établit, à travers un immense pêle-mêle, un mouvement de va et vient, dans lequel chaque abeille, rivalisant de zèle et d'activité, saisissait tour à tour entre ses petites pattes la dépouille d'un faux-bourdon et reprenait immédiatement son vol pour aller la transporter au loin.

Il est presque inutile de dire qu'avec ce vaste concours de travailleuses, l'opération fut bientôt terminée. Au fur et à mesure de la diminution des cadavres des mâles, le nombre des ouvrières occupées à cet enlèvement diminuait aussi, car la plupart gagnaient les champs pour le reste du jour : peu à peu il n'en resta plus qu'une douzaine, et au bout d'une heure environ elles ne reparurent pas. Mais la place était pour ainsi dire entièrement déblayée, et je ne voyais plus autour de la ruche que la dépouille de sept à huit faux-bourdons déjà dévorés à moitié par les fourmis ou par d'autres petits insectes qui en débarrassèrent promptement le sol, se hâtant ainsi de profiter de la proie facile que les ouvrières venaient de leur abandonner.

VII.

Quant à moi, de la contemplation muette dans laquelle j'avais été absorbé pendant cette scène, j'étais tombé dans des réflexions tout aussi absorbantes. Ces réflexions me suivirent en quittant le rucher, et elles m'assiégèrent pendant le reste de la journée.

Je m'expliquais bien pourquoi les abeilles tuent les faux-bourdons après la fécondation de la reine, et sans leur accorder un degré d'intelligence que leur ont supposé de trop nombreux auteurs et qui répugnait à mes propres idées, je mettais cette exécution sur le compte de leur instinct naturel. Je n'y voyais que la suppression de bouches inutiles qui auraient absorbé en pure perte les provisions communes sans apporter en échange leur part de travail, et qui auraient pu compromettre par une dépense excessive l'existence de la colonie. Je me disais d'ailleurs que c'était là une loi providentielle à laquelle obéissaient toutes les ruches sans distinction; et mon esprit ne sentant pas le besoin d'aller plus loin pour sonder ce problème sans toucher au matérialisme, je me tenais pour satisfait de l'explication.

Mais je savais aussi qu'il n'était pas dans l'habitude des abeilles de transporter au loin les cadavres des mâles après leur mise à mort. J'avais vu trop souvent, autour de mes ruches, le sol jonché des mouches amoncelées par cette barbare tuerie, pour pouvoir m'y méprendre. Le spectacle auquel je venais d'assister avait donc quelque chose d'étrange et de trop anormal pour ne pas exciter ma surprise. C'était une exception aux règles ordinaires, mon esprit se perdait en conjectures pour en deviner la cause ; je me demandais pourquoi il se trouvait dans mon rucher une ruche

obéissant exceptionnellement à d'autres lois que ses
voisines et transportant au loin les cadavres des mâles,
quand celles-ci les laissaient toutes tomber en poussière sur les lieux mêmes de l'exécution. Tel était le
point d'interrogation qui se dressait devant moi, et
auquel ma faible intelligence ne trouvait pas de réponse.

VIII.

Cependant le soir même, je revins instinctivement à
mes abeilles, et dans le but unique de m'assurer si la
lutte de l'avant-veille n'avait pas laissé trace de quelque désordre intérieur, je penchai avec attention la
ruche sur elle-même, et je me baissai pour l'examiner
au dedans. Un simple coup-d'œil suffit pour me convaincre que mes craintes n'avaient rien de sérieux. Le
calme le plus complet régnait dans cette peuplade si
agitée antérieurement ; point de gâteaux brisés, pas
même de froissement d'ailes chez les mouches qui
l'habitaient et dont pourtant la plupart avaient dû se
mêler à la lutte. Tout allait pour le mieux, et je me
disposais à replacer la ruche dans sa position naturelle,
lorsque mon regard fut attiré par une certaine quantité de propolis qui gisait à terre toute fraîche, et qui
était grosse à peu près comme un œuf.

Je ne m'expliquais pas trop pourquoi cette substance
si utile aux abeilles était ainsi repoussée par elles, et
je la recueillis machinalement pour l'examiner à loisir,
soupçonnant quelque nouveau secret qui pouvait me
mettre sur la route du premier.

IX.

Je ne me trompais pas, car je reconnus avant la
nuit que la petite masse de propolis dont je m'étais
emparé enveloppait le corps, déjà un peu en putréfaction, d'un rat qui avait sans doute trouvé la mort en
pénétrant dans la ruche. Il était pour ainsi dire comme
embaumé dans cette substance.

Pourquoi donc les abeilles l'en avaient-elles enve-

loppé, sinon pour l'empêcher d'infecter l'air de ses
émanations délétères, après avoir vainement essayé de
le traîner au dehors? Ici, du moins, je les trouvais dans
leurs habitudes, car j'avais entendu dire mille fois par
des apiculteurs, et j'avais lu bien souvent dans des livres, sans m'en être pourtant jamais assuré par moi-
même, qu'elles se servent de la propolis pour enduire
les corps des insectes, limaces, souris et autres petites
bêtes qu'elles ont tuées sans pouvoir les entraîner hors
de leur demeure.

Cette précaution prise par mes mouches fut pour
moi comme un trait de lumière qui me ramena tout-à-
coup dans la voie des lois providentielles, au milieu
desquelles s'agite la vie des abeilles.

X.

L'une de ces lois, en effet, c'est l'éjection de tout
cadavre dont la putréfaction pourrait amener des efflu-
ves pestilentielles; et quand la force des mouches ne
suffit pas pour y procéder, elles recourent à la propolis pour embaumer les morts. C'est précisément ce qui
s'était passé dans ma ruche; et à en juger par des signes irrécusables, il n'y avait aucun doute pour moi
que cette opération, postérieure à l'exécution des mâles, ne remontait pas plus loin qu'au lendemain de ce
massacre.

Or, les abeilles, fatiguées par les émanations putri-
des du petit cadavre que renfermait leur ruche, avaient
dû exécuter sur les cadavres plus petits encore des
faux-bourdons la loi d'éjection à laquelle elles obéissent
quand l'odeur nauséabonde d'un corps mort pénètre
dans la ruche. Seule, la dépouille des mâles ne les aurait pas préoccupées; réunie à celle du petit quadru-
pède, elle aurait pu devenir un danger; de là la nécessité de s'y soustraire dans la mesure du possible, en
transportant au loin les petits cadavres au lieu et place
de celui qu'elles n'étaient pas assez fortes pour expul-
ser au dehors.

XI.

Je sais bien qu'on me dira que tout cela suppose chez les abeilles un certain degré d'intelligence et jusqu'à du raisonnement; mais pour mon compte, je n'en crois rien : l'instinct des animaux suffit pour expliquer tous leurs actes aux yeux de l'observateur, quand ces divers actes se meuvent dans le cercle des lois providentielles imposées à tous les membres d'une même famille.

On pourrait citer une foule de traits de ce genre qui prouvent que l'instinct de la conservation dicte souvent aux abeilles les moyens qu'elles doivent prendre pour éviter un désastre. J'en choisirai un entre mille, et je m'y arrête de préférence parce qu'il sera pour moi l'occasion de réparer un oubli que j'ai commis en ne signalant pas le sphinx *tête de mort* parmi les ennemis de nos mouches. J'emprunte ce fait à Huber, l'un des auteurs les plus consciencieux et les plus éclairés qui aient écrit sur l'apiculture.

XII.

« Vers la fin de l'été, dit-il, lorsque les abeilles ont
» emmagasiné une partie de leurs récoltes, on entend
» quelquefois auprès des ruches un bruit étonnant;
» une multitude d'ouvrières sortent pendant la nuit et
» s'échappent dans les airs; le tumulte dure souvent
» plusieurs heures, et le lendemain on voit beaucoup
» d'abeilles mortes devant la ruche; le plus souvent
» celle-ci ne renferme plus de miel, et quelquefois elle
» est déserte.

» Ayant mis mes gens en embuscade, ils m'apportè-
» rent bientôt de grands papillons de nuit, connus
» sous le nom de *têtes de mort*. Ces sphinx voltigeaient
» en grand nombre autour des ruches.

» De toutes parts, on m'apprenait que de semblables
» dégâts avaient été commis par les sphinx; et comme
» leurs entreprises devenaient de jour en jour plus fu-
» nestes, on imagina de rétrécir les portes de la ruche,

» afin que l'ennemi ne pût s'y introduire. Ce procédé
» eut un succès complet ; le calme se rétablit et les dé-
» gâts cessèrent.

« Les mêmes précautions n'avaient pas été prises en
» tous lieux ; mais nous nous aperçûmes que les abeil-
» les, livrées à elles-mêmes, avaient pourvu à leur
» propre sûreté : elles s'étaient barricadées sans le se-
» cours de personne, au moyen d'un mélange de cire
» et de propolis, dont elles avaient formé un mur épais
» à l'entrée de leur ruche. Ce mur s'élevait immédia-
» tement derrière la porte, et quelquefois dans la porte
» elle-même ; elles l'obstruaient entièrement, mais il
» était percé à jour lui-même de quelques ouvertures
» suffisantes pour le passage d'une abeille.

» Les ouvrages qu'elles avaient établis étaient d'une
» forme variée : là, comme je viens de le dire, on
» voyait un seul mur, dont les ouvertures étaient à ar-
» cades et disposées dans le haut de la maçonnerie ;
» ailleurs, plusieurs cloisons, les unes derrière les au-
» tres, rappelaient les bastions de nos citadelles ; des
» portes masquées par des murs antérieurs s'ouvraient
» sur les faces de ceux du second rang et ne corres-
» pondaient point avec les murs du premier ; quelque-
» fois c'était une suite d'arcades croisées, qui laissaient
» une libre issue aux abeilles sans permettre l'intro-
» duction de leurs ennemis : car ces fortifications
» étaient massives ; la matière en était compacte et
» solide.

» Les portes pratiquées cette année-là furent démo-
» lies au printemps suivant. Les sphinx ne parurent
» point cette année, ni la suivante ; mais, dans l'au-
» tomne de 1807, ils se montrèrent en grand nombre.
» Aussitôt les abeilles se barricadèrent et prévinrent
» ainsi le désastre dont elles étaient menacées. »

XIII.

Voilà, on en conviendra, un fait bien extraordinaire,
plus étrange encore que celui dont j'ai été l'heureux
témoin. Et cependant pourra-t-on aller jusqu'à en conclure que les mouches à miel ont de l'intelligence, et
que dans les divers actes de leur vie elles procèdent

par voie de raisonnement? Non sans doute ; Huber lui-même n'osait pas se livrer à cette induction. Aussi ne leur accordait-il avec raison que ce qu'on est convenu d'appeler instinct, la nature ne pouvant leur donner, disait-il, la plus légère portion d'intelligence, et ne devant dès lors leur laisser aucune précaution à prendre, aucune combinaison à former, aucune prévoyance à exercer, aucune connaissance à acquérir.

L'instinct, guidé par les lois providentielles qui dirigent toute une famille dans les mêmes voies, voilà en effet le seul mobile auquel obéissent les abeilles ; et si cet instinct n'est jamais pris en défaut, on ne saurait oublier non plus qu'il se manifeste toujours par des manœuvres identiques dans toutes les ruches.

Je l'ai déjà dit ailleurs, on se fait généralement de trop belles idées sur le compte de nos mouches en admirant leurs travaux, et en leur attribuant presque du talent. Elles ne possèdent à mes yeux qu'un instinct naturel qui les conduit en toutes choses pour la propagation et la conservation de leur race. Tout ce qu'elles font est dans la règle immuable et dans la loi de leur destinée ; elles l'exécutent parce que Dieu les a organisées pour cela, et qu'il leur a donné dans ce but les instruments et la matière : l'exécution n'est pour elles qu'un pur mécanisme. S'il en était autrement, elles introduiraient des changements et des perfectionnements dans leurs travaux, elles deviendraient plus adroites par l'exercice et la pratique. Mais elles ne travaillent pas mieux aujourd'hui qu'il y a mille ou deux mille ans, c'est toujours la même chose, et la mouche qui vient de naître est tout aussi adroite que la plus vieille et la mieux exercée.

Laissons donc de côté les théories des rêveurs, et reconnaissons que toutes les actions des abeilles, comme leurs travaux, sont le résultat de leur organisation, et non celui de leurs combinaisons ou de leurs talents.

DE LA PRATIQUE DE TUER LES ABEILLES
POUR FAIRE LE MIEL ET LA CIRE.

I.

J'ai parlé des récoltes de la cire après l'hiver et de celles du miel à la fin de l'été. Mais ces deux moyens de s'approprier le fruit des travaux de nos mouches ne sont pas les seuls en usage. Dans certaines contrées, on tue ces insectes pour s'emparer de la totalité de leurs richesses, on les étouffe à la vapeur du soufre, ou bien on les écrase impitoyablement. Ce procédé est suivi dans plusieurs États de l'Europe, dans beaucoup de provinces ou de départements de la France, notamment dans les Landes, même dans celles de la Gironde, et jusqu'aux portes de la ville de Bordeaux. C'est donc de ce qui se fait dans notre patrie et sous nos yeux que je vais parler : je tiens à en dire tout ce que j'en pense.

II.

J'en ai déjà fait ailleurs la remarque, ce n'est pas uniquement par amitié qu'on cultive ces mouches inquiètes, toujours prêtes à darder les traits envenimés dont elles sont armées. Ceux qui leur prodiguent des soins se laissent guider par un motif d'intérêt ; ils veulent se procurer un revenu de miel et de cire.

Mais pour atteindre leur but, tous n'agissent pas de la même manière. Les uns volent chaque année aux abeilles une part de leurs provisions et de leurs édifices, les autres tuent une portion de leurs ruches et s'approprient la totalité des dépouilles de celles-ci. Les premiers affaiblissent toutes leurs peuplades, les seconds en diminuent le nombre. Qui fait bien? Qui fait mal?

III.

Les auteurs condamnent ceux qui tuent les abeilles;
tous prononcent le même jugement, excepté un seul,
Lagrenée, qui a eu le courage de se déclarer contre
eux. J'aurai moi aussi le courage, ou si l'on veut, la
témérité de marcher sur ses traces, parce que j'ai
promis de dire franchement toute ma pensée. Malheureusement, je ne possède pas l'ouvrage de Lagrenée,
je n'en connais que les extraits donnés par ceux qui
l'ont combattu : aussi serai-je réduit à mes faibles
connaissances.

Je diviserai la question, pour la traiter avec ordre.
Je ne considèrerai d'abord qu'en elle-même la pratique de tuer les abeilles, abstraction faite des moyens
usités ; ensuite j'examinerai les procédés en usage,
soit pour cette destruction, soit pour profiter de la dépouille des ruches. Autant je ferai d'efforts pour justifier mes compatriotes sur le premier point, autant je
m'évertuerai à les blâmer et les condamner sur le second.

IV.

On criera beaucoup contre moi, je m'y attends d'a-
vance ; on m'accusera de cruauté et de barbarie : trop
heureux si on ne me traite pas d'assassin, de bour-
reau, d'égorgeur d'abeilles. On a lu une fois dans sa
vie un ouvrage sur nos insectes, on a adopté aveuglément l'opinion de son auteur, il faut bien la soutenir.
Mais je ne suis pas sensible à ces reproches. Depuis
que Dieu a soumis tout à l'homme, l'homme a usé de
son domaine largement, sans scrupule comme sans
remords ; il en use tous les jours pour sa subsistance
et ses besoins, pour ses plaisirs et ses délices, sans
qu'on pense à lui en faire un crime. S'il fallait avoir
compassion de nos insectes laborieux, pourquoi donc
n'en aurions-nous pas aussi du bœuf qui nous rend
tant de services, qui partage nos travaux les plus pénibles avec une docilité et une soumission constantes?

S'il fallait toujours épargner ces mouches industrieu-
ses qui nous fournissent la cire et le miel, pourquoi
donc serait-il permis de sacrifier ces animaux pacifi-
ques qui nous couvrent de leurs toisons et nous nourrissent de leur lait?

Je n'insiste pas sur ce point, et je prie le lecteur de
suspendre son jugement jusqu'à ce que j'aie déduit
toutes mes raisons : il se prononcera lorsque j'aurai
essayé de lui prouver que la pratique de tuer les abeilles est utile aux abeilles elles-mêmes, aux propriétaires et à l'Etat.

V.

Je dis d'abord aux abeilles elles-mêmes ; car nous
les sauvons en les tuant, nous les multiplions par la
mort, nous les faisons prospérer en leur ôtant la vie.
Ce paradoxe n'est qu'apparent, il me sera facile
de l'expliquer, si on veut bien ne pas trop prendre
mes paroles au pied de la lettre. En tuant une partie
de nos mouches, nous sauvons les autres, nous les faisons multiplier sans cesse, et nous entretenons ainsi la
prospérité dans nos ruchers; voilà tout ce que je prétends démontrer.

Depuis que le Tout-Puissant a dit aux créatures :
croissez et multipliez, tout dans ce monde tend à se
multiplier outre nature. D'un autre côté, les moyens de
subsistance sont bornés. De ces deux propositions,
trop frappantes de vérité pour avoir besoin d'être
prouvées, il résulte nécessairement que ce serait une
folie de vouloir toujours multiplier une espèce quelconque ; qu'il faut savoir se borner en toutes choses, et
que l'industrie consiste à proportionner la population
aux moyens d'exister ; que si d'un côté on doit chercher à augmenter les moyens, il faut de l'autre modé-
rer, combattre et arrêter la population pour l'empêcher de dépasser les moyens. Il est nécessaire en un
mot de maintenir l'équilibre entre elle et eux par une
juste proportion, sous peine de voir bientôt la population se détruire elle-même, en s'accroissant au-delà
des bornes qui lui sont impérieusement fixées par la
nature.

VI.

Ce raisonnement se fortifiera par quelques exemples. Qu'arriverait-il dans votre colombier, si chaque année vous laissiez s'envoler de leurs paniers les jeunes couples qui y naissent? La guerre, le désordre, la confusion, les épizooties, et par suite une ruine totale. Si au contraire, vous ne laissez vivre que ce qui est nécessaire à l'entretien et au renouvellement de la vieille population, si vous étouffez tout le reste pour les mets de votre table, vous maintiendrez la prospérité dans le colombier, vous sauverez vos pigeons en les tuant, et vous en aurez davantage.

Dans votre basse-cour, faites couver tous les œufs de vos poules, épargnez-les toutes sans exception, et vous finirez bientôt par n'avoir plus rien. Mais si vous consommez pour votre compte, ou si vous portez au marché les trois quarts des œufs, des poulets, des poulardes et des chapons, vous aurez toujours de la volaille.

Dans votre étang, vous n'avez jamais eu plus de quatre quintaux de poisson, parce que le volume ou la quantité des eaux ne peut en nourrir davantage : attendez dix ans, vingt ans, trente ans sans vous livrer à la pêche ; qu'y trouverez-vous? Quatre quintaux de poisson, probablement même un peu moins, parce que trois ou quatre grosses carpes, peut-être un énorme brochet, auront dévoré le jeune fretin de chaque année. Au contraire, procurez-vous le plaisir de la pêche, détruisez avec modération des carpes, des carpeaux, même des carpillons, et vous retrouverez toujours autant de poissons dans votre étang.

Que faites-vous dans vos métairies? Vous tuez ou vendez chaque année des agneaux et des moutons, des veaux et des bœufs, pour proportionner la population aux fourrages et aux pacages dont vous pouvez disposer, et pour maintenir ainsi la prospérité dans vos troupeaux.

Je ne finirais pas si je vous suivais dans votre jardin, éclaircissant vos légumes ; dans vos terres labourables, arrachant les trois quarts du maïs, du mil, du panis;

dans vos bois, coupant les pins et les chênes trop rapprochés, etc., etc., et toujours pour le salut ou la prospérité de ce que vous réservez.

VII.

Revenons à nos abeilles. Si vous rendez service à vos pigeons, à votre volaille, à votre poisson, à vos brebis et à vos vaches, en en tuant sans cesse ; si par ce moyen vous entretenez votre colombier, votre basse-cour, votre étang, vos parcs et vos étables dans un état prospère ; dites-moi comment il se pourrait faire que la destruction de quelques ruches ne tournât pas à l'avantage de vos abeilles et à la prospérité de vos ruchers ? Si vous êtes obligé d'éclaircir sans cesse vos légumes, vos céréales et les arbres de vos forêts pour les conserver, comment se ferait-il que vous ne puissiez jamais avoir besoin d'éclaircir vos ruches, quelque multipliées qu'elles soient ?

Les raisons que vous donnez pour justifier votre conduite, et que j'adopte volontiers, ne militent-elles pas toutes en faveur de la mienne ? Les moyens de subsistance ne sont-ils donc pas bornés pour les abeilles, comme pour tous les êtres, et ne sommes-nous pas obligés de veiller sans cesse à ce que la population n'excède pas ces mêmes moyens ? J'ose même affirmer que cette pratique de destruction est plus utile et plus nécessaire à nos mouches qu'à tout le reste, à cause de leur excessive multiplication et de la variation énorme qui se produit dans leurs moyens d'existence.

Les abeilles sont des insectes, et on sait que la population des insectes s'accroît avec une rapidité étonnante. Aussi quelques semaines ou quelques mois de miélée suffisent pour que le nombre des ruches soit doublé ou triplé, et pour que chacune d'elles contienne quatre fois plus de mouches. D'un autre côté, les saisons d'une année seront presque toujours favorables, tandis que l'année suivante elles seront presque toujours contraires, et n'offriront que des ressources modiques très passagères.

Qu'arrivera-t-il donc si, après une ou deux années

d'abondance, vous gardez toutes vos ruches ? Précisément ce qui aurait lieu dans votre basse-cour ou dans votre colombier, si vous ne vouliez tuer ni volaille, ni pigeons. Toutes vos ruches languiront, se dépeupleront, elles tomberont dans la misère et vous en perdrez un très grand nombre. Cet événement sera inévitable, parce que la proportion entre la population et les moyens d'existence aura été détruite ; la contrée parcourue par vos abeilles ne leur fournira plus des ressources suffisantes. Et si par malheur il vous survient alors une année de stérilité, vous perdrez presque toutes vos ruches, vous en sauverez d'autant moins que vous en aviez davantage, surtout si la misère et la disette amènent la guerre et le pillage, comme vous devrez vous y attendre.

VIII.

L'expérience vient à l'appui de tout ce que j'avance : elle démontre que ceux qui ne tuent jamais leurs abeilles finissent toujours par les perdre. Riches aujourd'hui, pauvres demain, ils sont toujours à recommencer : ceux qui au contraire se bornent à conserver un nombre de ruches proportionné aux ressources de leur localité maintiennent sans cesse leurs ruchers ; ils les voient prospérer dans les années fertiles, se soutenir dans les années médiocres ; les pertes qu'ils éprouvent dans l'adversité sont plus facilement modérées et promptement réparées.

IX.

Les auteurs et ceux qui ont embrassé leur système s'irritent de ce que nous détruisons des ruches, et la grande cause de leur colère vient de ce que les ruches ainsi sacrifiées pourraient nous en donner d'autres chaque année ; puis ils font de très beaux calculs, fort justes sur le papier, mais que la réalité des faits ne manque jamais de démentir.

En vérité, j'ai presque du regret de m'arrêter à réfuter ce grand argument. S'il était tant soit peu fondé, il faudrait laisser vivre tout, excepté les monstres et quelques individus dégradés; tout le reste vient au monde avec la faculté de se reproduire. Il ne serait plus permis de moudre le blé ni de manger du pain, car chaque grain porte son germe, et un germe très fécond. Chacun a appris à connaître quelle est la quantité de semence nécessaire à son champ; il la garde avec soin et profite du reste. Nous aussi nous savons par expérience quel est le nombre de ruches qu'il faut à notre rucher, à l'arrondissement parcouru par nos abeilles; s'il nous en vient au-delà, nous en profitons. Si le laboureur a ses raisons pour ne pas semer tout le grain qu'il recueille, l'apiculteur a les siennes pour ne pas garder toutes ses mouches.

X.

Chaque rucher a un *maximum* qu'il ne dépasse jamais. Lorsqu'une bonne année l'a élevé jusque-là, il faut nécessairement qu'il retombe, et sa chute est aussi terrible que funeste; l'expérience est là pour le prouver. Ce mot *maximum*, que je hasardai un jour dans ma correspondance avec M. Lombard, le frappa, et il me répondit : « Vous avez bien raison, mon cher » ami, je n'ai jamais pu parvenir à avoir soixante ru- » ches : lorsque j'approchais de ce nombre, j'en avais » tant de faibles et de si faibles que, malgré tous mes » soins et mes sacrifices, je subissais des pertes énor- » mes, et je me retrouvais toujours au point d'où j'é- » tais parti. » Aussi M. Lombard, qui avait condamné, dans les quatre premières éditions de son *Manuel*, la pratique de tuer les abeilles, a fini par la prôner dans sa chaire.

XI.

Voulez-vous un exemple frappant dont je peux garantir la vérité? En 1792, un propriétaire des Landes avait dans une de ses métairies 163 ruches; il ne voulut point en détruire une partie, malgré l'avis et les prières de son métayer, qui était un jeune homme, et

13

qui n'osa insister de peur de causer quelque émotion à son maître malade. Les abeilles restèrent. Le propriétaire mourut l'année suivante ; et lorsque celui de ses enfants auquel la métairie échut en partage alla la visiter, il n'y trouva plus que 17 ruches presque mourantes.

Il faut l'avouer, l'année 1793 fut bien funeste aux abeilles, comme à tout ce qui était bon. La cire n'éclairant plus les cérémonies de notre sainte religion, l'auteur de la religion jugea à propos de nous en priver, et on perdit partout beaucoup de ruches. Mais si notre propriétaire eût détruit l'année précédente la moitié des siennes, il s'en serait sauvé plus de 17, et au moins le double : je suis autorisé à le penser et à le dire, parce que ceux qui avaient tué une partie de leurs abeilles en conservèrent proportionnellement beaucoup plus. Ses pauvres mouches, beaucoup trop multipliées, ne trouvant rien au milieu d'un été brûlant qui avait flétri et desséché toutes les plantes, se massacrèrent les unes les autres ; plus d'une fois il fallut les bœufs et la charrette pour porter à la maison tout ce qui avait péri. Ce propriétaire était mon respectable père, et c'est moi-même qui lui avais succédé dans la propriété de la métairie.

Avec du temps et des soins, mon rucher se rétablit peu à peu : j'y ai revu plus d'une fois 160 ruches ; mais ni moi ni le paysan n'avons jamais été tentés de les conserver toutes ; et il me semble que nous avons été l'un et l'autre un peu pardonnables.

XII.

Je laisserai donc les savants publier dans leurs écrits qu'on ne doit pas détruire les ruches ; je laisserai les amis outrés des abeilles crier contre ceux qui les détruisent, et solliciter des lois pénales pour réprimer cette barbarie : pour moi, je continuerai à tuer une partie de mes mouches lorsqu'elles seront trop multipliées, parce que je sais par ma propre expérience que, plus je sacrifie de ruches, plus il m'en vient de nouvelles, tandis que je les perds presque toutes si j'en garde trop.

XIII.

Vous me direz sans doute qu'il vaut mieux former de nouveaux ruchers que tuer les abeilles. Je suis volontiers de cet avis, je l'ai même mis en pratique, car j'ai des ruches partout où je peux en avoir. Que puis-je faire de plus? Il faut vendre, me répondrez-vous. Mais à qui, vous dirai-je à mon tour? Dans nos Landes, personne n'achète des ruches, excepté les Auvergnats, et les Auvergnats ne les achètent que pour les détruire, parce qu'ils font le commerce de la cire et du miel.

Dans cet état de choses, ne vaut-il pas autant détruire soi-même les abeilles superflues que les vendre pour être tuées? Cela revient au même pour elles, puisqu'il leur faut mourir; mais pour nous, il est plus avantageux de les tuer que de les vendre. Celui qui vend est obligé de livrer ce qu'on lui demande, ce qu'il a de plus précieux, et non ce dont il aurait intérêt à se défaire : au contraire, celui qui fait lui-même son opération sacrifie ce qu'il veut, et se débarrasse de tout ce qui est mauvais. La différence est sensible.

XIV.

Maintenant, s'il est vrai, comme je crois l'avoir suffisamment démontré, qu'on sauve les abeilles en en tuant une partie; s'il est vrai que ce soit là le moyen de les maintenir dans la prospérité, il s'ensuit forcément que cette pratique est la plus profitable aux propriétaires et à l'Etat, car les abeilles dans la prospérité doivent donner plus de produits et de revenu que lorsqu'elles sont misérables. Auprès de celles qui sont riches, il y a toujours quelque chose à prendre et à gagner : avec celles qui sont pauvres, il n'y a qu'à perdre et à donner sans cesse.

Mais je ne me bornerai pas à ce raisonnement aussi concluant que simple; je veux faire le parallèle des deux pratiques, afin que vous puissiez juger vous-même quelle est la plus profitable.

XV.

Je suppose pour cela deux propriétaires, dont le premier suit mon système, tandis que le second a adopté le vôtre. Je suppose qu'ils ont deux ruchers égaux, soit par le nombre, soit par la force des ruches ; qu'ils sont aussi soigneux, aussi industrieux l'un que l'autre, et que la fertilité des lieux est la même. Je suppose enfin que les deux ruchers sont anciens, qu'on a souvent vu dans chacun 70 ruches, mais jamais davantage, de sorte que c'est là le *maximum* qu'ils peuvent atteindre. Dans ce moment, j'admets qu'ils se trouvent réduits à la moitié de ce *nec plus ultrà*, soit 35.

Les choses étant ainsi, supposons qu'il survienne une année fertile et que l'égalité ne soit pas dérangée, les deux ruchers sont doublés, chacun a 70 ruches, dont l'état est le même des deux côtés. Or, d'après le cours ordinaire des événements, voici quel sera cet état dans chaque rucher. Nous y compterons d'abord huit familles qui n'ont point jeté, lesquelles sont très populeuses et très riches. Parmi les ruches-mères, douze ont réparé leurs pertes et sont bonnes ; les autres quinze sont faibles et épuisées, parce qu'elles ont essaimé beaucoup trop ou trop tard. Parmi les essaims, huit sont magnifiques ; dix sont bien bons ; douze sont médiocres, mais cependant viables ; enfin, les cinq derniers ne valent rien et ne peuvent vivre.

XVI.

Jusque-là tout a été égal ; mais ici va commencer la différence. Nos deux apiculteurs vont opérer chacun à sa manière. Le premier détruit trente ruches et s'empare de leurs richesses ; le second garde toutes ses peuplades, mais il leur prend tout ce qu'il peut ; et voici quel sera le produit des récoltes de chacun.

Si celui qui a tué les abeilles eût détruit ses trente plus belles ruches, il aurait récolté environ 600 kil. de miel et 30 kil. de cire : mais l'économie et la prudence

ne lui permettant pas d'en agir ainsi, il a dû nettoyer
son rucher et ne garder que des ruches bonnes, de
sorte qu'il a récolté seulement 400 kil. de miel et 22
kil. 1/2 de cire (j'estime tout au plus bas).

Celui qui a gardé toutes ses ruches a obtenu (en portant tout au plus haut) : 1° de ses huit premières
peuplades 60 kil. de miel ; 2° des ruches mères bonnes 45 kil. ; 3° de ses meilleurs essaims autres 45 kil. ;
soit en totalité 150 kil. de miel : et sa récolte en cire
sera de 6 kil. Voilà à quoi se réduira son revenu, car
il ne pourra rien prendre aux vieilles ruches épuisées ;
il aurait bien plutôt besoin de leur donner. Il lui sera
également impossible de dégraisser cette multitude de
jeunes essaims qui n'ont rempli de leurs gâteaux que
la moitié ou les deux tiers de leurs paniers, s'il ne veut
pas les faire périr. Quant aux cinq mauvais essaims, il
est inutile d'en parler. Cependant remarquez qu'il a
fait bien du mal à ses mouches, car il ne lui reste
pas une seule ruche forte, elles sont toutes médiocres
ou faibles.

Etablissons le résultat comparatif : Le premier propriétaire a 400 kil. de miel ; le second n'en a que 150.
— Différence : 250 kil.

Le premier a 22 kil. 1/2 de cire ; le second n'en a
que 6. — Différence : 16 kil. 1/2.

XVII.

Vous me direz certainement que si je suis plus riche
que vous en miel et en cire, vous l'êtes vous-même
bien davantage en ruches. Je ne peux le nier pour le
moment : mais combien de temps durera votre supériorité sur ce point ? D'abord, si mon opération a été bien
faite, comme je dois le supposer, je n'ai que des ruches fortes et bonnes ; ainsi je ne dois en perdre aucune avant le retour de la saison des fleurs, sauf les
accidents, dont je ne tiens compte ni pour vous, ni
pour moi.

Vous au contraire, qui avez conservé tout, bon ou
mauvais, vous avez pris la triste précaution d'affaiblir
ou d'appauvrir tout ce qui pouvait être fort ou riche.
Ainsi vous devez vous attendre à voir votre rucher

bien rapetissé quand la tourterelle reviendra roucouler sur le sommet de vos chênes. Vous aurez perdu alors vos cinq mauvais essaims, et au moins la moitié des ruches épuisées : quelques autres seront également mortes pour avoir été trop vivement taillées ; de sorte que je crois vous faire grâce en ne portant votre perte qu'à douze ruches. Voilà donc votre supériorité, qui était d'abord de trente, réduite à dix-huit.

Mais allons un peu plus loin. Supposons l'année suivante aussi fertile que la précédente ; c'est assurément ce qui peut vous arriver de plus heureux : eh bien, voici ce qui aura lieu. Je n'ai que quarante ruches, mais toutes sont en bon état et suffisamment pourvues ; aussi travailleront-elles avec la plus grande activité. Bientôt elles regorgeront de mouches, les essaims sortiront de tous côtés, et au bout de six semaires j'atteindrai de nouveau mon *maximum*, j'aurai 70 ruches. Vous, au contraire, vous avez déjà 58 peuplades : mais elles sont affaiblies, elles ne pourront profiter de la miélée et se refaire que très lentement. Cependant elles vous donneront des essaims, mais tardifs et en petit nombre ; car ce terrible *maximum*, cette borne fatale que vous n'avez jamais franchie, et que vous ne franchirez jamais, est là pour vous arrêter ; et vous n'aurez pas vous-même plus de 70 ruches. Votre supériorité aura donc été bien éphémère, elle disparaîtra après une seconde année d'abondance.

XVIII.

Cette supériorité n'existera pas non plus après une année commune et ordinaire ; car vous concevez sans peine que mes abeilles, bien munies à l'ouverture du printemps, et réduites à un nombre proportionné aux ressources des lieux, se soutiendront facilement. Elles me donneront quelques essaims ; un nombre à peu près égal de familles périront ; et mon rucher se retrouvera toujours dans le même état l'année suivante. Vous, vous n'aurez au commencement de la belle saison que des ruches médiocres et faibles ; de plus, elles ne seront pas en proportion avec les ressources de la contrée qu'elles parcourent : trop nombreuses pour pou-

voir y vivre, elles languiront, elles souffriront : le rucher sera comme une ville qui occupait et nourrissait
10,000 âmes, et qui n'offre plus de travail et de subsistance que pour 6,000. Il résultera de là une dépopu-
lation considérable, vous serez fort heureux si vous
sauvez 40 ruches; encore seront-elles bien faibles
parce qu'elles ont beaucoup souffert, et parce que celles qui auront péri ont consommé en pure perte une
partie des ressources. Voilà donc encore votre supériorité de nombre perdue au bout d'un an.

XIX.

Mais ce sera bien pis si je suppose une année stérile. Les ruches qui sont en bon état à la fin de l'hiver
supportent facilement, à l'aide de leurs provisions et
du peu qu'elles récoltent, les rigueurs d'un mauvais
printemps. Ainsi les miennes ne commenceront à souffrir qu'au solstice d'été ; les vôtres commenceront à
périr dès le mois d'avril. Plus vous en avez, moins
vous en sauverez, et ce sera un grand bonheur s'il
vous en reste dix. Souvenez-vous de ce qui m'arriva
chez moi-même quand je succédai à mon pauvre
père.

Ainsi, vous le voyez, quelle que soit l'hypothèse
dans laquelle je raisonne, votre supériorité de nombre
est bientôt perdue. N'eut-il pas mieux valu pour vous
faire comme moi ? N'en seriez-vous pas plus riche ?
Les paysans n'ont-ils pas raison de dire qu'*on doit prendre le profit des abeilles lorsqu'il se présente, et que
si on le laisse échapper, on ne le retrouve plus ?* Celui
qui détruit une ruche après la saison des fleurs ne fait-
il pas mieux que celui qui la laisse périr de faim pendant l'hiver ou après, pour n'y trouver que quelques
onces de cire, s'il plaît aux rats et aux fausses teignes
de ne pas la dévorer ?

XX.

Vous trouverez peut-être étrange que je donne au
propriétaire qui tue ses abeilles 5 1/2 de cire pour 0/0

de miel, tandis que je n'accorde pas à l'autre plus de 4 pour 0/0. Je me contente de dire que cela est et que cela doit être ainsi, parce que le premier, en vidant ses ruches, y trouve, outre les rayons de miel, quelques gâteaux de cire secs, tandis que le second récolte uniquement des rayons de miel.

XXI.

Voulez-vous maintenant d'autres preuves que la pratique de tuer les abeilles est plus avantageuse aux propriétaires et à l'Etat ? Consultez le mémoire publié par mon ami M. Housset, dans l'*Ami des Champs*, au mois de mai 1823. Vous y lirez que 2,500 barriques de miel brut ont produit au commerce de Bordeaux 825,000 fr. en miel et 87,500 fr. en cire, total 912,500 fr.

Remarquez que ces 2,500 barriques n'étaient qu'une partie du produit des ruches détruites dans l'étendue des Landes pendant l'automne ; car M. Housset ne fait aucune mention du commerce de la place de Bayonne, qui n'est pas inférieur à celui de Bordeaux sur le miel, et qui est même plus considérable en cire à cause de sa proximité de l'Espagne, où l'on est très avide de la belle cire de nos Landes. Il ne parle pas non plus de celle qui s'exporte dans les départements des Hautes et Basses-Pyrénées, dans le Gers et le Lot-et-Garonne, etc.; enfin il ne dit rien de la consommation intérieure de la cire et du miel dans les départements de la Gironde et des Landes, où elle est cependant très considérable. Certainement si M. Housset eût réuni tout cela, il aurait porté ses calculs à une somme de deux millions au moins.

XXII.

Voici encore un service important rendu à l'Etat par les abeilles et par la pratique de les tuer. Pendant les trois ou quatre années qui précédèrent la restauration, la mélasse des raffineries de sucre devint si chère et si rare, que les manufactures de tabac en manquèrent.

Alors le miel de nos ruches sacrifiées vint à leur secours : des pharmaciens zélés et instruits firent avec
ce miel un sirop qui remplaça la mélasse, et alimenta
les manufactures de tabac dans toute la France. Ce sirop était noir et brûlé, sans doute pour imiter la mélasse, et plus probablement pour que l'odeur du cara-
mel fît disparaître le parfum du miel qui aurait été désagréable dans le tabac. Disons-le seulement, il est fâ-
cheux que ceux qui ont fait ces opérations les aient
tenues secrètes ; il serait bon que les procédés par
eux mis en usage ne fussent pas ignorés, afin de pouvoir s'en servir si on se retrouvait jamais dans des
circonstances semblables.

Après la restauration, les eaux-de-vie, que la sta-
gnation du commerce avait fait croupir long-temps
dans nos magasins, se répandirent dans tout l'univers :
bientôt elles devinrent rares dans notre patrie et excessivement chères. Et voilà que le miel vint encore
rendre des services importants. Des ateliers considérables furent établis à Bordeaux pour distiller cette
denrée, et on en retira de l'eau-de-vie et du trois-six
au-delà de toute espérance, car aucune substance connue ne contient autant d'alcool que le miel. Sans
doute, cette eau-de-vie n'était ni de l'Andaye, ni du
Cognac, ni de l'Armagnac, mais elle s'écoula comme
l'autre, selon sa valeur.

XXIII.

En 1817, les terres, lavées par les pluies continuel-
les de l'année précédente, furent stériles et donnèrent
fort peu de céréales ; les propriétaires n'avaient presque pas de grains à vendre, et les paysans manquaient
de subsistances pour la moitié de l'année. En revanche, les abeilles avaient parfaitement réussi, et on dé-
truisit plus de ruches encore qu'en 1815. Les maîtres
qui se livrent à l'apiculture eurent de bons revenus,
et les métayers mangèrent leur pain comme de coutume ; tandis que de grandes familles, qui négligent
la culture de nos mouches, vécurent plusieurs mois de
son remoulu, ou s'endettèrent pour la vie.

XXIV.

Je pourrais citer bien d'autres circonstances particulières où les abeilles, gouvernées d'après mon système, ont été très utiles à leurs maîtres et au pays ; mais je crois en avoir dit assez pour vous convaincre que mon procédé est le plus avantageux. Je laisse aux partisans de la pratique opposée le soin d'en vanter les avantages. En attendant, je tuerai toujours une partie de mes abeilles lorsqu'elles se multiplieront beaucoup, bien convaincu qu'en les tuant je conserverai mon rucher et je le ferai prospérer, au lieu que vous ruinerez vous-même le vôtre en gardant toutes vos ruches, qu'en les affaiblissant par vos récoltes vous les empêcherez de se reproduire, et que vous étoufferez les enfants dans le sein de leur mère. Je tuerai encore mes abeilles, parce que ce moyen me procure des profits plus considérables, et parce que cette pratique est la plus utile aux mouches elles-mêmes, aux propriétaires et à l'Etat ; d'où je conclus sans hésiter qu'elle est la préférable.

XXV.

Maintenant laissez-moi vous dire ce qu'on fait dans les Landes, et ce qu'on devrait toujours faire, quand on détruit des ruches. Mais auparavant il importe de bien vous fixer sur deux points essentiels, savoir : le choix et le nombre des peuplades qui doivent être conservées ; car le hasard ou le caprice ne peuvent être pris pour guides dans cette opération délicate.

XXVI.

Ce serait une grande folie de tuer toutes les plus belles ruches et de ne garder que les plus faibles ; on commettrait la faute de ceux qui appauvrissent leurs abeilles par des récoltes immodérées. Celui qui agirait ainsi perdrait beaucoup de ruches et n'obtiendrait pas de brillants succès l'année suivante. Si l'expérience nous a appris qu'il est de notre intérêt de nous borner à un certain nombre de ruches, elle nous enseigne aussi que nous devons conserver les bonnes. Ne perdons jamais de vue cette leçon, et tenons pour certain qu'on sera toujours plus riche avec trente ou quarante bonnes ruches qu'avec cinquante ou soixante faibles. Lorsque vous voudrez tuer des abeilles, votre premier soin devra donc être de purger votre rucher, et d'en faire disparaître toutes les familles non viables, même celles qui sont douteuses, afin de ne réserver que celles qui sont bonnes.

En conséquence, vous visiterez avec l'attention la plus scrupuleuse toutes vos ruches, et vous marquerez d'un signe de réprobation pour être détruites les premières : 1° celles qui ont perdu leur reine ; 2° celles qui n'ont pas des provisions suffisantes ; 3° celles qui ne possèdent pas assez de mouches pour pouvoir se réchauffer pendant la saison des frimas ; 4° celles dont les maisons pourries menacent ruine ; 5° celles qui sont vieilles et dont les gâteaux ont noirci, etc., etc. Puis, lorsqu'en faisant votre opération, vous aurez purgé votre rucher, vous finirez de remplir vos barriques en y jetant quelques-unes de vos plus belles ruches prises parmi les vieilles, afin de rendre vos matières bonnes et marchandes.

XXVII.

Il faut le dire, à la louange des paysans des Landes, ils font presque toujours leur choix avec discernement et sagesse : mais on doit l'avouer, il en est quelques-uns qui commettent des fautes graves et dont les conséquences sont funestes. C'est principalement dans les communes les plus voisines de Bordeaux que ce mal se produit. Les apiculteurs de cette contrée veulent jouir, comme les autres, du revenu de leurs abeilles ; ils veulent vendre des barriques de miel, mais en même temps ils sont jaloux de conserver un beau rucher. Ainsi, pour concilier leur intérêt avec leur amour-propre, ils sacrifient toutes les plus belles ruches ; dix, peut-être moins, leur suffisent pour remplir une barrique, tandis qu'il en aurait fallu quinze ou seize s'ils avaient procédé avec prudence. Leur opération faite, ils se réjouissent et se glorifient d'avoir retiré de leurs abeilles un bon revenu et de posséder encore un grand rucher ; ils espèrent que leurs faibles peuplades se referont au printemps prochain et deviendront aussi fortes que celles qu'ils ont détruites ; mais tout le contraire arrive. Ils accusent les saisons des pertes énormes qu'ils éprouvent, sans s'apercevoir qu'ils les ont seuls occasionnées par leur imprudence, puisque ceux qui ont fait un bon choix en sont exempts ; car une expérience constante démontre que ceux qui gardent uniquement des ruches bonnes passent presque toujours six mois, et quelquefois neuf, sans en perdre une seule, sauf bien entendu les accidents et les maladies.

XXVIII.

Voyons maintenant quel est le nombre de ruches qu'on doit conserver. Il paraît, d'après ce que j'ai lu dans quelques auteurs, que M. Lagrenée conseille de détruire chaque année le tiers des ruches, pour profiter de leurs dépouilles. Il faut croire que la fertilité de sa contrée rendait cette pratique possible en lui donnant tous les ans un bon nombre d'essaims. Mais ce procédé ne peut être admis dans nos Landes, où l'essaimage est quelquefois insignifiant et même entièrement nul.

Il est évident que nous nous porterions un grave préjudice, si nous détruisions des ruches lorsque nous n'avons pas recueilli d'essaims : nous ne pouvons donc tuer des abeilles tous les ans ; cela ne nous est permis que quand nos ruchers ont été grossis par un essaimage abondant. Dans cet état de choses, je dois poser d'autres principes et établir des bases différentes de celles de M. Lagrenée. Or, voici la règle que je donne et que j'ai déjà insinuée : *les propriétaires doivent tuer les abeilles dans les cas où cela est nécessaire pour rétablir une juste proportion entre le nombre de leurs ruches et les ressources que la localité offre à leurs mouches dans une année ordinaire. Tout l'excédant doit être sacrifié.*

XXIX.

De là résulte nécessairement que le nombre des ruches à conserver varie selon la fertilité de chaque lieu ; car tandis que cent ruches ne suffiraient pas sur un point, il y en aurait trop de quinze ou de vingt sur un autre. Mais comment se fixer et trouver cette juste proportion ? Cela ne me paraît pas très difficile quand on a un rucher ancien; on connaît en effet sa portée et sa force, on sait jusqu'où l'élève ordinairement un bon essaimage. C'est là précisément ce qui doit servir de règle ou de boussole, parce que l'expérience et les observations ont appris que la moitié (ou un peu plus) des ruches qu'on possède à la fin d'une saison fertile est ce qui convient à la localité, dans le cours ordinaire des choses. Cette moitié y vivra bien s'il survient une année commune, et elle suffira pour les succès d'une année fertile. Ainsi, pour un rucher semblable à ceux dont j'ai parlé plus haut et dont le *maximum* serait 70 ruches, on en doit garder au moins 35 et 40 au plus : on se porterait un préjudice considérable si on n'en réservait pas 35, et on serait dupe si on en gardait plus de 40.

La difficulté est plus grande lorsqu'il s'agit d'un rucher nouveau, établi dans une localité dont on ne connaît pas toutes les ressources ; il faut alors avancer en tâtonnant. On marche d'abord sans crainte, mais il importe de se méfier et de se tenir sur ses gardes lorsqu'on sera arrivé à un certain chiffre : il sera nécessaire de faire quelques sacrifices, mais en petit, gardant toujours plus de ruches qu'on n'en avait l'année précédente ; et ainsi de suite jusqu'à ce que l'on parvienne à connaître le *maximum* de son rucher. Quand on l'aura connu, on se conduira d'après la règle que j'ai indiquée tout-à-l'heure, c'est-à-dire qu'on se fixera à la moitié ou un peu plus de ce *maximum*.

XXX.

J'arrive au procédé suivi par les habitants des Landes lorsqu'ils tuent des abeilles. J'en rougis d'avance, car je vais fournir des armes terribles aux ennemis de la pratique que je prône. Je ne cacherai cependant rien, je dévoilerai sans ménagement toute l'étendue du mal, dans l'espoir de le faire cesser ou de le diminuer un peu. Toutefois, j'ai hâte de le dire, les vices que je vais signaler ne concernent que la manière d'opérer ; ils n'affectent nullement la pratique en elle-même, qui est et sera toujours la meilleure à mes yeux.

XXXI.

La saison des fleurs étant passée, ce qui a lieu vers la fin d'octobre, le choix des familles destinées à périr ou à survivre étant lui-même arrêté, on place derrière le rucher ou sur un des côtés de celui-ci une ou plusieurs barriques défoncées d'un bout ; puis on attend que la nuit enveloppe la nature de son obscurité. Alors on allume un petit feu de paille à quelques pas de la barrique que l'on veut remplir, soit pour éclairer les travailleurs, soit pour attirer et brûler les mouches qui s'échapperont. Un homme vigoureux saisit une ruche, la couche de manière à ce que les gâteaux soient placés horizontalement ; afin de détacher ces gâteaux des parois, il la soulève dans cette position et la frappe rudement contre terre : ensuite il lui fait faire un demi-tour en la roulant, la soulève et la frappe une seconde fois contre le sol ; aussitôt il la met au-dessus de la barrique et la vide dans celle-ci. Tout ce que la ruche contient tombe ordinairement en masse ; ainsi les abeilles, la cire et le miel s'engouffrent pêle-mêle dans le tonneau, où ils sont écrasés, pilés et broyés par deux hommes armés de barres ou gros pieux, qui manœuvrent comme un pharmacien dans un mortier. Sans perdre de temps, les autres patientes sont exécutées de la même façon, et une demi-heure suffit pour remplir la barrique, qui est aussitôt refoncée ou couverte de planches et d'un linge.

Cette manière d'opérer est horrible, dégoûtante, nuisible ; je tiens à m'en expliquer en toute franchise.

XXXII.

Je suis certainement bien aguerri contre les abeilles et très familiarisé avec elles. Cependant j'avoue que j'ai frémi d'horreur, lorsque j'ai vu pour la première fois un homme, le visage nu, la tête et le cou à demi enveloppés, les mains garnies de gants bien courts et qui laissaient ses poignets découverts, frapper et refrapper rudement une ruche contre terre, puis les mouches tomber en foule sur le gazon et se relever aussitôt, quelques-unes pour voler dans les flammes, mais le plus grand nombre pour défendre leur maison et leurs richesses contre les assassins et les voleurs. Cette ruche était à mes yeux comme une ville de guerre défendue par des milliers de soldats braves ou bien armés, et qu'il fallait prendre d'assaut. Aussi les assaillants recevaient-ils bien des blessures : je ne les évitai moi-même qu'en cherchant les ténèbres et en me réfugiant sous les broussailles, derrière les haies et les buissons. Ajoutez à cela que les mouches précipitées dans la barrique ne sont pas toutes écrasées par les barres et les pieux ; bon nombre, remontant par les parois intérieures, et s'attachant aux mains ou aux bras des personnes qui pilent, pénètrent sous leurs habits, se glissent dans leurs cheveux, etc., etc., et les punissent cruellement de leur imprudence.

L'horreur dont je ne pus me défendre augmenta encore, lorsque je vis qu'une ruche mal construite n'avait pu se vider toute à la fois. Une grande partie des gâteaux y étant restée attachée, on l'agitait, on la secouait dans tous les sens, on la frappait à coups redoublés contre l'intérieur de la barrique, et les abeilles assiégées en sortaient à flots pour voler à la défense de la brèche.

XXXIII.

On voit par ce que je viens de dire que les mouches qui vont se brûler sont en petit nombre ; beaucoup volent en l'air, et la plus grande partie rampe ou se traîne sur le gazon, dans les herbes et les broussailles ;

tout en est inondé. Aussi trouve-t-on le lendemain matin de gros pelotons d'abeilles réunies en essaims au dehors de la barrique, sur les ruches vidées, aux broussailles ou aux tiges des arbres, et on est obligé de les brûler avant que le soleil ne les réchauffe, pour éviter les massacres qui auraient lieu dans les ruches conservées.

A cette occasion, je me permettrai une petite digression qui me paraît digne d'intérêt et qui sera propre à détourner un moment votre vue du tableau hideux que je viens de tracer.

XXXIV.

Il est certain que les abeilles échappées au massacre se réunissent ; j'en ai vu les divers pelotons semblables à de petits essaims, et ils ont excité ma surprise. Comment se fait-il que ces pauvres mouches, éparpillées çà et là, puissent se réunir ainsi au milieu des ténèbres de la nuit ? Une seule observation a suffi pour satisfaire ma curiosité sur ce point, et je tiens à vous en faire part.

Les abeilles ne peuvent vivre qu'en communauté ; la fraîcheur d'une nuit modérée est suffisante pour compromettre leur existence quand elles sont dans l'isolement. Dès qu'elles se voient seules, elles s'effraient et s'agitent avec violence, elles produisent avec leurs ailes un bruit aigu, une espèce de sifflement, qui est entendu des autres mouches, et auquel celles-ci répondent par le même signal. Elles s'appellent ainsi mutuellement, se rapprochent peu à peu, et finissent par se réunir pour ne former qu'une masse compacte, afin de se réchauffer. C'est donc en s'appelant, en s'écoutant, en se répondant qu'elles se retrouvent les unes les autres au milieu de la nuit la plus obscure, et ce à la distance de plusieurs pas.

XXXV.

Une autre observation assez singulière que j'ai faite sur les abeilles écrasées, c'est que leurs aiguillons piquent encore pendant plusieurs mois après leur mort.

Lorsqu'on coule le miel provenant de nos ruches détruites, ce qui se pratique ordinairement dans l'hiver, on sort des barriques la matière brute, on la met dans un chaudron sur un feu très modéré ; un homme la remue sans cesse avec son bras entièrement nu, afin de saisir le point de chaleur nécessaire pour rendre le miel fluide sans que la cire fonde. Le bras de cet homme se couvre bien vite d'aiguillons adhérents à la peau ; il devient rouge, et l'enflûre s'ensuit. Sans doute les abeilles écrasées depuis deux ou trois mois ne piquent plus, car leurs aiguillons désormais inertes ne sont plus poussés par une force motrice ; mais l'homme, en agitant son bras dans la matière, se pique lui-même aux dards qui y sont répandus.

<h2 style="text-align:center">XXXVI.</h2>

La manière dont les paysans des Landes procèdent quand ils détruisent des ruches est non-seulement horrible et épouvantable, mais encore sale et dégoûtante.

Je ne connais pas d'insecte plus propre et plus délicat que l'abeille. Quoiqu'elle passe, comme les autres, par différents états, jamais elle n'est tachée d'aucune souillure. Dans son premier âge, elle se trouve à l'état de ver, mais ce ver est aussi blanc et aussi pur que la neige ; il est placé dans un berceau qu'on admire autant pour la perfection de la matière que pour l'élégance ou la finesse du travail, et dans lequel on n'a jamais aperçu la moindre espèce d'immondices. La nourriture que reçoit ce joli ver est aussi pure que lui-même ; c'est une bouillie sucrée et parfumée, puisée dans le calice des fleurs les plus délicates, ou bien un lait doux et léger élaboré dans l'estomac des abeilles.

Dans son second âge, elle se trouve à l'état de nymphe et est enveloppée d'une chemise fine et blanche, d'une espèce de suaire où elle dépouille la forme du ver pour prendre celle d'une belle mouche. C'est là qu'elle se donne des pates pour marcher, des ailes pour voler, et tous les instruments nécessaires pour les travaux auxquels sa vie est destinée.

Enfin, dans son dernier âge, et lorsqu'elle est parvenue à la perfection de sa nature, son instinct, ses goûts, ses habitudes ne lui font rechercher que les richesses de la campagne en fleurs.

Ainsi par elle-même, l'abeille noyée dans le miel ne peut exciter le dégoût que nous éprouvons quand les insectes parasites, qui naissent et vivent au milieu des immondices, tombent dans notre boisson ou dans nos aliments.

XXXVII.

Cependant les abeilles écrasées dans le miel, avec lequel se mêlent ainsi leur ventre et leurs intestins broyés, convenez-en, cela est bien fait pour révolter la délicatesse et pour inspirer une vive répugnance. Je sais bien qu'un auteur breton, qui a fait grand bruit dans son temps, a dit et soutenu que les aliments de nos mouches se convertissent en miel ou en cire dans leur estomac, et qu'elles les rendent ensuite par la bouche : il a même ajouté que les abeilles n'ont ni intestins, ni voies excrétoires. Mais moi, qui ai observé de mes propres yeux leurs boyaux, moi qui les ai vues maintes fois se vider comme les autres animaux, et par les mêmes voies, je ne peux admettre ce système charmant, et je sens que mon estomac se révolte quand je vois le ventre et les intestins des abeilles écrasés dans le miel et mêlés avec lui.

D'un autre côté, vous n'ignorez pas que nos mouches sont armées d'un dard renfermé dans une sorte d'étui ou de fourreau : ce dard porte une petite goutte de venin qu'on peut voir facilement en prenant l'abeille par les ailes ; car dans cette position, elle s'irrite et menace de son aiguillon, au bout duquel on aperçoit une guttule claire et limpide, comme une larme de rosée sur la pointe des barbes d'un épi. Quelque beau que soit ce venin, il ne peut être rien de bon ou d'agréable ; la vive et subite douleur que nous éprouvons quand l'abeille nous l'inocule, l'inflammation et l'enflure qui surviennent aussitôt, ne permettent pas de douter que ce soit une substance très mauvaise, et son mélange avec le miel me déplaît souverainement.

Mais ce qui me révolte encore davantage, c'est que, malgré les précautions prises par les paysans, il est impossible que de nombreuses parcelles des bouses de vache qui forment l'enduit extérieur de leurs ruches ne tombent pas dans les barriques. Ils en rient ordinairement, mais toute personne délicate en éprouve un vif sentiment d'horreur.

Ajoutez à cela que la cire, le miel et les abeilles écrasés ensemble forment une espèce de grosse marmelade, un véritable gâchis, dont la vue seule excite le dégoût, de telle façon qu'on répugne à toucher cette matière, même du bout du doigt.

XXXVIII.

Pour excuser leur malpropreté, les paysans, beaucoup moins dépourvus de raison et de sagacité qu'on ne le pense en général, ne manquent pas de dire que le vin ne se fait pas plus délicatement; et que le miel, après avoir été coulé avec précaution, sera écumé et purifié par le feu, au moins tout aussi bien que le vin par la fermentation.

Je ne puis disconvenir qu'ils sont un peu fondés dans cette observation, mais elle ne les disculpe pas entièrement à mes yeux, parce qu'ils pourraient mieux faire.

Cependant, pour diminuer l'horreur qu'inspire leur manière d'opérer, je dois dire que les abeilles écrasées dans le miel ne s'y corrompent pas. Cette substance a, comme le sel, la graisse, le sucre et l'eau-de-vie, la faculté de conserver les corps et les fruits. Un an après l'opération, les mouches sont retrouvées dans le miel aussi saines que le premier jour.

Je dois ajouter encore que le miel communique à tout son goût et son parfum, sans jamais être altéré en contractant les vices des corps étrangers qu'il renferme ou dans lesquels il est contenu. Ainsi on le retirera d'une barrique aigre ou moisie, sans qu'il y ait subi la moindre altération : ainsi les bouses de vache qui y seront tombées contracteront son odeur sans qu'il contracte lui-même leur souillure.

XXXIX.

J'ai dit enfin que le procédé usité dans nos Landes est nuisible et préjudiciable. La première perte qu'il occasionne est celle des ruches ou paniers. La plupart auraient pu servir utilement pendant dix, quinze ou vingt ans, et elles s'écrasent presque toutes lorsqu'on les heurte fortement contre terre, de sorte qu'elles ne sont plus bonnes qu'à jeter au feu ou à suspendre au poulailler comme nids de poules.

Une seconde perte se produit sur la quantité du miel. Quelque riche et grasse que soit une ruche, tous les gâteaux qu'elle contient ne sont jamais pleins de miel ; il y en a toujours une partie assez considérable dont les alvéoles sont vides et desséchés. Or, les gâteaux secs, écrasés dans le miel, s'en imbibent et en absorbent beaucoup ; on aura beau les presser ensuite, ils ne rendront jamais tout ce qu'ils ont bu.

Mais c'est dans la qualité du miel que se trouve le plus grand dommage. Il y en a de vieux et de frais dans les ruches qu'on détruit ; l'un est contenu dans des gâteaux noirs et anciens, l'autre dans des gâteaux blancs et nouvellement construits : il y a aussi des cellules qui renferment du pollen fermenté, très désagréable au goût ; enfin on y voit quelquefois des alvéoles remplis d'une matière rougeâtre et liquide qui me paraît destinée à entrer dans la composition de la propolis, et dont l'amertume égale celle du fiel.

Par la manière dont on opère, on mêle tout et on gâte tout ; le miel frais est détérioré par le vieux ; celui qui est contenu dans les rayons blancs est défiguré et dégradé par la crasse des rayons noirs : enfin le pollen et la liqueur à propolis achèvent de vicier le mélange.

J'ai fait remarquer, il est vrai, que le miel ne contracte pas les vices des corps étrangers ; mais cela ne doit s'entendre qu'autant qu'on les en sépare : or, il est certain qu'on ne pourra jamais séparer la liqueur de la propolis rouge et amère, et qu'une partie du pollen passera avec le miel à travers les linges. Le miel est donc gâté par la pratique d'écraser tout pêle-mêle dans les barriques ; et c'est réellement dommage, car il est par lui-même d'une très bonne qualité.

XL.

Je veux finir en disant ce qu'il faut faire pour remédier à ces inconvénients.

1° On doit cesser d'écraser les mouches avec le miel et la cire ; et pour cela, on n'a qu'à les faire périr avant de vider les ruches, soit en les noyant, soit en les étouffant à la vapeur du soufre.

2° Les abeilles étant mortes, on videra les ruches avec précaution et on divisera les gâteaux en trois portions différentes. Dans la première, on mettra les gâteaux blancs, pleins de miel fin et frais ; dans la seconde, les rayons noirs qui contiennent du miel vieux ; enfin dans la troisième tous les gâteaux sans miel. Il serait à souhaiter qu'on pût séparer le pollen en entier, mais cette opération serait trop minutieuse et à peu près impossible ; on pourra donc mettre au second lot les rayons de miel mêlés de pollen. Quant à la liqueur rouge de la propolis, il sera nécessaire de la séparer soigneusement avec la pointe d'un couteau, ce qui n'est ni difficile, ni pénible, parce qu'elle est très aisée à distinguer et toujours en petite quantité ; on trouve même beaucoup de ruches où il n'en existe aucune trace.

3° Le premier lot, coulé à part, donnera du miel fin et très délicat, qui se vendra au moins le double de ce qu'on en retire ordinairement. Le second fournira un miel commun, parfaitement propre à tous les usages auxquels on emploie le miel dans les Landes, et qui aura l'avantage d'être fait avec moins de saleté. Enfin le troisième lot produira la plus belle cire, sans faire perdre une goutte de miel.

XLI.

Je ne peux me dissimuler sans doute que l'exécution de mes conseils éprouvera de grandes difficultés de la part des paysans. A l'époque de la destruction des ruches superflues, ils sont trop surchargés de travail pour qu'on puisse facilement les décider à sacrifier plusieurs journées dans l'unique objet de vider les ruches et d'en trier les gâteaux. On ne les y décidera que par force et par l'appât du gain, comme, par exemple, si les négociants qui achètent le miel brut faisaient annoncer à l'avance qu'ils refuseront les matières dans lesquelles on aura mis les abeilles avec le miel et la cire, et qu'ils donneront un bon prix de celles qui seront sans mouches.

Quoique j'aie dit plus haut que nous ne voulions pas vendre nos ruches aux Auvergnats, parce qu'ils ruineraient nos ruchers en exigeant les plus fortes, je suis obligé cependant de convenir que ces hommes seraient les plus propres à faire cesser nos affreux procédés, s'ils voulaient acheter les ruches tant mauvaises que bonnes, et telles en un mot qu'on les leur offrirait. Ils pourraient se charger de détruire les mouches et de faire le choix des rayons. Mais dans ce cas, pour éviter toute surprise, il serait nécessaire que les ruches fussent vendues au poids, et non à forfait ; et qu'après avoir été vidées, elles fussent pesées à nouveau pour la réduction de la tare, avant d'être rendues au propriétaire.

MÉMOIRE SUR LE MIEL.

I.

L'éducation des abeilles a toujours fixé l'attention des agriculteurs et celle des savants.

Les premiers, ne la considérant que sous le rapport de l'augmentation des produits, arrêtaient leurs observations au point où elles cessaient d'être dirigées vers ce but; le miel, ce riche présent que nous font des insectes précieux, n'était pour eux qu'une production très éventuelle, à laquelle ils ne donnaient qu'une attention secondaire, et qui ne devait point les détourner trop long-temps de leurs travaux agricoles.

Les hommes instruits, au contraire, qui s'appliquent à découvrir les secrets de la nature, recherchent dans le miel, non-seulement les avantages qu'il offre aux transactions commerciales, mais encore les qualités chimiques qui peuvent le rendre auxiliaire dans un grand nombre d'opérations.

Mais telles sont les bornes de l'intelligence humaine, que le miel qui se forme pour ainsi dire sous nos yeux, est un mystère pour nous. Nous savourons son goût et son aromate, nous voyons nos champs couverts des sources où l'abeille puise son trésor, et les éléments dont il se compose nous sont encore inconnus ; car, il faut l'avouer, on a cherché vainement jusqu'ici à analyser cette substance.

Aussi n'ai-je pas la prétention de vouloir pénétrer un mystère que le temps et les progrès des sciences pourront seuls dévoiler. Mais si, par des observations multipliées, suivies d'expériences positives, j'ai pu étendre la connaissance des propriétés du miel, je croirais manquer à mon devoir en ne publiant pas ces observations, peut-être utiles à la prospérité de mon pays.

II.

En présentant cet essai, mon dessein est de contribuer à augmenter les ressources de l'économie rurale. Peu versé dans les sciences, je ne m'expliquerai pas sans doute avec toute la régularité qui convient à un pareil sujet; mais je compte sur l'indulgence du lecteur.

III.

L'opinion la plus nuisible à l'exploitation des ruches est celle qui fait considérer cette exploitation comme tellement éventuelle, qu'on ne peut jamais compter sur son produit. Cette assertion a quelque chose de vrai ; mais ne serait-il pas bien facile de la généraliser et de l'étendre à toutes les productions agricoles? En effet, ne sont-elles pas placées sous la même influence atmosphérique, et n'arrive-t-il pas souvent que les plus belles moissons disparaissent au moment où elles allaient combler l'espoir du cultivateur laborieux? Et si le produit des abeilles avait le privilége de n'être soumis à aucune chance funeste, qui pourrait en calculer la valeur? Pour donner une faible idée de ce produit, je dirai seulement que le prix moyen d'un essaim, et les abeilles en font jusqu'à trois par année, est de 10 fr. : or, supposons pour un instant qu'elles n'en fassent qu'un; le premier essaim en produirait deux la première année, et quatre la seconde : on peut aisément voir les conséquences de cette progression.

J'ajouterai que la vente du miel a produit au commerce de Bordeaux 825,000 fr. en miel et 87,500 fr. en cire, dans l'année 1815 ; ce qui donne un total de 912,500 fr. Il y a donc un très grand avantage à multiplier les essaims et à en perfectionner la culture.

Je ne chercherai point à pénétrer dans l'avenir, mais permettez-moi de faire ici une supposition. Si un jour les rapports de nos colonies avec la métropole étant interceptés, les sucres ne pouvaient nous parvenir qu'à des prix très élevés, ne serions-nous pas heureux alors d'avoir pour y suppléer une substance qui.

mieux connue, deviendrait susceptible de le remplacer ? Je ne m'étendrai pas davantage sur ce sujet, et je passe à l'examen des propriétés nouvelles que des recherches multipliées m'ont fait découvrir.

IV.

Du miel considéré comme ferment.

Le commerce étant livré depuis un grand nombre d'années à la fabrication des eaux-de-vie autres que celles de vin, c'est-à-dire fabriquées avec toutes les espèces de fruits, tant verts que secs, avec des pommes de terre, de la mélasse, etc., etc., il était essentiel pour lui d'employer le meilleur ferment possible : car l'on sait que plus la fermentation est forte, et plus la formation de l'alcool est abondante. On essaya donc plusieurs des moyens indiqués par les auteurs : on employa successivement la levure de la bière et les pâtes farineuses, mais elles ne parurent pas comparables au miel ; avec lui la fermentation est plus prompte, et son résultat est tel, qu'une livre de ce corps sucré produit le même effet que trois livres de levure de bière.

J'ajouterai qu'il y a beaucoup d'avantage à employer le miel, parce qu'il produit de l'eau-de-vie que la levure de bière ne donne pas, et il en produit même plus que la mélasse ; c'est au point qu'une velte de mélasse ne produit qu'une velte d'eau-de-vie à 20 degrés, tandis qu'une velte de miel rend une velte d'eau-de-vie à 32 degrés. D'où résulte l'existence de cette propriété fermenticible du miel ? Est-ce son principe muqueux ou une matière organique des abeilles qui, par son extrême affinité pour l'oxigène, en soustrait une quantité suffisante au principe sucré par le moyen de l'hydrogène et de l'oxigène, et détermine dans le principe le changement de rapport nécessaire à la réaction et à la fermentation alcoolique pour former l'acide carbonique et de l'alcool ? Je l'ignore, et je dois laisser aux savants l'honneur de cette nouvelle découverte, si toutefois il est possible de pénétrer jusqu'au mystère dont la nature couvre encore la formation des produits physiologiques et chimiques provenant de plusieurs corps organisés.

Pour mieux m'assurer de l'avantage qu'offre le miel, j'en ai fait de l'hydromel, et j'en ai fait aussi avec de la mélasse ; ces deux substances étant en égale quantité, j'ai soumis ces deux espèces d'hydromel à la fermentation : celle du miel a été plus prompte et plus active, et son produit bien plus agréable et beaucoup plus abondant ; enfin je n'ai pas eu besoin d'auxiliaire pour faire fermenter le miel, tandis que j'ai été forcé d'en faire usage avec la mélasse.

V.

Du miel employé pour améliorer la qualité du vin.

On a proposé l'addition du sucre pour améliorer les vins provenant d'une mauvaise récolte. Sans doute le défaut de maturité du raisin rend insuffisante la proportion du principe mucoso-sucré, ou du sucre, nécessaire à l'accomplissement de la fermentation et à la production de l'alcool si utile pour lui donner ses qualités ordinaires ; mais, dans cette hypothèse, le sucre peut-il remplir le but que l'on se propose, et réparer les pertes de la nature dans le suc du raisin, fermenté ou à fermenter ? Je suis loin de le penser, l'expérience m'a prouvé le contraire. Le sucre n'est point susceptible de fermenter seul, toujours il a besoin du concours d'un principe fermentatif qui manque, comme lui, dans le vin provenant du raisin imparfaitement mûri ; et l'observation m'a prouvé que le sucre ajouté au vin en fermentation, dans la proportion de trois livres par barrique, n'a amené aucune différence sensible ni dans les phénomènes de la fermentation, ni dans la qualité du vin comparé à celui où je n'en avais pas mis.

Si le miel jouit à juste titre d'une prérogative bien marquée sur le sucre, c'est sans contredit dans ce cas, et il est facile d'en concevoir la raison, puisque le miel est le meilleur de tous les ferments pour le travail alcoolique.

Il doit par cette qualité, comme par la proportion

du principe sucré qu'il contient, non-seulement facili-
ter la fermentation des principes contenus dans le vin
et rendus infermenticibles peut-être par l'excès du
mucilage ou de l'eau de végétation du raisin, mais lui
donner aussi la proportion désirée de l'alcool. C'est ce
que j'ai obtenu en mettant trois livres de miel par barrique. On peut en mettre davantage sans nulle crainte :
tout est subordonné à la qualité du raisin.

Si l'on ne faisait usage du miel qu'avec beaucoup de
réserve, de crainte qu'il communique son goût au vin,
on tomberait dans l'erreur. Lorsque le miel a subi la
fermentation dans un liquide quelconque, il perd totalement son goût propre, et en prend un autre vineux
très agréable. L'hydromel, qui est une boisson bienfaisante et agréable tout à la fois, se faisant habituellement avec le miel, pourquoi craindrait-on que le miel
communiquât son goût au vin ? Le sucre fermenté dans
un liquide n'offre pas le même avantage, et son goût
n'a point d'analogie avec le vin, comme le miel.

<h2 style="text-align:center">VI.</h2>

Je vais maintenant donner quelques idées sur la ma-
nipulation du miel et sur les phénomènes qui se présentent en le séparant de la cire.

Le miel s'achète brut et par barrique : il est donc
nécessaire de le séparer de la cire et des autres matières qui nuiraient à sa pureté. Pour cela, on le fait
chauffer doucement dans une chaudière, et ensuite on
le vide dans des sacs de toile faite avec des ficelles,
au travers desquelles il coule en se séparant des corps
étrangers qu'il contenait. Lorsque cette opération est
terminée, on presse le résidu qui se trouve dans les
sacs, et qui est formé par la cire, les mouches, la
crasse, etc., etc. On lave ensuite les sacs dans de l'eau
chaude, afin de les nettoyer et de détacher le miel qui
s'y tient.

Cette eau qui a été employée pour le lavage des sacs
m'a fourni une observation importante. Je voulus en
faire évaporer une partie, pour composer avec le reste
un sirop qui me semblait devoir être agréable, mais je

n'obtins qu'une liqueur épaisse et très noire qui répondait peu à mes espérances. Cependant je la mis de côté avec l'intention d'observer les modifications que le temps pourrait lui faire éprouver ; et quel fut mon étonnement lorsque je remarquai, quelques jours après, que cette matière noire et dégoûtante s'était transformée en très beau miel dont la délicatesse ne laissait rien à désirer ! J'abandonne à d'autres qui vérifieront le fait, le soin d'en expliquer la cause.

Or, cet avantage, tout grand qu'il est, n'est pas la seule propriété de cette eau que j'ai considérée autrefois comme inutile : elle peut servir à fabriquer des eaux-de-vie et de très bon vinaigre. J'ai vu vendre en 1814 plusieurs pièces de ces produits au prix de 500 fr. les 50 veltes. J'avoue cependant que cette eau-de-vie de lavage ne valait pas celle qui provient du miel, et on en voit facilement la cause. J'ajouterai même qu'il fallait que les eaux-de-vie ordinaires valussent à cette époque 850 fr. pour que celles provenant de l'eau de cire fussent vendues 500 fr.; mais, si l'on considère qu'avant d'avoir fait mon observation, je jetais mes eaux de lavage, il est facile d'apprécier mon nouveau résultat.

Les eaux de cire font d'ailleurs une excellente boisson, comme je le démontrerai plus bas. Elles ont aussi la propriété de se changer en bon vinaigre ; le hasard m'en a fourni la preuve. J'avais rempli de cette eau un baril d'environ 30 pots ; mon dessein était de le laisser fermenter pour en composer une boisson que je supposais devoir être agréable ; et, afin d'accélérer la fermentation, j'ouillais mon baril deux fois par jour, voulant ainsi purifier la liqueur. Mais avant la fin de mes expériences, un accident fit ouvrir le baril et perdre une grande quantité de son contenu ; il n'en resta qu'une faible partie que j'abandonnai comme inutile ; quelque temps après, ayant voulu sentir mon baril, je lui trouvai une odeur acéteuse extrêmement forte, qui me donna l'idée de composer du vinaigre avec la liqueur qu'il renfermait encore ; j'y jetai un morceau de bois de cormier, et le résultat surpassa mon attente, car j'obtins un vinaigre excellent.

VII.

Eau de cire prise comme boisson.

J'étais aussi bien éloigné de penser que les eaux provenant de la cire, de la crasse et des abeilles, eussent l'avantage de produire une boisson agréable et bienfaisante ; le hasard m'a conduit encore à faire cette observation.

A cette époque, je faisais purifier le miel dans la commune de Mérignac, à une lieue de Bordeaux. Je savais que les eaux provenant de la cire étaient nuisibles aux abeilles, et même pouvaient les faire périr ; ne voulant porter aucun préjudice à quelques voisins qui en avaient, je faisais mettre ces eaux dans des barriques : mais quel fut mon étonnement lorsque, le lendemain, je trouvai ces eaux en grande fermentation, quoique placées sous un hangar exposé à être frappé de toutes parts par le contact de l'air ? J'observais tous leurs mouvements, chaque jour je les goûtais, chaque jour je m'apercevais qu'elles perdaient leur intensité de douceur et en prenaient une de vinosité ; et lorsque la fermentation fut finie, ces eaux avaient toute l'analogie du vin blanc doux et piquant, avec un peu d'amertume.

J'engageai les ouvriers à faire usage de cette boisson, qu'ils trouvaient fort agréable ; mais ils éprouvaient une certaine répugnance, bien pardonnable à eux qui avaient vu dans une chaudière les mouches et la crasse subir l'ébullition pour faire de la cire. Je conviens que cela est assez dégoûtant ; mais la fermentation purifie, et le miel fermenté ne souffre aucun corps étranger, pas même la cire : par conséquent ils ne couraient aucun danger en buvant. Je fus obligé de leur donner l'exemple, en avalant plusieurs verres de cette boisson dans le cours de la journée ; cet exemple fut tellement suivi que je me vis forcé de leur défendre d'en boire en aussi grande quantité, pensant que cela pourrait leur devenir nuisible. L'excès en toute chose ne vaut rien, surtout lorsqu'il s'agit de liqueurs fermentées ; seulement , les ouvriers portèrent chez eux la quantité nécessaire à leur ménage, et ils préférèrent cette liqueur au vin que l'on vend dans les cabarets.

Ces eaux ne furent plus prodiguées, soit parce que je leur reconnus un principe salutaire en état de bonne santé, soit parce qu'elles me parurent également bonnes dans certaines maladies : car j'ai vu la femme d'un de mes ouvriers, affectée d'une maladie de poitrine qui depuis plusieurs années avait résisté à tous les remèdes employés jusqu'alors, je l'ai vue, dis-je, guérir par suite de l'usage de cette boisson pendant l'espace de quatre mois. Ce fait n'a peut-être rien de surprenant pour la médecine, mais je l'ai observé avec conviction, et je le signale : c'était la femme d'un ouvrier nommé Iriard, déporté des colonies, et qui à cette époque résidait à la Chartreuse.

VIII.

Des engrais provenant des mouches, de la paille,
de la crasse, etc.

Personne n'ignore que, lorsqu'on fait la cire, on met au fond de la presse une forte couche de paille pour éviter que les mouches ou d'autres corps étrangers ne passent au travers ; que l'on presse fortement pour faire tomber la cire, et qu'on a la précaution d'y jeter de l'eau bouillante pour éviter qu'elle se fige et pour qu'elle coule mieux ; de sorte qu'il ne reste au fond de la presse que le marc, qui se compose de la paille, des mouches, de la crasse, etc. Ce marc fut mis en tas, puis on le mélangea avec de la terre pour en composer du fumier ; mais quelle fut ma surprise, trois mois après que le tas de fumier eut été fait, lorsqu'au moment d'une forte gelée, je vis sortir de toutes parts une fumée qui annonçait une fermentation des plus actives ! J'enfonçai un bâton dans ce fumier, et un instant après je le retirai extrêmement chaud. Cette observation me confirma de nouveau toute la puissance que peut avoir le miel comme ferment.

Il me restait à connaître les effets que produirait le fumier confié à la terre ; mon attente ne fut point trompée. Les prairies sur lesquelles on avait répandu cet engrais devinrent d'une beauté si remarquable, qu'on allait les voir par curiosité. Depuis lors, j'ai fait usage de cet engrais sur diverses qualités de terre ; il a toujours produit les plus grands effets, et il ne communique aucune mauvaise odeur, ce qui est essentiel pour bien des plantes.

IX.

Conservation du miel.

Le miel est une substance qui se conserve long-temps, et il conserve également toute sorte de viandes et de fruits, même en parfaite maturité, quoiqu'il contienne une quantité de matières putréfiables. Il est de règle que les ruches renferment depuis dix mille jusqu'à quarante mille mouches, et il faut supposer, terme moyen, quinze ruches pour remplir une barrique de trente veltes, ce qui fait un total de trois cent mille mouches au moins. Sans doute cette quantité est suffisante pour corrompre le miel, mais cependant il se conserve intact. J'en ai gardé pendant quatre ans sans qu'il se soit corrompu. Il n'en est point de même à l'égard du miel qui a été purifié ; quoique séparé des matières putréfiables, il ne conserve sa qualité que pendant deux années au plus : d'abord il devient liquide et il perd sa blancheur ; plus tard il devient noirâtre, et son goût n'est point aussi aromatisé. Lorsque l'on veut conserver le miel long-temps, il ne faut point le purifier par le feu ; on soumet les gâteaux à la presse, et le miel qui en découle est bien meilleur : on le nomme alors vulgairement, dans le pays, *miel vierge.*

X.

D'après ce que je viens de dire sur le miel et sur toutes les ressources qu'on y a puisées, il semblerait que de nouvelles recherches seraient inutiles, et que tous les secrets de la nature ont été épuisés ; cette opinion serait une erreur profonde. La chimie aura beaucoup à faire avant d'être parvenue à découvrir et à expliquer tous ces secrets. Nous voyons pour ainsi dire le miel se former sous nos yeux, et la manière dont il se forme est encore un mystère que l'on n'a pu dévoiler. Je vais citer un fait assez curieux, qui est difficile, il est vrai, à concevoir, mais dont il est très facile de se convaincre. Tout le monde sait que les abeilles piquent assez violemment avec leur dard, mais elles ne piquent qu'une seule fois, parce que leur dard, restant dans la chair, entraîne avec lui les boyaux qui lui sont attachés, et l'abeille meurt peu d'instants après ; mais, quoique le dard soit séparé du corps de l'abeille, on le voit pénétrer dans la chair en tournant comme la vis d'un tourne-broche dont les boyaux forment les volants.

Voici un autre fait qui n'est pas moins intéressant que le précédent. Le dard de l'abeille pique encore après avoir subi l'ébullition dans la cire, et même après avoir été soumis à la presse. Mes ouvriers et moi, nous avons éprouvé cela bien des fois ; mes ouvriers poussaient même la curiosité jusqu'à se faire piquer sur le bout du pouce, afin d'être tout-à-fait convaincus.

Je ne me permettrai point de commentaires sur ce sujet ; je laisse à d'autres le soin d'éclaircir ces phénomènes. Je dirai seulement, en concluant, que le miel peut être considéré comme renfermant en lui seul plusieurs qualités qui se trouvent rarement réunies dans les productions naturelles : l'agriculture, le commerce, la médecine trouvent en lui un puissant auxiliaire. Il est donc essentiel de répandre le bienfait de son exploitation.

LETTRES

A UN INSTITUTEUR PRIMAIRE

SUR L'APICULTURE.

Après avoir publié les travaux de l'abbé Espaignet sur les abeilles, nous croyons être agréables au public en donnant ici quelques lettres écrites par lui dans ses vieux jours, et qui sont comme le résumé de son œuvre entière.

PREMIÈRE LETTRE.

10 septembre 1834.

Mon cher Ernest,

Vous me demandez quelques notions d'apiculture, afin de pouvoir diriger avec fruit le rucher que vous venez de créer si heureusement dans le jardin de votre maison d'école. Je me rends à vos désirs, et je commence aujourd'hui même une courte série de lettres qui, toutes sommaires qu'elles seront pour traiter un sujet aussi vaste, vous permettront cependant, je l'espère, de ne pas marcher en aveugle dans la voie nouvelle où vous voulez entrer. Mais je veux avant tout vous féliciter de l'initiative que vous avez prise pour comprendre désormais l'apiculture dans le programme des leçons que vous distribuez avec tant de soin à vos jeunes élèves.

Plût à Dieu que tous nos instituteurs primaires, désireux comme vous de populariser, en les propageant dans les jeunes intelligences, les notions saines et pratiques de la vie des champs, voulussent, eux aussi, consacrer un petit recoin de leur jardin à la culture si intéressante et si fructueuse des mouches à miel. La France s'enrichirait bientôt de 30,000 ruchers dont ils seraient les heureux possesseurs, et qui augmenteraient ses revenus annuels de plus de quatre millions de francs. Grâce à cet exemple qu'ils placeraient sous les yeux des enfants, l'apiculture, hélas si délaissée, conquerrait bien vite dans nos campagnes ses titres de noblesse; les ruches se multiplieraient avec rapidité dans les exploitations rurales où elles n'ont pu pénétrer encore, et l'un des arts agricoles les plus négligés aujourd'hui deviendrait en bien peu de temps une source immense de richesses pour les fortunes privées, comme pour la fortune publique, en livrant tous les ans au commerce un excédant de vingt millions de cire et de miel.

Vous n'y avez peut-être pas réfléchi, mon cher Ernest, mais voilà pourtant le problème que les instituteurs comme vous pourraient résoudre sans peine, avec le travail de quelques insectes qui ne donnent pour ainsi dire aucuns frais d'entretien. Suivez-moi un instant dans mes calculs; en vous faisant toucher du doigt la vérité de mes appréciations, ils vous disposeront à mieux écouter, et à mettre en pratique avec plus de zèle le petit cours élémentaire que je vais écrire pour vous.

Les produits des abeilles sont de deux sortes, les uns qui reviennent tous les ans, au moyen des gâteaux de cire et de miel qu'on leur dérobe par l'opération de la tonte des ruches; les autres qui se réalisent à des époques périodiques plus éloignées, c'est-à-dire, en moyenne, à peu près tous les cinq ans, et qui consistent dans la grande récolte de miel provenant de la destruction des familles superflues. Tout ceci est encore inconnu pour vous, mais vous l'apprendrez plus tard : veuillez seulement tenir d'ors et déjà le fait pour certain, en attendant qu'il vous soit révélé dans ses détails, soit par une de mes prochaines lettres, soit par la pratique. Cela dit, je poursuis ma démonstration.

Votre rucher se compose de quarante ruches ; quel en sera le produit? Chacune d'elles vous donnera tous les ans, en récolte de cire à la fin de l'hiver ou en

récolte de miel à la fin de l'été, un revenu de 2 fr. 50 c.,
soit toutes ensemble une somme ronde de...   100 fr.

En prenant pour base la moyenne la plus
faible de la reproduction des abeilles, et en
tenant compte des pertes que vous pourrez
éprouver, le nombre de vos ruches doublera
tous les cinq ans. Il vous sera donc facile, à
chaque période quinquennale, d'en détruire
quarante qui vous fourniront une grande récolte de deux barriques de miel, à 100 fr.
l'une, soit en totalité............................   200

Ajoutez encore une somme annuelle de
100 fr. pour les petites récoltes de cire et
de miel que vous aurez faites au moyen de
la tonte, pendant les quatre années qui se
seront écoulées jusque-là, ce qui fait pour
toute cette période.............................   400

Et vous verrez que cinq ans vous auront
suffi pour réaliser un revenu total de........   700 fr.,
soit, en divisant par le nombre des années, 140 fr.
par an.

Supposez maintenant que nos trente mille instituteurs primaires, répandus sur toute la surface de l'empire, se livrent comme vous à l'apiculture avec un rucher de quarante ruches en moyenne, ils obtiendront
tous ensemble un revenu annuel de trente mille fois
140 fr. de cire et de miel, soit 4,200,000 fr.

Mais je vais plus loin, car mes calculs, pour être
vrais, ne peuvent pas s'arrêter là ; il faut absolument tenir compte de l'impulsion sérieuse qui serait donnée à la
culture des abeilles par l'exemple des instituteurs. Or,
chacun d'eux ne parvînt-il à faire dans son rayon que
quatre apiculteurs nouveaux, le surcroît de produits
annuels qui en résulterait dans la cire et le miel, se
calculant sur les mêmes bases, atteindrait en bien peu
de temps l'énorme proportion de 21 millions de
francs.

Mais à quoi bon ces considérations générales qui irritent peut-être votre impatience légitime ? C'est
pour vous seul que j'écris, mon cher Ernest, et dès les
premières lignes que je trace, j'ai failli l'oublier. Vous
me pardonnerez bien, n'est-ce pas, d'avoir exprimé

en passant, moi qui me passionne depuis tant d'années pour l'apiculture, un de mes vœux les plus chers, que les instituteurs primaires pourraient réaliser s'ils voulaient s'en donner la peine. Maintenant j'entre en matière, et je vous promets de ne plus me laisser entraîner à d'inutiles digressions.

Deux mots d'abord sur la constitution véritable de la famille des abeilles, car c'est là la première notion qu'il faut avoir pour se livrer avec fruit à l'éducation de ces insectes : aussi veux-je y consacrer une partie de ma lettre, comme à une indispensable introduction.

Ce sujet est un de ceux sur lesquels l'imagination des poètes et des naturalistes eux-mêmes s'est le plus donné carrière, et je n'hésite pas à dire qu'on ne trouve chez eux que des fables, auxquelles les observations de tout apiculteur sérieux viennent donner à chaque pas d'incessants démentis.

Il y a dans les ruches trois espèces de mouches, 1° une reine ou mère-abeille, 2° des ouvrières ou abeilles communes, 3° enfin des faux-bourdons ou mâles ; tout le monde est d'accord sur ce point. Mais d'où viennent ces mouches d'espèces différentes, et comment s'opère leur reproduction ? Voilà la difficulté.

Dans le système le plus généralement adopté par les naturalistes, la reine est la mère de toutes les autres abeilles, c'est elle seule qui pond les œufs d'où naissent les ouvrières, les faux-bourdons et les jeunes reines. Les faux-bourdons sont tous mâles, leur unique fonction est de féconder la mère-abeille. Enfin celle-ci et les ouvrières sont de même nature dans leur origine ou dans leur germe ; c'est-à-dire que les ouvrières sont primitivement femelles comme leur mère, et propres à devenir des reines comme elle. Toute la différence qui les distingue vient de ce que la reine, élevée dans une cellule plus spacieuse, et nourrie d'une bouillie royale, plus abondante, a tous ses organes développés et est propre à la génération ; tandis que les ouvrières, resserrées dans des alvéoles étroits, et recevant une nourriture moins substantielle, moins abondante, ont leur sexe neutralisé, et se trouvent douées en échange de tous les instruments qui les rendent propres au travail.

Voilà, mon cher Ernest, le singulier système que des esprits sérieux ont pu inventer sans rire, et que je n'ai jamais pu lire de même. Et cependant, chose étrange, il a prévalu dans la science sans qu'on se soit défié de son exactitude, jusqu'à ce qu'un homme obscur, observateur plus patient qu'éclairé, soit venu le détruire en apportant des preuves matérielles et irréfragables d'une erreur trop long-temps ignorée.

Ces preuves, reposant toutes sur des observations de fait que vous pourrez répéter vous-même pour mieux en apprécier la force et le mérite, sont trop nombreuses pour que je puisse leur donner place ici. Ne me demandez pas l'impossible : cent lettres comme celle-ci ne suffiraient pas à vous satisfaire, et je ne vous ai promis qu'une théorie toute sommaire que vous pourrez compléter vous-même en temps et lieu. Prenez patience jusqu'au bout, je ne vous demanderai pas, soyez-en sûr, de me croire sur parole ; et je vous fournirai bientôt le moyen de satisfaire votre curiosité, en prenant la nature sur le fait dans les mystérieux secrets de son œuvre.

Mais c'est assez pour aujourd'hui. Adieu, je renvoie à la semaine prochaine l'abrégé de la théorie qui renverse de fond en comble le système des naturalistes.

DEUXIÈME LETTRE.

15 septembre 1834.

Mon cher Ernest.

Ne vous impatientez plus de ma lenteur à tenir ma parole ; la semaine n'est pas encore écoulée depuis que le facteur vous a porté ma dernière lettre, et je suis encore dans les délais que je m'étais réservés pour écrire celle-ci.

J'ai promis de vous initier à la théorie nouvelle qui est venue opérer une révolution complète dans les idées des naturalistes, et je ne veux pas vous en faire attendre plus long-temps l'exposé. Laissez-moi vous dire seulement, comme précaution oratoire, qu'elle est seule véridique, et qu'on peut la contrôler, soit par l'observation des faits, soit par les dissections anatomiques. Cela posé, j'entre en matière cette fois sans préambule.

Il y a en effet dans les ruches trois espèces de mouches, une reine, des ouvrières et des faux-bourdons.

Ces espèces diffèrent les unes des autres, non-seulement par le sexe, la forme extérieure et la taille, mais encore par leur nature et leur origine.

Les ouvrières se divisent en deux classes distinctes : mais on les désigne toutes deux sous le même nom, parce que les mouches de l'une et de l'autre travaillent réellement.

Il y a ceci de particulier chez les abeilles que chaque espèce a son sexe. Ainsi on ne trouve point de mâles parmi les reines, ni de femelles parmi les faux-bourdons.

Quant aux ouvrières de la première classe, elles sont toutes du sexe masculin, et celles de la seconde classe appartiennent au sexe féminin.

Il est dès lors évident que la reproduction s'opère par croisement entre mouches tout-à-fait différentes : et de là résulte encore qu'aucune mouche ne pouvant reproduire sa semblable, les abeilles sont hybrides, tout en restant fécondes.

La mère-abeille, ne trouvant aucun mâle de son espèce, recherche le faux-bourdon, s'accouple avec lui, et produit les œufs d'où naissent des abeilles communes. Ces abeilles sont du genre masculin, et on les appelle petits-mâles pour les distinguer du gros qui est leur père.

Ensuite quand les faux-bourdons sont exterminés, la reine s'accouple avec les petits mâles qu'elle a mis au jour ; et sans cesser de produire des abeilles communes de première classe, c'est-à-dire du même sexe, elle fera des œufs d'où naîtront un certain nombre de mouches de la seconde, qui seront toutes des femelles.

Ces dernières ne sont pas très nombreuses. Elles sont fécondes, mais leur fécondité n'est pas comparable à celle de leur mère, car elle se borne à une seule et petite ponte d'où naissent les faux-bourdons et les reines ; après quoi elles ne tardent pas à mourir.

Quand ces petites femelles apparaissent dans la ruche, elles ne trouvent d'autres mâles que les petits, dont elles ne diffèrent d'ailleurs extérieurement que par la forme un peu plus pointue de leur ventre. Elles s'accouplent avec eux, et donnent le jour aux faux-bourdons ou gros mâles.

Enfin, quand ceux-ci sont nés, d'autres ouvrières de seconde classe frayent avec eux ; et de là les jeunes reines, dont la naissance annonce que la campagne est finie, que la chaîne de la reproduction des différentes espèces de mouches est achevée, et que la roue des générations a terminé son cours.

Les jeunes reines ne sont pas elles-mêmes long-temps oisives ; elles recherchent les faux-bourdons pour ouvrir une nouvelle campagne, commencer une seconde chaîne et donner une autre impulsion à la roue : c'est-à-dire que tout finit et recommence à leur naissance.

Tel est, mon cher Ernest, le système qui est venu bouleverser les idées des naturalistes, et faire crouler l'élégante merveille par laquelle leur imagination n'a-vait pas craint de transformer les abeilles en vérita-bles magiciennes, toujours prêtes à opérer des méta-morphoses que l'ombre d'Ovide ne se consolera ja-mais de n'avoir pas chantées.

Je vous ai dit plus haut que les mouches à miel sont hybrides et fécondes, ce qui paraît au premier abord assez difficile à concilier. S'il est vrai pourtant que les hybrides sont les êtres nés de deux espèces, il est im-possible que les abeilles ne le soient pas ; car puisqu'il n'y a qu'un sexe dans chaque espèce de mouches que renferme la ruche, le croisement entre ces diverses espèces est leur unique moyen de reproduction. Ainsi la mère-abeille est fille d'une ouvrière de seconde classe et d'un faux-bourdon. Ainsi les ouvrières de première classe, ou les petits-mâles, sont fils de ce dernier et de la mère-abeille. Ainsi les ouvrières de seconde classe, ou petites femelles, sont filles de celle-ci et du petit-mâle. Ainsi enfin les faux-bourdons sont produits par les ouvrières de seconde classe et par les petits-mâles. Partout, dans cette rotation, croisement entre deux mouches d'espèces différentes, et par con-séquent naissance d'êtres hybrides de leur nature.

Cependant cette qualification d'hybrides doit être

ici un peu modifiée, parce que les différentes espèces, et même tous les individus d'une ruche, ne forment qu'une seule famille, dont tous les membres sont unis par les liens de la nature et de la parenté. Toutes les espèces se relient entre elles, elles viennent les unes des autres, et on peut dire de chacune que tout procède d'elle.

Ainsi la mère-abeille donne le jour aux ouvrières de première et de seconde classe ; or, comme tout le reste procède de ces dernières, il est permis de dire avec vérité que tout vient de la mère-abeille immédiatement ou médiatement. Ainsi les petits-mâles engendrent les petites femelles et les faux-bourdons ; or, comme tout le reste procède de ces dernières mouches, il est permis de dire avec vérité que tout vient immédiatement ou médiatement des petits-mâles. Ainsi les petites femelles produisent les faux-bourdons et les reines ; or, comme tout le reste procède de leurs enfants, il est permis de dire avec vérité que tout vient immédiatement ou médiatement des petites femelles. Ainsi enfin les faux-bourdons engendrent les petits-mâles et les reines ; or, comme tout le reste procède de leur progéniture, il est encore permis de dire avec vérité que tout vient des faux-bourdons immédiatement ou médiatement.

Une particularité remarquable se manifeste dans les croisements des abeilles ; car si les mouches qui s'unissent diffèrent d'espèce par leur origine paternelle, elles proviennent de la même mère ; et si elles diffèrent par leur origine maternelle, elles proviennent du même père. Par exemple, la mère-abeille et le faux-bourdon, qui doivent le jour, l'une au gros mâle, l'autre au petit, ont une mère commune, c'est la petite femelle. Celle-ci et le faux-bourdon, qui doivent le jour, l'une à la mère-abeille, l'autre aux ouvrières de seconde classe, ont un père commun ; c'est le petit-mâle. La même chose a lieu dans tous les autres croisements ; de telle sorte que les êtres nés des diverses unions étant hybrides d'un seul côté, ne sont en définitive que des demi-hybrides.

Voilà, mon cher Ernest, tout le secret de la constitution de la famille.

La vie de la reine s'écoule tout entière dans la gestation des enfants innombrables que ses flancs doivent mettre au jour. Celle des faux-bourdons n'est qu'éphémère, elle dure trois ou quatre mois à peine : quand leur œuvre de fécondation est terminée, ils sont impitoyablement mis à mort. Celle des petits-mâles et petites femelles, que je confonds sous le même nom d'ouvrières, est presque entièrement consacrée aux travaux de la ruche.

Ne me demandez pas d'explications, elles seraient trop longues à fournir. Encore une fois, je vous indiquerai plus tard les sources où vous pourrez aller puiser des moyens infaillibles de contrôle et de vérification sérieuse. Pour le moment, contentez-vous de ce que je vous donne ; et maintenant que vous possédez les notions premières indispensables à tout apiculteur, j'aborderai dans ma prochaine lettre la culture même de nos mouches. Adieu, huit jours ne s'écouleront pas sans que j'appelle votre attention sur cet intéressant sujet.

TROISIÈME LETTRE.

24 septembre 1834.

Mon cher Ernest,

Je ne veux pas vous fatiguer plus long-temps par des détails théoriques sur les mouches à miel, et j'aborde, sans plus tarder, la pratique même que vous devez suivre pour leur culture.

Avant d'avoir des abeilles, il faut s'occuper de les loger, et de choisir, pour leur établissement, un lieu convenablement exposé. Je dois donc vous fixer tout d'abord sur la forme et le choix de la ruche, sur la place du rucher et sur l'exposition qui lui convient. C'est à ce triple sujet que je veux aujourd'hui consacrer ma lettre.

On a inventé jusqu'ici bien des ruches ; la ruche villageoise, la ruche à hausses ou à tiroirs, la ruche à cadran, la ruche pyramidale, la ruche à feuillets, et une foule d'autres encore qu'il serait trop long d'énumérer ici. Toutes sont fort ingénieuses sans doute, mais elles ne se recommandent pas par leur économie, et aucune ne vaut à mes yeux celle qui nous a été fournie par le hasard, je veux dire la ruche des Landes, dont l'origine se perd dans la nuit des temps, et qui est due probablement à l'élection de domicile faite par quelque essaim dans un panier où il aura prospéré.

Cette ruche n'est en effet qu'un panier d'osier, en forme de cloche, et dans lequel les abeilles réussissent mieux que partout ailleurs, ainsi que l'a prouvé d'une manière irrécusable l'expérience des siècles. Je trouve déjà dans cette longue possession d'état un premier argument que je ne dois pas négliger ; mais je ne m'y arrête pas, parce qu'il serait une aride et stupide négation de la possibilité du progrès. Dieu merci, j'en ai de meilleurs à vous fournir, et vous en serez convaincu quand je vous aurai dit que la ruche des Landes est la plus économique, que sa forme est la plus convenable pour les abeilles, qu'elle les protège contre l'excessive avidité de l'homme, enfin qu'elle facilite le rétablissement des familles misérables.

Vous ne l'ignorez pas, mon cher Ernest, l'économie est une des premières conditions de succès dans l'agriculture ; sans elle les revenus qu'on s'était promis sont considérablement amoindris, quelquefois même absorbés en entier par les frais, et le lendemain de la récolte le propriétaire est aussi pauvre que la veille. Or, le prix des diverses ruches que j'énumérais tout-à-l'heure varie de 10 fr. à 40 fr., sans compter même la dépense des siéges sur lesquels il faut les asseoir. Prenez une moyenne si vous voulez, vous n'arriverez pas à moins de 25 fr.; et comme vous avez dans votre rucher quarante peuplades d'abeilles, vous seriez obligé d'acheter à ce prix quarante ruches pour les loger, plus quarante autres pour recevoir les essaims qu'elles peuvent vous donner dans le cours ordinaire des choses, soit en tout quatre-vingts, ce qui vous coûterait 2,000 fr. Ajoutez à cela que vos ruches seraient en paillassons ou en bois ; que dans le premier cas elles dureraient peu, le contact de l'air et la pluie en feraient bientôt justice, et que dans le second les vers et la pourriture abrègeraient considérablement leur durée, qui n'égale pas de moitié celle de la ruche des Landes, laquelle peut servir pendant trente ans au moins et ne coûte pourtant que 75 ou 90 c. au plus.

Rapprochez ces chiffres, et dites-moi s'il ne vaut pas mieux pour vous dépenser 72 fr. que 2,000, tout en donnant à vos abeilles des maisons plus durables. quoique moins coûteuses.

La ruche des Landes est d'ailleurs celle qui convient le mieux aux mouches à miel, car toutes celles dont les dimensions sont égales au sommet et à la base se trouvent nécessairement trop larges ou trop étroites. Si l'essaim que vous y logez est placé dans un vaisseau à large sommet, trop faible dès le début pour occuper tout l'espace, il ne travaillera que sur un côté, laissant derrière lui un vide affreux qui entraînera probablement sa perte, car l'expérience démontre que presque tous les essaims dont les gâteaux ne sont établis que sur un côté de la ruche périssent au premier hiver. Si au contraire le sommet est étroit, tout ira bien dans le principe ; mais plus tard, lorsque le moment de la grande ponte de la reine sera venu, lorsque les ouvrières voudront construire des cellules à grandes dimensions afin d'y élever des milliers de gros mâles, enfin lorsque, pour se disposer à un essaimage prochain, elles voudront déployer toutes leurs ressources, elles se trouveront gênées à la base et arrêtées dans leurs travaux.

Ces défauts communs à toutes les ruches inventées dans les deux derniers siècles, sauf à la ruche villageoise de M. Lombard depuis qu'il l'a modifiée sur le modèle de la nôtre, sont inconnus à la ruche des Landes. Construite en forme de cloche, elle est étroite ou large tour à tour, et toujours à propos, suivant les besoins du moment. Le jeune essaim va d'abord s'établir au sommet étroit qu'il occupe en entier, et qu'il remplit de ses gâteaux sans y laisser de vide. Puis, quand le moment des grandes opérations est arrivé, il trouve dans les vastes dimensions de la base tout l'emplacement qui lui est nécessaire pour travailler et s'étendre à son aise.

Je vous ai dit encore, mon cher Ernest, que la ruche des Landes protège les abeilles contre notre excessive avidité. De tous les ennemis qui leur font la guerre, l'homme est en effet bien certainement le plus dangereux et le plus redoutable, car insatiable qu'il est dans son désir de récolter, il en fait périr à lui seul plus que tous les autres ensemble.

Les ruches de nos amateurs sont récoltées par le sommet : l'un enlève le couvercle et taille en plein drap ; l'autre, armé d'un fil de fer, sépare une large hausse ; celui-ci prend un grand chapiteau, celui-là une grosse boîte. Tous savent très bien ce qu'ils prennent, mais non ce qu'ils laissent à leurs mouches ; aussi périssent-elles souvent à la fin de l'hiver ou au commencement du printemps.

La ruche des Landes, au contraire, oppose une sorte d'impossibilité aux récoltes excessives de l'homme. Elle est d'une seule pièce, et comme on ne peut l'ouvrir que par le sommet, il est impossible de prendre de la cire ou du miel ailleurs que dans le bas, à la pointe des rayons. Or, il est certain que lorsque le miel paraît à la partie inférieure des gâteaux, il y a du superflu dans la ruche. Les vols qu'on fait alors aux abeilles ne peuvent les affamer, car elles ne placent leurs provisions dans les appartements du fond que lorsque le haut de la maison est entièrement garni.

Enfin la ruche des Landes facilite le rétablissement des familles appauvries. Le peu d'abeilles qui y restent se réunissent entre deux gâteaux, abandonnant le surplus de leurs édifices, et le petit nombre de mouches qu'elles élèvent suffit à peine à combler les vides que la mort y fait chaque jour. Alors le rétablissement devient impossible dans les autres ruches, et la colonie est à jamais perdue s'il ne survient aussitôt une miélée extraordinaire. Mais dans notre ruche à petit sommet, les choses ne se passent pas ainsi. En pareille circonstance on prend aux abeilles la moitié, les deux tiers, les trois quarts même de leur cire, dont on fait son profit ; et comme elles ne trouvent plus la grande ruelle où elles s'étaient fixées, elles sont obligées de remonter au haut de la ruche, où elles garnissent, couvrent et réchauffent le peu de gâteaux qui leur restent. Dans cette nouvelle position, le couvain est mieux soigné, la population s'accroît, quelques provisions sont recueillies ; à la saison des fleurs les travaux de la cire sont repris, et bientôt la ruche qui aurait péri est pleine de rayons et de mouches.

Deux mots maintenant sur la place où il convient d'établir les ruchers et sur l'exposition qu'on doit choisir dans ce but.

Vous le savez sans doute, mon cher Ernest, les abeilles, comme les hommes, sont de tous les pays. Elles s'acclimatent partout, sous tous les degrés de latitude ; il ne leur faut pour prospérer que des fleurs et de l'eau ; or, c'est ce qu'on trouve plus ou moins dans toutes les contrées. Elles réussiront mieux qu'ailleurs dans les localités qui leur offriront une continuité de fleurs pendant toute la durée de la belle saison, mais il leur suffira d'en avoir pendant trois mois pour donner encore d'intéressants produits.

Néanmoins, quoiqu'elles puissent vivre et se multiplier presque partout, il n'est pas indifférent de les placer au premier endroit venu. On doit choisir autant que possible un lieu sec, abrité et tranquille. L'humidité du sol est nuisible à leur santé et provoque en peu de temps la moisissure de leurs gâteaux ; la violence des vents, surtout de ceux qui viennent du nord ou de l'ouest, les fatigue outre mesure ; enfin le passage trop fréquent des personnes ou des animaux au-devant de leurs ruches gêne leurs mouvements de va-et-vient, et les trouble dans leurs travaux. Je ne connais pas d'emplacement meilleur qu'un jardin tranquille comme le vôtre, quand le sol qu'elles occupent est sec et abrité des grands vents. La seule observation que je ferai, c'est que s'il n'y avait pas d'eau dans le voisinage, il faudrait avoir soin de leur en donner, au moyen d'une auge peu profonde qu'on tiendrait toujours pleine.

Quant à l'exposition du rucher, on doit choisir de préférence, comme vous l'avez fait vous-même, celle du levant, ou bien encore celle du midi. On vous dira peut-être que cela n'est pas d'accord avec les indications de la nature, que le plus grand nombre des essaims fixés dans le creux des arbres sont exposés au sud-ouest, au nord-ouest ou au couchant. Je ne saurais contester le fait, mais n'oubliez point que les essaims abandonnés se logent comme ils peuvent et non pas comme ils veulent, que la plupart des arbres creux sont percés du côté d'où viennent les pluies, que les abeilles n'en trouvant pas d'autres sont bien obligées de s'y établir, qu'ainsi on ne peut rien en conclure, et que d'ailleurs l'expérience est là pour démontrer l'insuccès des ruchers exposés à l'ouest.

Je voudrais entrer dans de plus longs détails , mais l'espace me manque. Ayez foi dans la promesse que je vous ai faite , l'heure viendra bientôt où je vous indiquerai comment vous pourrez compléter les notions abrégées que je me borne à vous donner ici.

Adieu, ma prochaine lettre vous entretiendra des essaims. A bientôt.

QUATRIÈME LETTRE.

26 septembre 1834.

Mon cher Ernest,

Le moment est venu de vous parler des essaims. Il y en a de deux sortes, les uns qui se forment sans l'intervention de l'homme , et que nous nommons *naturels,* les autres qui sont arrachés de force à la ruche mère, et qu'on appelle *artificiels.*

L'essaim naturel est une colonie qui va former un nouvel établissement en changeant de domicile. Si la saison lui est favorable, cette colonie deviendra en peu de jours aussi populeuse, aussi riche que la mère-patrie : il importe donc de ne pas la laisser émigrer, et de la recueillir pour la fixer sur votre territoire. De là la nécessité d'en surveiller la sortie et d'avoir , en temps opportun, des ruches prêtes pour loger les jeunes essaims. Vos abeilles d'ailleurs ne sont pas immortelles, et vous finiriez par ne plus en avoir si vous négligiez de recueillir les enfants qu'elles vous donnent.

L'époque de l'essaimage varie suivant les localités. Ici elle se manifeste au mois de mai, là en juin, ailleurs en juillet et août, mais toujours et partout au moment de la grande floraison des campagnes. Au surplus, il y a des signes qui indiquent qu'une ruche est prête à essaimer, et ces signes, quoiqu'ils ne soient pas infaillibles, vous empêcheront d'être pris à l'improviste si vous voulez les observer. Je dois donc vous les signaler en passant : ils sont au nombre de cinq.

1° Les faux-bourdons ou gros mâles. — Les abeilles ne peuvent pas essaimer sans eux, car il en faut pour la reine qui part et pour celle qui reste. Ne craignez donc rien tant que vous ne verrez pas de faux-bourdons, mais tenez-vous sur vos gardes quand ils commenceront à se montrer.

2° La miélée. — Si vous remarquez, lorsque les gros mâles ont paru, une grande activité dans le rucher, si les ruches deviennent lourdes, si celles qui étaient faibles ou malades se rétablissent, si les travaux en cire s'exécutent rapidement, soyez assuré que la miélée est répandue sur les fleurs ; et comme elle invite les abeilles à s'aventurer, tenez-vous en éveil.

3° Les ouvrières. — Pour préparer la cire dont elles auront besoin dans leur nouvelle résidence, elles se réunissent en grosse masse inerte au bas de la ruche. L'essaim est là, prêt à partir, il n'attend que la sortie de la reine ; et dans cette position, les mouches se tiennent par les pattes, mollement accrochées les unes aux autres, dans ce travail préparatoire invisible, à peu près comme elles le seront bientôt à la branche d'un arbre.

4° Les cellules royales. — Armé de votre enfumoir, retournez la ruche de haut en bas, soufflez fortement la fumée sur les abeilles ainsi groupées en grosse masse, forcez-les à s'éloigner pour vous laisser voir à nu les gâteaux de cire, et cherchez les cellules royales, sorte de coupelles qui ont la forme du calice d'un gland. Si ces coupelles existent, et si vous y voyez au fond un ver blanc environné de la bouillie dont il se nourrit, tenez-vous pour averti que la ruche peut essaimer au premier moment. Ce signe est celui qui doit vous inspirer le plus de confiance.

5° Enfin, le chant des reines. — Il est très certain que les jeunes reines, encore vierges, font entendre des sons. Est-ce un chant véritable, une plainte, un appel au mâle, un cri de ralliement ? Je l'ignore : mais je l'ai entendu cent et cent fois la nuit comme le jour. C'est un petit clairon, dont toutes les notes sont sur le même ton, et dont la première, très longue, est suivie de sept à huit autres très brèves. Quelques minutes après, ce chant recommence, et on le distingue à plus de dix pas lorsque tout est tranquille. Il vous avertit que la ruche a essaimé une première fois depuis plusieurs jours, et qu'elle est prête à donner un second jet. Le chef qui doit conduire la petite colonie fait entendre sa voix ; il n'attend pour se mettre en campagne qu'un beau soleil, un temps calme et chaud : tenez-vous donc sur vos gardes.

Ces divers signes vous tromperont rarement, mon cher Ernest ; mais, comme je vous l'ai déjà dit plus haut, ils ne seront cependant pas infaillibles. La raison en est simple. Chez les abeilles, le salut de la patrie est la loi souveraine. Aussi, quand le temps vient les contrarier tout-à-coup dans leurs projets par une tempête ou un vent de nord froid et sec qui fait disparaître la miélée, elles suspendent leur entreprise, déchirent toutes les cellules royales, massacrent pour les jeter à la voirie les vers ou les nymphes qui y étaient renfermés ; et elles n'essaiment point.

En règle générale, les essaims ne sortent qu'au moment de la plus grande chaleur, de 9 à 10 heures du matin jusqu'à 3 heures de l'après-midi. On remarque d'abord un certain nombre de mouches très animées qui voltigent au-devant de leur habitation sans se reposer et sans s'éloigner, pendant un temps assez considérable. Peu à peu la foule grossit, les faux-bourdons se joignent aux ouvrières, et la ruche est investie d'abeilles qui s'agitent avec une rapidité extraordinaire et font retentir l'air du bourdonnement de leurs ailes. Tout-à-coup la reine s'envole brusquement au dehors : il se fait alors un ébranlement général, toutes les mouches se précipitent à la fois vers la porte, ce n'est plus qu'agitation, trouble et désordre. Les abeilles sortent avec précipitation, en si grand nombre, et avec une violence telle, qu'elles se heurtent, se foulent et se froissent ; et la terre en est jonchée jusqu'à ce qu'elles soient toutes dehors, car à mesure que les unes se relèvent, d'autres tombent à leur place.

Cependant elles ne tardent pas à se réunir dans les airs, où elles volent très lentement, tournant çà et là, sans s'éloigner de la ruche qui les a vomies. Quand elles ont fini par rencontrer la reine, elles ne s'en séparent plus, tournant sans cesse autour de celle-ci avec une rapidité étonnante ; c'est un tourbillon qui grossit à chaque instant, et dont le bourdonnement, par un temps calme, peut être entendu à plus de deux cents pas. Alors il se fait un partage : une partie des mouches retournent à la ruche-mère ; le reste du tourbillon s'approche d'un arbre avec la reine qui le guide, adopte une branche à l'abri du vent comme du soleil, et s'y réunit en essaim.

Jusque-là, bornez-vous à contempler en silence, et ne croyez pas ceux qui vous disent qu'il est nécessaire de faire grand bruit, grand tintamarre pour arrêter les abeilles dans leur émigration. Mais une fois qu'elles sont fixées, hâtez-vous de les recueillir dans une ruche en bon état. Si vous temporisez trop, le soleil tournera, le vent changera peut-être, et elles émigreront. Il n'y a qu'à secouer fortement la branche pour les faire tomber dans la ruche renversée que vous leur présentez, et que vous placez ensuite près de l'arbre, dans sa position naturelle, avec les mouches qu'elle contient. Puis on chasse avec la fumée celles qui seraient restées à la branche, et elles entrent bientôt d'elles-mêmes dans la ruche, qu'on transporte au rucher dès le lendemain dans la soirée.

Les pertes de la ruche-mère seront bientôt réparées si le temps la favorise ; et dans les années fertiles, elle vous donnera un second, un troisième, un quatrième, peut-être même un cinquième jet. Vos premiers essaims pourront à leur tour vous en donner d'autres quelquefois, cinq ou six semaines après avoir été recueillis. Mais cette fécondité excessive épuise les vieilles souches, et dès qu'elles ont jeté deux ou trois fois au plus dans une même année, il importe d'arrêter l'essaimage, afin de ne pas risquer de tout perdre. Il suffit ordinairement pour cela d'élever les ruches sur de fortes cales, en les retournant de devant derrière ; ce procédé n'est pas infaillible, mais il réussit presque toujours.

Parmi les essaims, il s'en trouve nécessairement de médiocres et de très petits. Si on les recueille isolément, ils n'ont qu'une existence éphémère, et meurent de faim ou de froid à la fin de l'automne, pendant l'hiver, ou au commencement du printemps. Mais si l'industrie vient à leur aide, on peut les conserver en diminuant leur nombre pour les fortifier les uns par les autres. Le moyen est simple : il consiste à les réu-

nir au fur et à mesure de leur naissance, en en logeant
deux, trois et même quatre ensemble dans une même
ruche, où ils prospèrent bientôt, et ne forment plus dès
le lendemain de leur mariage forcé qu'une seule et forte
peuplade.

Fidèle à mes principes d'économie, je vous indiquerai un procédé bien simple pour opérer ces réunions
d'essaims, sans recourir à tous les meubles brillants
inventés par les amateurs, et vous n'en réussirez pas
moins pour cela. Recueillez d'abord séparément vos
essaims, et laissez-les ainsi jusqu'à la fin du jour ;
le soir, vers 9 heures, faites tomber par terre les
mouches d'une ruche, couvrez-les de suite avec l'autre, et ne vous en occupez plus ; le lendemain matin
vous trouverez vos essaims réunis en une seule famille,
et le sort des reines superflues sera réglé sans votre
participation avant la fin de la journée.

Maintenant, mon cher Ernest, il me reste à vous
parler des essaims artificiels, belle et intéressante découverte, dont je ne veux cependant vous dire que quelques mots. Faire un essaim artificiel, c'est prévenir la
nature, et retirer, avant terme, un enfant des entrailles de sa mère ; c'est le lui arracher de force. Le procédé le plus simple consiste à enlever le chapiteau
d'une ruche forte et à placer par dessus une ruche vide,
en introduisant votre enfumoir sous la première. La
mère-abeille monte aussitôt dans la ruche vide, les ouvrières la suivent en foule pour se grouper autour
d'elle ; et quand l'essaim qu'elles forment ainsi vous
paraît assez fort, vous le portez à quelques pas. La
ruche-mère élèvera de suite des reines, et tout se passera comme si elle avait essaimé naturellement, c'est-
à-dire que l'essaim travaillera avec ardeur, et que la
ruche dont vous l'avez retiré donnera encore des jets
secondaires si la miélée la favorise.

Cette invention est très brillante sans doute, et dans
quelques cas elle peut être avantageuse. Mais, considérée comme pratique générale, elle est certainement
moins utile qu'admirable. En effet, ou vos ruches essaiment naturellement, ou elles ne le font pas. Dans le
premier cas, quel besoin avez-vous de prévenir ou de
contrarier la nature ? Dans le second, vous faites une
opération bien téméraire, et vous risquez de perdre

vos vieilles souches comme les enfants que vous les
forcez à vous donner ; car si vos ruches n'essaiment
pas, c'est une preuve qu'il n'y a point ou qu'il y a peu
de miélée. Vous apprécierez tout cela plus tard, quand
la pratique et des études plus amples vous auront permis de vous éclairer.

Je m'arrête, car ma lettre est déjà longue, quoique
je n'aie fait qu'effleurer en passant les sujets qui y sont
traités. Les développements ne peuvent trouver place
dans un cours aussi sommaire que celui dont je me
suis tracé le cadre. Encore une fois, prenez patience,
je vous dirai bientôt où vous pourrez aller les puiser
en toute confiance.

Adieu, nous touchons à la fin de septembre, mais je
n'attendrai pas le mois d'octobre pour vous prouver
que je pense à vous. Ma prochaine lettre vous parlera
des soins à donner aux ruches et des ennemis des
abeilles.

CINQUIÈME LETTRE.

29 septembre 1834.

Mon cher Ernest,

Je veux, selon ma promesse, vous dire aujourd'hui
quelques mots sur les soins à donner aux ruches et sur
les ennemis des abeilles.

Encore un mois, et quoique le soleil ne soit pas entré dans le signe du capricorne, l'hiver sera déjà commencé pour les mouches à miel. La campagne, sans
fleurs comme sans fruits, n'offrira plus aucun aliment
à leur activité ; tous leurs travaux seront terminés pour
cette année, et elles n'auront plus qu'à se reposer de
leurs fatigues pendant la saison des frimas. A vous de
veiller à leur conservation.

Nous touchons au moment où le bon père de famille
considère avec sollicitude ses enfants encore vêtus à la
légère, et s'occupe des moyens de les préserver des rigueurs de la température. Faites comme lui, car vos
jeunes essaims exigeront bientôt la même sollicitude et

les mêmes soins. Préparez donc sans retard de bons manteaux de fougère ou de paille, pour les garantir pendant l'hiver des injures du temps, et hâtez-vous de les en couvrir dès que les premiers froids commenceront à paraître. Visitez aussi les capes ou manteaux de vos ruches-mères, et si vous en trouvez d'usés ou de pourris, ne négligez pas de les renouveler. Cette précaution est absolument nécessaire pour la conservation de vos abeilles, car si l'eau pénétrait dans l'intérieur d'une ruche, elle y occasionnerait infailliblement un grand désordre, des maladies, et peut-être la mort de toute la famille.

Il est une autre précaution bien simple, et cependant bien intéressante, que vous ne devez pas omettre : elle consiste à niveler le sol du rucher de manière à ce que les eaux pluviales ne puissent jamais couler sous les ruches, même sous celles qui se trouvent élevées sur des siéges. Quand l'eau y pénètre, et surtout quand elle y séjourne, elle y occasionne un froid nuisible et une humidité d'autant plus funeste, qu'elle engendre toujours soit la moisissure des gâteaux, soit une fétidité insupportable aux abeilles.

Je vous disais tout-à-l'heure que vos mouches vont se reposer de leurs fatigues pendant l'hiver. Il serait bien à souhaiter en effet qu'elles dormissent jusqu'au retour de la belle saison, mais les choses ne se passeront pas ainsi. Dans notre climat tempéré, le froid est interrompu souvent par des journées douces et presque chaudes, pendant lesquelles vos abeilles s'éveilleront et sortiront en foule. Or, comme elles ne trouveront aucune fleur dans leurs pérégrinations, elles consommeront beaucoup plus de provisions, en rentrant dans la ruche, que si elles n'étaient pas sorties.

Mais ce surcroît de dépense n'est pas le plus grand mal. Pendant que vos mouches voltigeront dans les airs, si un épais nuage voile tout-à-coup le soleil, ou si un vent de nord survient inopinément, elles tomberont engourdies par le froid et ne rentreront plus au rucher. C'est surtout au moment de la fonte des neiges qu'elles périssent en plus grand nombre. Le temps s'est radouci, la blancheur de la neige réfléchit dans les ruches les rayons du soleil, et augmente considérablement l'éclat de la lumière ; tout invite les abeilles à prendre leur esssor. Mais elles sont bientôt punies de leur témérité, et la plupart tombent dans la neige pour y périr aussitôt.

Pour éviter ces inconvénients, je ne vous conseillerai pas de les retenir captives, soit en barrant de grillages étroits l'entrée de leurs ruches, soit en les renfermant dans une chambre noire, comme quelques cultivateurs ont imaginé de le faire. Le remède serait pire que le mal, et vous les perdriez bien vite sans retour, car elles ne peuvent se passer de la liberté. Mais afin de diminuer autant que possible l'abus qu'elles pourraient en faire, il y a des mesures à prendre pour que la lumière et les variations de l'air ne pénètrent pas aussi facilement dans les ruches. Retournez-les sur elles-mêmes, ainsi que leurs manteaux, de manière à ce que la porte soit du côté opposé aux rayons du soleil et au grand jour. Par ce moyen bien simple, vos abeilles sortiront en plus petit nombre, ou seulement lorsque le temps sera très doux et qu'il n'y aura aucun danger pour elles. Au retour de la belle saison, vous aurez la satisfaction de retrouver vos peuplades moins affaiblies, et vous conserverez l'espoir légitime de succès plus précoces ou plus étendus.

Il est une maladie très funeste dont les ruches sont quelquefois atteintes, et dont il importe au plus haut degré de les guérir : elle est connue sous le nom de faux couvain ; voici en quoi elle consiste :

Quand les abeilles ont été contrariées dans leurs travaux pendant l'été, elles élèvent beaucoup de couvain dans la dernière saison. S'il survient alors un changement de temps, la couvée périt et occasionne en se pourrissant une infection horrible que les mouches ne peuvent supporter. D'abord elles scellent les alvéoles qui renferment les vers morts, puis elles se retirent au sommet de la ruche, abandonnant le bas et le centre qui se moisissent et pourrissent eux-mêmes ; enfin elles désertent pour aller se faire égorger à la ruche voisine, où elles occasionnent de grands désordres.

Vous reconnaîtrez qu'une ruche est atteinte de cette peste quand vous verrez les gâteaux du bas moisis, quand les rayons du centre auront beaucoup d'alvéoles fermés comme si les abeilles élevaient dans ce moment une nombreuse couvée, et quand elles se seront retranchées au faîte de leur maison. Pour mieux vous assurer encore de l'existence du mal, il vous suffira d'ouvrir et d'écraser du doigt quelques-unes des cellules fermées; si vous n'y trouvez point de vers, et s'il en sort une pourriture infecte, ce sera la preuve certaine que la maladie est réelle. ;

Le seul remède que je connaisse pour guérir une ruche atteinte de ce mal, c'est de la tailler promptement et d'en retirer tous les gâteaux ou rayons moisis et infects, ainsi que ceux où l'on aperçoit des cellules fermées, sans toucher toutefois à celles qui contiennent du miel. Seulement, pour procéder à cette opération, il faut choisir le milieu d'une journée tempérée, où les mouches puissent sortir sans être paralysées par le froid.

Tels sont, mon cher Ernest, les soins principaux dont vos abeilles ont absolument besoin d'être entourées. Laissez-moi maintenant terminer ma lettre en vous parlant de leurs ennemis, car il y en a de plusieurs sortes, les uns qui cherchent à piller leurs richesses, les autres qui en veulent à elles-mêmes et qui leur font une guerre d'extermination.

Parmi les ennemis des abeilles, un des plus nuisibles c'est l'homme, qui, par ses négligences coupables, par son insatiable avidité et par les procédés vicieux dont il fait usage dans leur culture, les ruine souvent, au lieu de les faire prospérer. Contre celui-ci il n'y a d'autre remède que les bons conseils, et je vous les prodigue pour éviter les fautes que vous pourriez commettre.

Les mulots, les souris, les musaraignes, et toute l'engeance des rats, sont aussi pendant l'hiver des ennemis dangereux pour nos insectes. Tant que dure la belle saison, ils se gardent bien d'approcher de trop près, car ils seraient punis de leur témérité : mais lorsqu'au temps des frimas les abeilles abandonnent les deux extrémités de leur maison, se réunissent au centre, et se pressent fortement les unes contre les autres pour se réchauffer en bravant les froids des hivers les plus rudes, les rats entrent sans crainte dans l'intérieur des ruches. Ils en parcourent à l'aise les parties abandonnées, mangent le miel dont ils sont très friands, percent de gros trous à travers les rayons, quelquefois même à travers les parois de la ruche, et y occasionnent de sérieux ravages. Ils attaquent plus particulièrement les jeunes essaims, dont le miel est plus frais ; et si ces essaims sont faibles, le mal qui en résulte est trop souvent irréparable. Je ne saurais donc assez vous engager à faire aux rats une guerre à mort pendant l'hiver ; cela est d'autant plus nécessaire qu'ils se réunissent alors en très grand nombre dans les ruchers, où les manteaux de paille et de fougère leur offrent un asile commode.

La fouine et le putois sont plus dangereux encore. Ils grattent la terre pour se faire un passage et s'introduire sous la ruche. Une fois là, ils brisent d'abord les gâteaux secs qui ne contiennent point de miel ; puis, lorsqu'ils parviennent aux rayons dans lesquels cette substance est contenue, ils les mangent avec voracité, avalent même la cire et les abeilles, et la ruche est bientôt complètement dévalisée. Tendez donc des piéges à ces hôtes dangereux, si vous avez à redouter leurs entreprises.

Méfiez-vous aussi du crapaud épineux, *buffo-spinosus*, qui pénètre facilement sous les ruches, au centre desquelles il se fait dans la terre un trou, ou plutôt un nid, pour s'y blottir et rester immobile pendant le jour. Dans cette position, où il se dissimule d'autant mieux que le dessus de sa tête et de son corps est parfaitement aligné avec la surface du sol, il n'a qu'à ouvrir la gueule pour absorber de nombreuses mouches.

Le lézard vert est également un destructeur d'abeilles, contre lequel je vous recommande de vous prémunir.

Je vous en dirai autant du sphinx, *tête de mort,* et de la mésange, soit de la grosse, soit de la petite espèce, qui rode sans cesse autour des ruches, en été comme en hiver, et qui décimera vos peuplades dans une large proportion, si vous n'y mettez obstacle en la détruisant.

En voilà assez pour aujourd'hui, mon cher Ernest ; encore deux lettres au plus, et mon petit cours sommaire d'apiculture sera terminé. Ma prochaine vous apportera quelques notions sur la récolte de la cire après l'hiver, et sur celle du miel à la fin de l'été. Adieu, je ne vous la ferai pas trop long-temps attendre.

SIXIÈME LETTRE.

3 octobre 1834.

Mon cher Ernest,

Peu de personnes cultivent les abeilles pour le plaisir unique de les observer, de les étudier et de les admirer; on aime surtout à en retirer un revenu : je viens donc vous dire comment on doit s'y prendre pour récolter la cire et le miel.

Il faut avoir soin de faire chaque année, après l'hiver, une récolte de cire sur toutes vos ruches. N'y manquez jamais, car en négligeant ce produit qu'elles peuvent vous donner, vous leur nuiriez à elles-mêmes.

Je vous l'ai déjà dit, pendant la saison rigoureuse, les abeilles abandonnent le bas de leur maison pour se réunir au centre, où elles se pressent les unes contre les autres afin de se réchauffer et de résister au froid. Quand les beaux jours reviennent, elles trouvent leurs gâteaux altérés, soit par les souris, soit par l'humidité, soit par toute autre cause, et pour les réparer il leur faudrait autant de temps et de peine que pour en construire de nouveaux. Il importe de ne pas vous laisser ignorer non plus que ces gâteaux réparés leur seraient bien moins utiles que les neufs pour la multiplication.

Il est encore certain que les abeilles peuvent faire de la cire chaque année lorsque la saison des fleurs est venue, et elles n'y manquent jamais si la ruche leur offre quelque vide. Mais si tout est plein, elles ne s'occupent nullement de constructions, cela leur est même impossible, puisqu'elles n'ont aucun appartement, aucune place où elles puissent les loger : or, ce défaut de constructions nouvelles devient un grand mal pour elles et nuit à leur prospérité. N'oubliez pas, en effet, que dans le cours du printemps et de l'été elles élèvent un couvain considérable, surtout dans la partie inférieure de la ruche. Chaque mouche, en naissant, laisse collée aux parois de sa cellule la coque dans laquelle elle s'est métamorphosée. A peine en est-elle sortie, que la

mère va pondre de nouveau dans la même cellule un
œuf d'où naîtra une nouvelle mouche qui ajoutera une
nouvelle tapisserie sur celle de sa devancière ; et ainsi,
à la fin de la saison, les alvéoles du bas se trouveront
rétrécis par six ou sept coques, et peu propres à la
multiplication de l'année suivante. Ces gâteaux surchargés de pellicules deviennent bientôt noirs et durs,
et deux années de prospérité suffisent pour rendre
vieille une ruche sur laquelle on n'a pas fait de récolte
de cire ; les mouches s'y déplaisent, la population s'affaiblit et dégénère, et les fausses teignes, ennemis
éternels des abeilles, en ont bientôt triomphé.

Si au contraire vous avez soin de faire chaque année, après l'hiver, une récolte de cire, en enlevant à
vos ruches la partie inférieure de leurs gâteaux, les
abeilles s'occuperont tôt ou tard de réparer la brèche,
et ces constructions nouvelles favoriseront beaucoup
le renouvellement de la population, en maintenant les
ruches dans un état de jeunesse continuelle. Sans doute
ce procédé n'aura pas pour résultat de renouveler
toute la cire, puisque les gâteaux du sommet resteront
toujours les mêmes ; mais ceux-ci n'ont pas besoin d'ê-
tre changés, car ils servent de magasin pour le miel ;
et si la mère y pond quelques œufs à la fin de l'hiver,
cela n'a plus lieu dans le reste de la saison, parce
qu'alors elle fait toujours sa ponte dans le bas.

Mais c'est surtout après les années de grande stérilité que la récolte de la cire est plus favorable au rétablissement des abeilles. A la fin de l'hiver, les ruches
sont dans un état déplorable : outre que les provisions
leur manquent, leur population est considérablement
diminuée ; le peu de mouches qui restent se réunissent
entre les gâteaux du centre, où on les voit toutes dans
la même ruelle ; elles sont là comme les rares habitants d'une ville dépeuplée par la peste ou la famine.
Si au retour du printemps on leur laisse toute leur
cire, elles ne pourront la garder et la défendre, ce sera
pour elles une richesse inutile et qui leur deviendra
même nuisible. Elles resteront long-temps retranchées
au centre comme dans une citadelle ; peut-être même
ne s'étendront-elles plus dans les appartements voisins de ce fort, et se borneront-elles à y élever quelques mouches qui suffiront à peine à combler les vides

faits dans leurs rangs par la mort ; et la misère, suite inévitable de la disette, persévèrera jusqu'à ce que les fausses teignes viennent tout démolir.

Eh bien, cette situation n'est pas désespérée si, après l'hiver, vous prenez à vos ruches appauvries la moitié ou les deux tiers de leurs gâteaux. Ne leur laissez pas plus de cire qu'elles ne peuvent en garder, elles la soigneront, la réchaufferont et la défendront s'il le faut ; la reine pondra bientôt de tous côtés, la population se rétablira ; vous verrez les mouches reprendrè leurs travaux en entant les vieux gâteaux ; leur nombre, si cruellement décimé, augmentera avec une rapidité étonnante ; et trois mois après, vous pourrez compter les ruches ainsi traitées parmi les plus belles et les plus fortes de votre rucher. Elles seront entièrement rajeunies, et peut-être même vous donneront-elles de beaux essaims dans la dernière saison.

Quant à la pratique que vous aurez à suivre pour les récoltes de cire après l'hiver, vous devez vous régler sur l'époque ordinaire de l'ouverture de l'essaimage. Ainsi, dans les contrées où les abeilles commencent à essaimer dès les premiers jours de mai, ou au moins vers le 15, on doit tailler les ruches à la première belle journée de mars, au plus tard lorsque les péchers sont en grande floraison. Dans les localités où les premiers essaims ne paraissent ordinairement qu'à la mi-juillet, il faut attendre jusqu'au 15, 20 ou 25 avril, c'est-à-dire jusqu'à la floraison du chêne blanc *(quercus pedunculata)*. Enfin dans les lieux où l'essaimage s'ouvre vers la mi-juin, il convient de prendre un moyen terme et de se régler sur les fleurs des pruniers ou des poiriers.

En faisant la récolte de la cire, ayez soin de respecter scrupuleusement le couvain qui se trouve dans les gâteaux. Après l'hiver la population des ruches est considérablement amoindrie, et le couvain qu'elles élèvent est infiniment précieux pour la rétablir. Les nymphes et les vermisseaux constituent le premier espoir de ces familles affaiblies ; il est donc essentiel de ne pas le leur ravir. Quand vous voudrez tailler vos ruches, cherchez d'abord où est le couvain, c'est au centre que vous le trouverez. Vous y verrez des alvéoles fermés, et vous devrez vous garder, non-seulement d'y toucher avec votre tranchant, mais même d'en approcher de trop près, car à la suite de ces vers scellés il y en a d'autres moins avancés, et enfin des œufs qu'il importe de ne pas faire perdre.

Pour opérer vite et sans accident, on est dans l'usage de faire chauffer le couteau en introduisant sa lame dans le poêle ou enfumoir ; autrement la cire s'y attache, elle l'émousse promptement, il brise les gâteaux tendres et secs, et il est bientôt arrêté par ceux qui sont durs ou chargés de coques.

Je n'ai presque pas besoin d'ajouter que l'opération doit se faire au milieu du jour, par un temps doux ou chaud, et surtout calme.

Quelques mots maintenant, mon cher Ernest, sur la récolte de miel, que vous devez faire tous les ans en taillant vos ruches à la fin de l'été.

Si vous laissez le miel séjourner dans les ruches jusqu'au printemps, il sera très commun, car l'humidité du lieu et les vapeurs de la transpiration des mouches l'auront détérioré ; puis le feu que vous serez obligé d'employer pour le couler le détériorera davantage encore, en lui faisant contracter le goût de la cire. Si au contraire vous le récoltez au moment où les abeilles viennent pour ainsi dire de le voler aux fleurs, vous aurez du miel frais, très fin et très délicat ; et vous le coulerez sans feu parce qu'il est aussi fluide que l'huile, ce qui ne l'empêchera pas de prendre de la consistance et de se grainer dans vos vases. Il y a d'ailleurs une autre considération qui doit vous engager à dégraisser vos ruches avant l'hiver, car vous vous exposeriez à être devancé par les rats ou autres ennemis des abeilles, qui pourraient bien vous épargner la peine de faire la récolte au retour du printemps.

Mais cette opération est très délicate et veut être faite avec prudence. Il importe de ne pas réduire les abeilles à la famine, et pour cela on ne doit jamais leur prendre que le superflu. Ainsi gardez-vous bien de toucher aux ruches médiocres, encore moins à celles qui sont faibles. Il serait aussi presque toujours imprudent de tondre dans cette saison les jeunes essaims et les ruches-mères qui ont donné plusieurs jets dans l'année. On ne peut rien demander aux uns ni aux autres, excepté dans des cas très rares, et seulement quand la masse de leurs provisions excède ce qui est nécessaire aux besoins de l'hiver. Ne vous attaquez donc qu'aux ruches qui ont réellement du superflu, et sachez vous borner ; il vaut mieux leur prendre moins que plus, car les récoltes futures sont toujours douteuses, le temps peut changer, et vous ne devez pas espérer que vos abeilles recueilleront encore du miel avant les mauvais jours. N'oubliez pas surtout les précautions que je vous recommandais tout à l'heure pour la conservation du couvain, quand je vous entretenais de la récolte de la cire.

En taillant ainsi les ruches par le bas et gâteau par gâteau, je ne saurais trop vous conseiller de ne pas couper de grands pans d'un seul trait. Ne les détachez que peu à peu, et par morceaux, dont les plus grands ne doivent pas excéder la dimension de la main. Dans cette saison les rayons de miel sont très chauds, tendres et mous. Ils sont de plus extrêmement lourds comme dans tous les temps, et si on les détachait à grands pans, on ne les retirerait pas des ruches sans qu'ils se déchirassent ; plusieurs retomberaient nécessairement sur les abeilles et les écraseraient ou en emmielleraient un grand nombre, ce qui leur serait également préjudiciable.

La récolte du miel une fois terminée, on doit s'empresser de le couler sans lui donner le temps de froidir ; c'est le moyen de n'avoir pas besoin d'employer le feu.

Voilà, mon cher Ernest, quelques notions bien sommaires sans doute, mais elles suffiront à votre intelligence. Gardez-vous seulement d'y suppléer par une foule de procédés que les prétendus amateurs pourront vous conseiller. Il en est un surtout contre lequel je ne saurais trop vous prémunir, c'est le transvasement simultané. Les transvaseurs d'abeilles finissent toujours par perdre toutes leurs ruches, car cette méthode réussit à peine une fois sur dix.

Il ne me reste plus qu'à vous parler d'une autre récolte autrement importante que celles dont je viens de vous entretenir, et qui, au lieu d'être annuelle, ne se reproduit qu'à des époques périodiques plus longues et plus éloignées. J'aurai à entrer dans quelques détails en ce qui la touche, car elle constitue l'objet principal de la culture des abeilles. Mais ma lettre est assez longue aujourd'hui, et j'attendrai la prochaine pour entamer ce sujet intéressant.

Adieu, je vous serre la main.

SEPTIÈME LETTRE.

7 octobre 1834.

Mon cher Ernest,

La tonte des ruches au commencement du printemps et à la fin de l'été, comme je vous le disais dans ma dernière lettre, n'est pas le seul moyen de se créer un revenu de cire ou de miel. La plupart des apiculteurs se bornent, il est vrai, à voler ainsi chaque année à leurs mouches une portion de leurs provisions et de leurs édifices; mais d'autres, plus sages suivant moi, tuent de temps en temps les abeilles d'une partie de leurs ruches, et s'approprient la totalité de leurs richesses. Les premiers affaiblissent leurs peuplades, les seconds ne font qu'en diminuer le nombre, et dans les années seulement où il s'est considérablement accru.

Presque tous les auteurs condamnent la pratique de tuer les abeilles; et cependant je n'hésite pas à dire que c'est la plus utile aux mouches à miel, à leurs propriétaires et à l'Etat. Ceci vous paraîtra peut-être assez paradoxal, mais ne me condamnez pas vous-même, je vous prie, sans m'avoir entendu. Je ne prétends pas soutenir qu'en tuant les abeilles je sauve précisément les mouches que je sacrifie; je dis seulement qu'en en détruisant une partie, je conserve les autres, je les fais multiplier sans cesse, et j'entretiens ainsi la prospérité de mes ruchers.

Depuis que Dieu a dit aux créatures : *Crescite et multiplicamini,* tous les êtres se multiplient outre mesure, et pourtant les moyens de subsistance sont bornés. De là résulte forcément qu'il y aurait folie à essayer d'accroître toujours une espèce quelconque sur un même point du territoire, sans avoir de ressources suffisantes pour la faire vivre. Il faut donc savoir se borner, et toute l'industrie consiste à proportionner la population aux moyens d'existence dont elle peut disposer. Cherchez à augmenter ces moyens, vous ferez une chose utile ; mais ne permettez pas à votre population de les excéder ; maintenez l'équilibre entre eux et elle, sous peine de la voir bientôt se détruire elle-même, en dépassant les bornes qui lui sont impérieusement fixées par la nature.

Ce besoin d'un équilibre constant entre le chiffre de la population et les éléments matériels de la vie, est plus nécessaire aux abeilles qu'à la plupart des êtres de la création, à cause de leur multiplication excessive et de la variation énorme qui se produit dans leurs moyens d'existence. Ainsi, d'un côté, quelques semaines ou quelques mois de miélée suffisent parfois pour doubler ou tripler le nombre des ruches, et pour que chacune d'elles quadruple sa population. D'un autre côté, les saisons d'une année seront presque toujours favorables, tandis que celles de l'année suivante seront presque constamment contraires et n'offriront que des ressources modiques ou passagères. Qu'arrivera-t-il donc si, après un ou deux ans d'abondance, vous gardez toutes vos ruches ? Absolument ce qui arriverait dans votre basse-cour si vous ne vouliez tuer ni vendre aucune volaille, sans augmenter cependant la quantité de nourriture que vous leur distribuez chaque jour. Toutes vos ruches languiront, se dépeupleront, tomberont dans la misère, et vous en perdrez le plus grand nombre, parce que la contrée parcourue par vos abeilles ne leur fournira plus des ressources suffisantes ; vous en sauverez d'autant moins que vous en aurez gardé davantage, surtout s'il survient une année stérile, car la misère et la disette produiront entre elles infailliblement la guerre et le pillage. Riche aujourd'hui, pauvre demain, vous serez toujours à recommencer, tandis que si vous vous bornez à conserver un nombre de ruches proportionné aux ressources ordinaires de la localité, vous les verrez prospérer dans les années fertiles, se soutenir dans les années médiocres, et les pertes que vous éprouverez dans l'adversité seront toujours promptement réparées.

Soyez-en sûr, mon cher Ernest, tout rucher a un

maximum qu'il ne dépasse jamais. Quand une bonne année l'a élevé jusque-là, il faut nécessairement qu'il retombe, et sa chute est toujours aussi terrible que funeste. Laissez donc les savants publier dans leurs écrits qu'on ne doit pas détruire une partie de ses ruches, laissez ces prétendus amis des abeilles protester avec force contre la barbarie de cette pratique; mais gardez-vous bien de les croire : plus vous sacrifierez de ruches au-dessus du *maximum* de votre rucher, plus il vous en viendra de nouvelles, tandis que vous les perdrez toutes si vous en gardez trop.

Maintenant, je vous le demande, s'il est vrai qu'on sauve les abeilles en en tuant une partie, s'il est vrai que c'est le seul moyen de les maintenir dans la prospérité, ne s'ensuit-il pas nécessairement que ce système est le plus profitable aux propriétaires et à l'Etat ? Je n'insiste pas sur ce point, les abeilles dans la prospérité donnent forcément plus de produits et de revenu que lorsqu'elles sont misérables. Auprès de celles qui sont riches, il y a toujours quelque chose à prendre et à gagner; avec les pauvres, il n'y a qu'à perdre sans cesse.

Avant de vous dire comment on procède à la destruction des mouches à miel, je dois vous fixer sur deux points importants, savoir : le choix et le nombre des ruches qu'il faut conserver, car on ne peut agir en cette matière qu'en prenant de sages précautions.

Ce serait une véritable folie de garder toutes les ruches les plus faibles et de détruire les plus belles; on tomberait dans la faute de ceux qui appauvrissent leurs abeilles par des récoltes immodérées. Si l'expérience nous apprend qu'il est de notre intérêt de nous borner à un certain nombre de ruches, elle nous apprend aussi à n'en garder que de bonnes. Ne perdez jamais de vue cette leçon, et tenez pour constant que vous serez toujours plus riche avec trente ou quarante bonnes ruches qu'avec cinquante ou soixante faibles. Votre premier soin doit donc être de purger le rucher et d'en faire disparaître toutes les familles non viables, ou même douteuses.

En conséquence, visitez toutes vos ruches avec attention, et marquez pour les détruire 1° celles qui ont perdu leur mère-abeille, 2° celles qui ne possèdent pas de provisions suffisantes, 3° celles dont les mouches ne sont pas assez nombreuses pour pouvoir se réchauffer pendant l'hiver, 4° celles dont les maisons pourries tombent en ruine, 5° enfin celles qui sont vieilles et dont les gâteaux sont devenus noirs ou durs. Puis, lorsque vous aurez ainsi purgé votre rucher en détruisant les victimes vouées au sacrifice, vous finirez de remplir vos barriques en y jetant quelques-unes de vos plus belles ruches, afin de rendre vos matières bonnes et marchandes.

Quant au nombre des ruches que l'on doit garder, il varie suivant la fertilité de chaque contrée ; cent peuvent être insuffisantes dans une localité, tandis qu'il y en aurait trop de 30 ou 40 dans une autre. La proportion à observer pour maintenir l'équilibre dont je vous ai parlé plus haut est donc nécessaire à trouver. C'est chose très facile quand on possède un rucher ancien, car on connaît sa portée et sa force, on sait jusqu'où l'élève ordinairement un bon essaimage ; et l'expérience démontre que la moitié ou un peu plus des ruches qu'on possède à la fin d'une saison fertile est ce qui convient à la localité pour le cours ordinaire du temps. Cette moitié y vivra bien s'il survient une année commune, et elle suffira pour les succès d'une année fertile. Ainsi, quand votre *maximum* est de 70 ruches, gardez-en toujours au moins 35 et 40 au plus ; vous éprouveriez un préjudice considérable si vous n'en réserviez pas 35, et vous seriez dupe si vous en épargniez plus de 40.

Que s'il s'agit d'un rucher nouveau, établi dans une contrée dont on ne connaît pas bien encore toutes les ressources, il faut avancer en tâtonnant. Marchez d'abord sans crainte, mais méfiez-vous et tenez-vous sur vos gardes lorsque vous serez élevé à une certaine hauteur. Il sera nécessaire alors de faire quelques petits sacrifices, gardant toujours un peu plus de ruches qu'on n'en avait l'année précédente, et ainsi de suite jusqu'à ce qu'on parvienne à connaître le *maximum* de son lieu. Puis, lorsqu'on l'aura connu, on suivra la règle que je vous ai tracée il n'y a qu'un instant.

Deux mots maintenant sur la manière dont on procède pour tuer les abeilles.

La saison des fleurs étant passée, c'est-à-dire vers

la fin d'octobre, et le choix des victimes étant opéré, on place à la nuit, derrière le rucher, une barrique défoncée par un bout, ou plusieurs au besoin. On allume un petit feu de paille à quelques pas, soit pour éclairer les travailleurs, soit pour attirer et brûler les mouches qui échapperont au massacre. Un homme vigoureux saisit une ruche, la couche de manière à ce que les gâteaux soient placés horizontalement ; puis, afin de les détacher des parois, il la soulève dans cette position, la frappe rudement contre terre, lui fait faire un demi-tour en la roulant, la soulève et la frappe encore, et vide dans la barrique tout ce qu'elle contient. Abeilles, cire, miel, s'engouffrent pêle-mêle, et sont aussitôt pilés ou broyés par deux personnes armées de gros pieux, qui manœuvrent dans le tonneau comme un pharmacien dans un mortier. Les autres patientes sont exécutées aussitôt de la même façon, et une demi-heure suffit pour remplir la barrique, qu'on n'a plus qu'à refoncer, en laissant au commerce le soin d'épurer le tout.

Vous me direz sans doute, mon cher Ernest, que ce système de faire le miel n'aboutit qu'à un horrible mélange de cette substance avec la cire et les cadavres des abeilles. J'en conviens tout le premier, et je fais des vœux sincères pour voir introduire des améliorations que je conseille, et dont je m'efforce moi-même de donner l'exemple. Toutefois, cette thèse ne rentre pas dans le cadre du petit cours sommaire que je vous ai promis, et que je termine aujourd'hui même. Mais tranquillisez-vous, je tiendrai jusqu'au bout ma parole, en vous indiquant le livre auquel vous pourrez recourir en toute confiance pour compléter vos connaissances sur la matière, ou pour éclairer les nombreux aperçus que j'ai laissés dans l'ombre. Cela m'est d'autant plus facile que la publication s'en fera par mes soins, et si Dieu me prête vie, vous le verrez bientôt paraître sous le titre de l'*Apiculture d'un vieillard* (1).

C'est vous dire que je suis moi-même l'auteur de ce travail, œuvre moins savante que consciencieuse, mais

(1) Cet espoir, l'auteur ne put pas le réaliser. C'est à son neveu, M. Saintespès-Lescot, qu'il était réservé de livrer un jour au public ces intéressants travaux.

véridique avant tout, et qui n'a d'autre mérite que d'être basée sur de longues et incessantes observations. En suivant pas à pas les conseils de ce petit livre, vous parviendrez à entretenir sur votre propriété un grand nombre de ruches, dont la prospérité étonnera bien des gens. Essayez, et vous deviendrez bien vite un apiculteur aussi heureux que consommé.

SÉRICICULTURE.

Après avoir lu les écrits remarquables de l'abbé Espaignet sur les abeilles, on ne sera peut-être pas fâché de connaître ses idées sur la possibilité d'introduire dans les Landes l'éducation d'une autre espèce d'insectes tout aussi intéressants.

Ces idées sont exposées dans un mémoire lu à la société Linnéenne de Bordeaux, et qui n'est pas resté étranger aux heureuses tentatives réalisées depuis pour enrichir les Landes d'une culture nouvelle.

CULTURE DES VERS A SOIE.

Mémoire sur la possibilité d'élever le ver à soie et de cultiver le mûrier blanc dans les Landes.

Messieurs,

J'ai appris que la Société désirait connaître mon opinion sur l'établissement projeté de la culture de la soie dans les Landes. D'un côté, je me suis dit à moi-même que je devrais garder le silence, parce qu'en fait d'agriculture il n'y a de vrai que ce qui est démontré par l'expérience, et que je n'en ai aucune en cette partie. D'un autre côté, concevant la possibilité du succès, désirant répondre à la confiance dont vous m'honorez, et coopérer au bien que vous méditez, j'éprouve le besoin de vous communiquer les motifs de l'espoir bien fondé que j'ai conçu. Je me suis donc décidé, et je viens de tracer à la hâte sur cette feuille mes principales idées.

J'ai dit que je n'ai aucune expérience, et cela est très vrai. Cependant je connais la larve fileuse ; je connais ce joli cocon où elle s'emprisonne, où elle se réduit à un état apparent et passager de mort, et où elle est comme une amande dans son noyau ; je connais aussi ce papillon blanc et lourd, jeu de la nature ; j'ai vu filer la soie au rouet et dans l'eau bouillante ; j'ai aussi vu bon nombre de mûriers blancs et sur des sols de différentes natures. D'un autre côté, j'ai beaucoup étudié le sol des Landes et cherché à connaître ce à quoi il est bon ; ainsi j'espère qu'on me pardonnera si je parle de la culture de la soie sans l'avoir jamais pratiquée moi-même.

Du ver à soie. — Peut-on espérer raisonnablement que la culture du ver à soie *(Bombyx mori)* et du mûrier blanc *(Morus alba)* réussira dans nos Landes ? Je voulais commencer à parler du mûrier, qui doit nourrir le ver ; mais si le ver ne pouvait vivre dans les Landes, s'il y mourait en naissant, ou si le climat s'opposait à son développement, à quoi servirait d'avoir dépensé son argent et son temps à planter des mûriers ? Je commence donc par le ver à soie, et je dis que tout concourt à m'inspirer la confiance d'un succès complet ou de sa possibilité.

D'abord, la position topographique des Landes doit exclure toute espèce de crainte. Les vers à soie prospèrent dans la Touraine et plus au nord ; ainsi nous ne devons pas redouter le froid. Les succès obtenus dans la Grèce, dans la Turquie et dans l'Inde nous rassurent contre le danger d'un degré de chaleur trop élevé.

D'un autre côté, nous ne devons pas non plus craindre les influences de l'atmosphère dans les Landes ; tout, au contraire, nous fait espérer que l'air de ce pays sera très favorable à l'éducation de nos vers. Les Landes, messieurs, sont la patrie des insectes : les mouches parasites, qui s'introduisent dans nos habitations, sont plus multipliées dans ce pays que partout ailleurs ; les taons et les mouchards de toute espèce, de toute couleur et grosseur, fatiguent cruellement les hommes et les animaux, le sang coule des piqûres qu'ils font aux bœufs et aux chevaux ; nos abeilles domestiques, cultivées très simplement, y prospèrent concurremment avec vingt espèces différentes d'abeilles sauvages ; les guêpes et les frelons, quoique les fruits manquent dans les Landes, s'y multiplient avec une rapidité effrayante. Ces insectes en chasseraient bientôt les hommes, s'ils ne périssaient tous chaque hiver, excepté les reines, et si chaque année leurs éta-

blissements n'étaient recommencés par une mouche
seule fécondée dans l'automne et qui porte une nation
dans ses entrailles. Les cigales en été ne cessent de fatiguer par leur chant monotone ; les chenilles dévo-
rent la feuille des arbres, et les papillons étalent de
toutes parts leurs brillantes couleurs ; chaque soir, au
mois de juin, des millions de petits papillons phalènes
blancs voltigent autour de nos chênes. Je vous fatigue-
rais, messieurs, si je voulais vous parler des sauterel-
les, des différentes espèces ou variétés de fourmis, et
seulement énumérer toutes les espèces d'insectes qui
sont extrêmement multipliés dans les Landes. J'ai donc
eu raison de dire que ce pays est la patrie des insectes, et nous devons être persuadés qu'on peut y élever
les vers à soie, qui sont des insectes, avec plus de facilité et avec moins de soins que partout ailleurs.

Du mûrier blanc. — Il serait inutile de vouloir cultiver cet arbre sur la terre à bruyères ; tant que ce sol
n'a pas été fertilisé, aucun arbre n'y prospère, excepté
le pin maritime ; et le pin n'y réussit que parce qu'il
ne demande presque rien au sol qui le porte, et qu'il
jouit de la faculté de vivre presque uniquement de
l'air ; il est comme les plantes grasses qui croissent sur
les toits des maisons. Nous ne devons donc pas songer
à arracher les bruyères pour les remplacer par les
mûriers : nous perdrions notre peine et notre argent ;
mais nous trouverons d'autres places pour les mûriers.

1° L'expérience démontre que partout le voisinage
des habitations anciennes est fertilisé : la déperdition
constante des hommes et des animaux a produit cet
heureux effet, qu'on peut remarquer généralement, et
principalement dans nos Landes, où l'on voit au-devant des maisons des paysans les chênes les plus majestueux. Nous commencerons donc par planter des
mûriers autour des maisons, des granges, des parcs à
brebis, des étables à bœufs et à chevaux, et des fumiers que les paysans font au-devant de leurs portes.
Nous aurons seulement l'attention d'envelopper la tige
de nos jeunes plants de ronces ou d'ajoncs, et de les
soutenir par de forts tuteurs : cette précaution est nécessaire à cause des animaux qui ébranleraient ou cas-
seraient les arbres plantés. Le sol qui nourrit des chê-

nes énormes pourra bien aussi nourrir le mûrier qui est un arbre médiocre.

2° Le besoin de procurer l'écoulement des eaux a forcé les habitants des Landes à couper leurs terres labourables par des fossés étroits plus au moins profonds, plus ou moins rapprochés, suivant les besoins des localités. Le terrain n'étant pas solide, on ne laboure nulle part jusqu'au bord du fossé ; on laisse toujours une lisière ou douve couverte de gazon, pour soutenir les bords du fossé et éviter qu'il ne soit comblé par les éboulements. Le sol de ces douves ou lisières est excellent, parce qu'il est chaque hiver arrosé par le suc des fumiers qu'on met dans les terres labourables, et pénétré par l'eau grasse qui descend dans les fossés. Cela une fois connu, qui empêchera de planter à droite et à gauche, sur les bords des fossés, deux rangs de mûriers, et ce sans diminuer la production des céréales ? Et comme ces fossés sont en beaucoup de lieux très multipliés, on pourra y avoir ainsi plusieurs centaines de mûriers, et on sait qu'il n'en faut pas autant pour une production de mille francs de soie.

3° Pour garantir les récoltes des attaques des animaux, les propriétaires des Landes ont eu recours à une mesure d'une haute importance. Ils ont environné leurs champs de fossés de circonvallation doubles ; la terre de ces fossés a été jetée entre l'un et l'autre, de sorte qu'elle forme une chaussée élevée entre le fossé intérieur et le fossé extérieur. Cette chaussée, engraissée par la vase des recurements, est devenue peu à peu fertile, et s'est couverte spontanément et sans culture d'arbres vigoureux, et d'autant plus vigoureux que l'amoncellement des terres leur facilite le moyen de pousser des racines profondes, et leur donne une élévation favorable à la végétation.

Maintenant, je vous le demande, un propriétaire un peu intelligent ne s'empressera-t-il pas d'extirper ces vieux chênes, asile ordinaire des chouettes et des frelons, qui ne donnent d'autre revenu que des rames pour les pois et les haricots, ou quelques branches pour le chauffage des paysans, et ne leur substituera-t-il pas les précieux et utiles mûriers ? Certainement on ne doit pas craindre qu'ils ne réussissent sur ces chaussées aussi bien que les chênes. Si l'on fait usage de ce moyen, la soie deviendra le revenu le plus considérable des Landes, et le pays le plus misérable de la France deviendra aisé, peut-être même riche.

Obstacles. — Je ne vous ai donné, messieurs, que des idées; et je vous avoue que je n'aime nullement cette manière de parler agriculture : sans la pratique mise sous les yeux des propriétaires, tous vos efforts, toutes vos exhortations verbales ou écrites, n'aboutiront à rien. Il ne faut pas se le dissimuler, l'exécution de la mesure proposée offre plus de difficultés et nécessite plus de dépenses que plusieurs d'entre vous ne le pensent peut-être. Le plant des mûriers n'est pas très commun dans notre département, ni très facile à élever. L'achat et le transport à de grandes distances en deviendront dispendieux ; plusieurs sujets s'éventeront dans le transport, ne pourront prendre racine et décourageront. Vos arbres plantés et pris, il faudra plusieurs années pour qu'ils soient en production, et cela épouvante ; et encore alors n'aurez-vous rien fait ; car il faudra vous procurer une famille qui connaisse toutes les parties et tous les détails de la culture des vers et de la filature de la soie, et qui, sans nuire au fil précieux, sache préserver les cocons d'être piqués par le papillon ; sans cette précaution, vous n'aurez point de la soie, mais seulement de la filoselle. Où prendrez-vous cette famille ? Ne faudra-t-il pas aller la chercher sur les bords de la Loire ou de la Haute-Garonne ? Ce ne sera pas une petite affaire. De plus, nous n'avons point dans nos métairies le local nécessaire pour élever les vers, ni pour sécher la feuille du mûrier lorsqu'elle est mouillée par la pluie : il faudra nécessairement bâtir. Ajoutez à cela les fourneaux, les rouets et tous les frais de l'établissement. En voilà plus qu'il n'en faut pour décourager bien des personnes. Vous ne ferez donc rien, si vous ne trouvez un homme riche qui puisse faire les dépenses, qui veuille s'occuper sérieusement de l'opération projetée et se charger de donner l'exemple à ses concitoyens ; lorsque cet homme obtiendra des récoltes de soie intéressantes, un véritable revenu, ce sera alors, et seulement alors, qu'on pensera à l'imiter.

TABLE

DES MATIÈRES.

CULTURE DES VERS A SOIE.